水污染连续自动监测系统运行管理（试用）

环境保护部科技标准司　组织编写

U0387638

化学工业出版社
·北京·

伴随着环境信息化的进程，全自动在线水质监测系统的应用越来越广泛，这就要求有一大批水质在线监测运营的专业技术人才，能熟悉了解水质监测仪的原理和结构，能熟练操作并维修在线水质检测仪，保证水质监测系统的正常运转。

本书面向水质分析仪运营和维护人员，系统介绍了包括化学需氧量（COD）、氮、磷、重金属、浊度、pH值、电导率等的一系列水质分析方法，在线监测仪器原理与操作，水质监测实验室质量控制，水质在线监测仪器运营管理以及水质自动监测方面的法律法规与规范。

本书可作为水质分析仪运营和维护人员的培训教材，也可供从事水质在线自动监测系统研究的科研人员参考。

图书在版编目（CIP）数据

水污染连续自动监测系统运行管理/环境保护部科技标准司组织编写. —北京：化学工业出版社，2008.6（2025.5 重印）

ISBN 978-7-122-03348-2

Ⅰ. 水⋯　Ⅱ. 环⋯　Ⅲ. 水污染-自动化监测系统-管理

Ⅳ. X52

中国版本图书馆 CIP 数据核字（2008）第 102186 号

责任编辑：王　斌　汲永臻　　　　　　装帧设计：刘丽华
责任校对：陶燕华

出版发行：化学工业出版社（北京市东城区青年湖南街 13 号　邮政编码 100011）
印　　装：北京虎彩文化传播有限公司
787mm×1092mm　1/16　印张 21　字数 476 千字　　2025 年 5 月北京第 1 版第 17 次印刷

购书咨询：010-64518888　　　　　　售后服务：010-64518899
网　　址：http://www.cip.com.cn
凡购买本书，如有缺损质量问题，本社销售中心负责调换。

定　　价：85.00 元　　　　　　　　　　　　　　版权所有　违者必究

水污染连续自动监测系统运行管理培训教材
编委会名单

主 任 委 员：赵英民

副主任委员：焦志延　魏山峰　胥树凡　王开宇

编委会成员：赵英民　焦志延　魏山峰　胥树凡

　　　　　　王开宇　洪少贤　李向农　刘来红

本书编写人员名单

主　　编：滕恩江

副 主 编：孙海林　贾　宁　杨　凯

编　　者（按姓氏笔画排序）：

　　　　　王　强　王春艺　王晓慧　朱媛媛　刘　伟　孙海林

　　　　　苏清柱　李晓红　杨　凯　迟　郿　张　岩　金大建

　　　　　柳　枫　洪陵成　贾　宁　郭　伟　鲍自然　滕恩江

序

　　党中央、国务院一直高度重视环境保护。进入新世纪，特别是"十六大"、"十七大"以来，党中央将增强可持续发展能力，改善环境作为全面建设小康社会的目标之一，并提出树立和落实科学发展观，构建社会主义和谐社会，强调建设社会主义生态文明。为贯彻落实《国务院关于落实科学发展观加强环境保护的决定》、《国务院关于大力推进职业教育改革与发展的决定》精神，建立污染治理长效机制，提高环境污染治理设施运营管理水平，促进环境服务业的发展，自 2005 年以来环境保护部着手开展环境污染治理设施运营培训并下发了《关于开展环境污染治理设施运营培训工作的通知》，为配合培训工作的实施，环境保护部科技标准司组织编写了系列培训教材。

　　自 1998 年试点开展环境污染治理设施运营工作以来，全国已有上千家单位从事环境污染治理设施运营服务业。市场化、企业化、专业化的运营管理模式，对于提高环保投资效益、保证环境保护设施正常运行、促进环境污染治理服务业发展、提高环境保护部门对设施运营的监管水平发挥了重要作用。"十一五"国务院提出了节能减排约束性指标，为提高污染物的达标排放率，环境保护部将继续大力推进污染治理设施的市场化、专业化运营，对运营操作人员进行专业化培训是其中的一个重要内容。

　　培养自动连续监测技能型人才，能够保障在线监测系统正常稳定地运行，降低运行成本，规范运行管理和操作，使管理部门准确、及时地监控污染物处理效果，防范环境污染事故的发生。《水污染连续自动监测系统运行管理》（试用）的及时出版，必将为环境污染治理设施运营培训工作的顺利开展打下良好的基础。

　　相信本书将对我国环境污染治理设施运营服务业的发展起到极大的推动作用。

赵英民
2008 年 7 月

目　　录

0 引言

近年来，我国大规模开展了水环境整治工作，经过努力已取得了阶段性成果，部分河段水质有所改善。但是，由于历史的原因，我国水环境问题比较复杂，在现有经济技术条件下，解决水环境问题需要经过一个缓慢的过程。因此，在今后相当长的时期内，水污染问题仍将十分严重。

面对这样的现状，水质在线检测工作越来越受到环保部门的重视。为了能够及时全面地掌握主要流域重点断面水体的水质状况，预警或预报重大（流域性）水质污染事故，从 1999 年 9 月开始至 2003 年 12 月，原国家环保总局在松花江、辽河、海河、黄河、淮河、长江、珠江、太湖、巢湖、滇池等流域建设了 82 个水质自动监测站（中国环境监测总站）。监测项目为五参数（水温、pH、DO、TB、EC）、高锰酸盐指数、氨氮和 TOC 8 项指标。目前，各流域水质自动监测数据通过拨号上网和卫星地面接收两种方式进行传输，水质自动监测站的建设和水质周报的发布，使各级环境保护部门能够更好地掌握重点流域省界断面污染物排放总量的变化趋势，监督总量控制制度的落实情况，对提高我国水质监测技术的现代化、水质监测信息管理的科学化、重大水质污染事故预报预警的自动化水平，对国家环境保护决策部门及时做出有效的水污染防治和管理对策等方面均具有重要的意义。

推进污染源自动监控，不仅仅是为了方便地获得相关数据，更重要的是快捷地对排污企业实施监管，有利于对重大环境污染事故及时采取预防和应急措施，同时也可以降低环境执法成本，提高执法监察效能。

水质自动监控系统的建设和管理依托水质监测、自动控制、计算机、电子、通信等多个领域的技术，是一项复杂的系统工程。该系统的重要组成部分包括数据收集子系统（污染源在线自动监控、监测系统）和信息综合子系统（数据传输和接口标准技术规范）。

数据收集子系统是污染治理设施的组成部分，包括在污染源现场安装的污染物排放监控监测仪器（COD、TOC、pH 等水污染物在线监测分析仪）、流量（速）计、污染治理设施运行记录仪（黑匣子）和数据采集传输仪（用于数据的存储、加密，数据包转发、接收以及报警、反控）等自动监控仪器，简称现场机。

信息综合子系统包括计算机信息终端设备、监控中心系统（污染源自动监控中心信息管理软件和数据库等），简称上位机。污染源自动监控工作的开展已经有十几年的历史，现在已实现了 COD、氨氮等主要水质污染因子现场自动监测分析、无线传输、远程控制和实时报警，为环保部门增强科学监管能力、提高环境执法效能发挥了积极作用。

各级环保部门已建立了不同规模的监控中心 84 个。全国 113 个重点城市环保部门累计投入资金 5.1 亿元建设自动监控系统，每年投入 4300 万元用于运行管理，污染源自动监控系统建设已初具规模。

从 2002 年开始，江浙交界处吴江盛泽地区的主要污水站安装了在线监测仪器，并通过自动监控系统同国家环保总局和地方环保部门实现了联网。在国家环保总局通过远程监控软件，就可以随时掌握盛泽地区主要污染源的基本排放数据（污水日排放量、COD 实时浓度和日均排放量等），为国家环保总局实时掌握环境敏感地区的重点污染源排放情况提供了可靠资料。厦门市在全国率先实现了对全市范围内污水处理厂和重点水污染源主要污染物的自动监控，江苏如皋市对污水处理厂（采用 BOT 模式建设）每天处理污水的水质和水量进行了自动监控，水质污染源自动监控已经成为城市环境监管体系中不可缺少的组成部分。

伴随着环境信息化的进程，全自动在线水质监测系统的应用越来越广泛，这就要求有一大批水质在线监测运营的专业技术人才，能熟悉了解水质监测仪的原理和结构，能熟练操作并维修此类在线水质检测仪，保证水质监测系统的正常运转。《水质在线监测运营培训教材》的编撰正是面向水质分析仪运营和维护人员，全书分为以下五个部分。

（1）水质监测分析方法

国家环保总局领导下编写的《水和废水监测分析方法》（第三版）是一本水质监测的统一操作规程，在推荐的两百余个方法中，包括了 60 多个国家水质标准分析方法和百余个统一分析方法。为了使水质分析仪器运营和维护人员更好地理解和掌握书中描述的分析方法，本书进一步对这些操作方法中的重要注意事项，可能存在的干扰及消除方法等进行了介绍，希望可以为水质分析仪器运营和维护人员在实际水样分析中遇到的一些问题提供解答，同时更好地理解水质监测仪的化学反应原理。

（2）在线监测仪器原理与操作

环境监测是环境管理的基础，并为环境管理提供技术支持，随着我国环境保护工作的发展，我国环境监测技术也取得了较大的进步，环境监测仪器生产形成了一定的规模。水质监测及监测仪器发展趋势为：①以目前人工采样和实验室分析为主，向自动化、智能化和网络化为主的监测方向发展；②由劳动密集型向技术密集型方向发展；③由较窄领域监测向全方位领域监测的方向发展；④由单纯的地面环境监测向遥感环境监测相结合的方向发展；⑤环境监测仪器将向高质量、多功能、集成化、自动化、系统化和智能化的方面发展；⑥环境监测仪器向物理、化学、生物、电子、光学等技术综合应用的高技术领域发展。

本书主要介绍了一些常见的水质自动在线分析仪的原理、结构、操作方法、故障及排除方法等，是水质在线监测运营中需要掌握的关键内容。

（3）环境水质监测实验室质量控制

为了获得质量可靠的监测结果，世界各国都在积极制定和推行质量保证计划，正如工业产品的质量必须达到质量要求才能取得生产许可，环境监测结果的良好质量必然是在切实执行质量保证计划的基础上方能达到。只有取得合乎质量要求的监测结果，才能正确的指导环境评价、环境管理和环境治理的行动，摆脱因对环境状况的盲目性所造成的不良后果。

（4）水质在线监测仪器运营管理

环保设施运营市场化，是彻底打破原有的计划经济管理模式，实现环保设施的社会化投资、专业化建设、市场化运营、规范化管理、规模化发展的目标。可以加强对环境保护设施运行状况的监督，提高环境保护设施运行管理的水平，发挥环境保护投资效益，促进环境保护设施运营的市场化。

运营市场化给污染企业、环保运营公司乃至环保执法部门都带来诸多好处。在污染企业里，由于环保专业人员较少，在运营质量上便大打折扣，不仅运营费用较高，而且常常出现超标排污的现象。

当专业运营公司接管了污染企业环保设施的运营"大权"后，不仅要受到环保部门的监管检查，也要受到污染企业的全天候监管。作为专业运营公司来说，要想在环保设施运营市场上站稳脚跟，进而不断扩大自己的"领地"，就必须把环保设施管好开足，充分发挥好污染治理的投资效能，一心一意呵护好自己的"主业"。

运营市场化使得污染企业和代运营单位真正实现了"双赢"。

（5）法律法规与规范

为加强对环境保护设施运行状况的监督，提高环境保护设施运行管理的水平，发挥环境保护投资效益，促进环境保护设施运营的市场化，根据国务院关于国家环境保护总局建立和组织实施环境保护资质认可制度职能的规定，制定了《环境污染治理设施运营资质许可管理办法》，规定了申请《环境保护设施运营资质证书》的要求和程序。为了促进自动监测（监控）的发展，实现环保信息化，更深层次地挖掘数据资源的应用，让自动监测（监控）环境保护工作中发挥更大的作用，国家相继颁布和实施了一系列的规范和标准，并对行业涉及的相关单位及产品进行了系统的认证。相关规范及标准有《水污染源在线监测系统安装技术规范》、《水污染源在线监测系统验收技术规范》、《水污染源在线监测数据有效性判别技术规范》、《水污染源在线监测系统运行与考核技术规范》、《污染源在线自动监控（监测）系统数据传输标准》等。本书收录了这些法律法规和技术规范，为水质分析仪运营和维护人员提供参考。

1 水质监测分析方法

1.1 化学需氧量（COD_{Cr}）

1.1.1 COD_{Cr}的定义和意义

1.1.1.1 COD_{Cr}定义

化学需氧量（Chemical Oxygen Demand，简称 COD），是指水体中易被强氧化剂氧化的还原性物质所消耗的氧化剂的量，结果折算成氧的量（以 mg/L 计）。

化学需氧量反映了水中受还原性物质污染的程度，水中还原性物质包括有机物、亚硝酸盐、亚铁盐、硫化物等。水被有机物污染是很普遍的，因此化学需氧量也作为有机物相对含量的指标之一，但只能反映能被氧化的有机污染，不能反映多环芳烃、PCB，二噁英类等的污染状况。

COD 的定量方法因氧化剂的种类和浓度、氧化酸度、反应温度、时间及催化剂的有无等条件的不同而出现不同的结果。另一方面，在同样条件下也会因水体中还原性物质的种类与浓度不同而呈现不同的氧化程度。化学需氧量是一个条件性指标，必须严格按操作步骤进行。对于 COD 来说，它并不是单一含义的指标，随着测定方法的不同，测定值也不同，它是水体中受还原性物质污染的综合性指标，主要是水体受有机物污染的综合性指标。

COD_{Cr}是我国实施排放总量控制的指标之一，是指在强酸并加热条件下，用重铬酸钾作为氧化剂处理水样时所消耗氧化剂的量，以氧的 mg/L 来表示。

1.1.1.2 测 COD 的意义

水中的氧气含量不足，会使水中生物大量死亡。测量水中的溶解氧（DO），是为了了解水中有多少氧存在。污染物进入水体会自行消解成最简单的结构，这一过程需消耗氧气来完成。若水中氧被消耗完，则水体发臭。化学耗氧量（COD）这个指标是为了了解水中的污染物将要消耗多少氧。这个指标从字面上讲，它不是问水体中的有机物是多少，也不是问有毒物是多少，只是问进入水体的污染物将要消耗多少氧。溶解氧的消失会破坏环境和生物群落的平衡并带来不良影响，从而引起水体恶化。

1.1.2　实验室测量方法

1.1.2.1　COD_{Cr} 的测量原理

在强酸性溶液中，用一定量的重铬酸钾氧化水样中还原性物质，过量的重铬酸钾以试亚铁灵作指示剂，用硫酸亚铁铵溶液回滴。根据硫酸亚铁铵的用量算出水中还原性物质消耗氧的量。

1.1.2.2　硫酸根的催化作用

为了促使水中还原性物质充分氧化，需要加入硫酸银作催化剂，为使硫酸银分布均匀，常将其定量加入浓硫酸中，待其全部溶解后（约需 2d）使用。

可推断出硫酸银的催化机理为：有机物中含羟基的化合物在强酸性介质中首先铬酸钾氧化羧酸。这时，生成的脂肪酸与硫酸银作用生成脂肪酸银，由于银原子的作用，使易断裂而生成二氧化碳和水，并进一步生成新的脂肪酸银，其碳原子要较前者少一个，循环重复，逐步使有机物全部氧化成二氧化碳和水。

1.1.2.3　干扰及其消除——加入硫酸汞的作用

酸性重铬酸钾氧化性很强，可氧化大部分有机物，加入硫酸银作催化剂时，直链脂肪族化合物可完全被氧化，而芳香族有机物却不容易被氧化，吡啶不被氧化，挥发性直链脂肪族化合物、苯等有机物存在于蒸气相，不能与氧化剂液体接触，氧化不明显。氯离子能被重铬酸盐氧化，并且能与硫酸银作用产生沉淀，影响测定结果，故在回流前向水样中加入硫酸汞，使成为络合物以消除干扰。氯离子含量高于 1000mg/L 的样品应先作定量稀释，使含量降低至 1000mg/L 以下，再行测定。

1.1.2.4　方法的适用范围

用 0.25mol/L 浓度的重铬酸钾溶液可测定大于 50mg/L 的 COD 值，未经稀释水样的测定上限是 700mg/L，用 0.025mol/L 浓度的重铬酸钾溶液可测定 5～50mg/L 的 COD 值，但低于 10mg/L 时测量准确度较差。

1.1.2.5　回流装置

带 250mL 锥形瓶的全玻璃回流装置见图 1-1。（如取样量在 30mL 以上，采用 500mL 锥形瓶的全回流装置）。

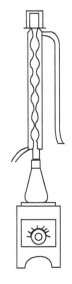

1.1.2.6　试剂配制

（1）重铬酸钾标准溶液（$1/6K_2Cr_7 = 0.2500mol/L$）　称取预先在 120℃烘干 2h 的基准或优级纯重铬酸钾 12.258g 溶于水中，移入 1000mL 容量瓶，稀释至标线，摇匀。

图 1-1　重铬酸钾法测定 COD 的回流装置

（2）亚铁铵指示液　称取 1.458g 邻菲咯啉（$C_{12}H_8N_2$·

H_2O；1,10-phenanthroline），0.695g 硫酸亚铁（$FeSO_4 \cdot 7H_2O$）溶于水中稀释至 100mL，贮于棕色瓶内。

（3）硫酸亚铁铵标准溶液 $[(NH_4)_2FeSO_4 \cdot 6H_2O \approx 0.1mol/L]$　称取 39.5g 硫酸亚铁铵溶于水中，边搅拌边缓慢加入 20mL 浓硫酸，冷却后移入 1000mL 容量瓶中，加水稀释至标线，摇匀。临用前，用重铬酸钾标准溶液标定。

1.1.2.7　操作步骤

（1）取 20.00mL 混合均匀的水样（或适量水样稀释至 20.00mL）置 250mL 磨口的回流锥形瓶中，准备加入 10.00mL 重铬酸钾标准溶液及数粒洗净的玻璃珠或沸石，连接回流冷凝管，从冷凝管上口慢慢地加入 30mL 硫酸-硫酸银溶液，轻轻摇动锥形瓶使溶液混匀，加热回流 2h（自开始沸腾时计时）。

注：对于化学需氧量高的废水样，可先取上述操作作所需体积 1/10 的废水样和试剂，于 15mm×150mm 硬质玻璃试管中，摇匀，加热后观察是否变成绿色。如果溶液显绿色，再适当减少取样量，直到溶液不变绿色为止，从而确定废水样分析时应取用的体积。稀释时，所取废水样量不得少于 5mL，如果化学需氧量很高，则废水样应多次逐级稀释。

（2）废水中氯离子含量超过 30mg/L 时，应先把 0.4g 硫酸汞加入回流锥形瓶中，再加 20.00mL 废水（或适量废水稀释至 20.00mL）摇匀。以下操作同上。

（3）冷却后，用 90mL 水从上部慢慢冲洗冷凝管壁，取下锥形瓶。溶液总体积不得少于 140mL，否则因酸度太大，滴定终点不明显。

（4）溶液再度冷却后，加 3 滴试亚铁灵指示液，用硫酸亚铁铵标准溶液滴定，溶液的颜色由黄色经蓝色至红褐色即为终点，记录硫酸亚铁铵标准溶液的用量。

（5）测定水样的同时，以 20.00mL 重蒸馏水，按同样操作步骤作空白试验。记录滴定空白时硫酸亚铁铵标准溶液的用量。

1.1.2.8　计算

$$COD_{Cr}（O_2，mg/L）= \frac{(V_0 - V_1) \cdot C \times 8 \times 1000}{V}$$

式中　C——硫酸亚铁铵标准溶液的溶液，mol/L；

$\quad\quad V_0$——滴定空白时硫酸亚铁标准溶液的用量，mol/L；

$\quad\quad V_1$——滴定水样时硫酸亚铁标准溶液的用量，mol/L；

$\quad\quad V$——水样的体积，mL；

$\quad\quad 8$——1/2 氧的摩尔质量，g/mol。

1.1.2.9　允许误差和允许偏差

六个实验室分析 COD 为 150mg/L 的邻苯二甲酸氢钾标准溶液，实验室内相对标准偏差为 4.3%；实验室间相对标准偏差为 5.3%。

1.1.3 容易出现的问题和注意点

（1）使用 0.4g 硫酸汞络合氯离子的最高量可达 40mg，如取用 20.00mL 水样，即最高可络合 2000mg/L 氯离子浓度的水样。若氯离子浓度较低，亦可少加硫酸汞，保持硫酸汞：氯离子＝10：1。若出现少量氯化汞沉淀，并不影响测定。

（2）水样取用体积可在 10.00～50.00mL 范围之间，但试剂用量及浓度需按表 1-1 进行相应调整，也可得到满意的结果。

表 1-1　水样取用量和试剂用量表

水样体积 /mL	0.2500mol/L K₂CrO₇ 溶液/mL	H₂SO₄-Ag₂SO₄ 溶液/mL	HgSO₄ /g	(NH₄)₂Fe(SO₄)₂ /(mol/L)	滴定前总体积 /mL
10.0	5.0	15	0.2	0.050	70
20.0	10.0	30	0.4	0.100	140
30.0	15.0	45	0.6	0.150	210
40.0	20.0	60	0.8	0.200	280
50.0	25.0	75	1.0	0.250	350

（3）对于化学需氧量小于 50mg/L 的水样，应改用 0.0250mol/L 重铬酸钾标准溶液。回滴时用 0.01mol/L 硫酸亚铁铵标准溶液。

（4）水样加热回流后，溶液中重铬酸钾剩余量应是加入量的 1/5～4/5 为宜。

（5）用邻苯二甲酸氢钾标准溶液检查试剂的质量和操作技术时，由于每克邻苯二甲酸氢钾的理论 COD_{Cr} 为 1.176g，所以溶解 0.4251g 邻苯二甲酸氢钾（$HOOCC_6H_4COOH$）于重蒸馏水稀释至标线，使之成为 500mg/L 的 COD_{Cr} 标准溶液，用时新配。

（6）COD_{Cr} 的测定结果应保留三位有效数字。

（7）每次实验时，应对硫酸亚铁铵标准滴定溶液进行标定，室温较高时尤其注意其浓度的变化。标定方法亦可采用如下操作：于空白试验滴定结束后的溶液中，准确加入 10.00mL、0.2500mol/L 重铬酸钾溶液，混匀，然后用硫酸亚铁铵标准溶液进行标定。

（8）回流冷凝管不能用软质乳胶管，否则容易老化、变形、冷却水不通畅。

（9）用手摸冷却水时不能有温感，否则测定结果偏低。

（10）滴定时不能激烈摇动锥形瓶，瓶内试液不能溅出水花，否则影响测定结果。

1.2　高锰酸盐指数

高锰酸盐指数（COD_{Mn}），是指在酸性或碱性介质中，以高锰酸钾为氧化剂，处理水样时所消耗的量，以氧的 mg/L 来表示。水中的亚硝酸盐、亚铁盐、硫化物等还原性无机物和在此条件下可被氧化的有机物，均可消耗高锰酸钾。因此，高锰酸盐指数常被作为地表水体受有机物染物和还原性无机物质污染程度的综合指标。

我国规定了环境水质的高锰酸盐指数的标准。

高锰酸盐指数，亦被称为化学需氧量的高锰酸钾法。由于在规定条件下，水中有机物只能部分被氧化，并不是理论上的需氧量，也不是反映水体中总有机物含量的尺度。因此，用高锰酸盐指数这一术语作为水质的一项指标，以有别于重铬酸钾法的化学需氧量（应用于工业废水），更符合于客观实际。

为了避免 Cr(Ⅵ) 的二次污染，日本、德国等也用高锰酸盐作为氧化剂测定废水中的化学需氧量，但其相应的排放标准也偏严。

1.2.1 酸性高锰酸钾法

1.2.1.1 适用范围

酸性法适用于氯离子含量不超过 300mg/L 的水样。当水样的高锰酸盐指数值超过 10mg/L 时，则酌情分取少量试样，并用水稀释后再行测定。

1.2.1.2 原理

水样加入硫酸使呈酸性后，加入一定量的高锰酸钾溶液，并在沸水浴中加热反应一定的时间。剩余的高锰酸钾，用草酸钠溶液还原并加入过量，再用高锰酸钾溶液回滴过量的草酸钠，通过计算求出高锰酸盐指数值。

显然，高锰酸盐指数是一个相对的条件性指标，其测定结果与溶液的酸度、高锰酸盐浓度、加热温度和时间有关。因此，测定时必须严格遵守操作规定，使结果具可比性。

1.2.1.3 试剂及仪器

（1）试剂

① 高锰酸钾贮备液（$1/5KMnO_4 = 0.1mol/L$） 称取 3.2g 高锰酸钾溶于 1.2L 水中，加热煮沸，使体积减少到约 1L，在暗处放置过夜，用 G-3 玻璃砂芯漏斗过滤后，滤液贮于棕色瓶中保存。使用前用 0.1000mol/L 的草酸钠标准贮备液标定，求得实际浓度。

② 高锰酸钾使用液（$1/5KMnO_4 = 0.01mol/L$） 吸取一定量的上述高锰酸钾溶液，用水稀释至 1000mL，并调节至 0.01mol/L 准确浓度，贮于棕色瓶中。使用当天应进行标定。

③（1+3）硫酸 配制时趁热滴加高锰酸钾溶液至呈微红色。

④ 草酸钠标准贮备液（$1/2Na_2C_2O_4 = 0.1000mol/L$） 称取 0.6705g 在 105～110℃烘干 1h 并冷却的优级纯草酸钠溶于水，移入 100mL 容量瓶中，用水稀释至标线。

⑤ 草酸钠标准使用液（$1/2Na_2C_2O_4 = 0.0100mol/L$） 吸取 10.00mL 上述草酸钠溶液并移入 100mL 容量瓶中，用水稀释至标线。

（2）仪器 沸水浴装置；250mL 锥形瓶；50mL 酸式滴定管；定时钟。

1.2.1.4 分析步骤

（1）分取 100mL 混匀水样（如高锰酸盐指数高于 10mg/L，则酌情少取，并用水稀释于 100mL）于 250mL 锥形瓶中。

（2）加入 5mL（1+3）硫酸，混匀。

（3）加入 10.00mL 0.01mol/L 高锰酸钾溶液，摇匀，立即放入沸水浴中加热 30min（从水浴重新沸腾起计时）。沸水浴液面高于反应溶液的液面。

（4）取下锥形瓶，趁热加入 10.00mL 0.01mol/L 草酸钠标准溶液，摇匀。立即用 0.01mol/L 高锰酸钾溶液滴定至显微红色，记录高锰酸钾溶液消耗量。

（5）高锰酸钾溶液浓度的标定：将上述已滴定完毕的溶液加热至约 70℃，准确加入 10.00mL 草酸钠标准溶液（0.0100mol/L），再用 0.01mol/L 高锰酸钾溶液滴定至显微红色。记录高锰酸钾溶液的消耗量，按下式求得高锰酸钾溶液的校正系数（K）。

$$K = \frac{10.00}{V}$$

式中 V——高锰酸钾溶液消耗量，mol。

若水样经稀释时，应同时另取 100mL 水，同水样操作步骤进行空白试验。

1.2.1.5 计算

（1）水样不经稀释

$$高锰酸盐指数（O_2，mg/L）= \frac{[(10+V_1)K-10]\times M\times 8\times 1000}{100}$$

式中 V_1——滴定水样时，高锰酸钾溶液的消耗量，mol；

　　　K——校正系数；

　　　M——草酸钠溶液浓度，mol/L；

　　　8——1/2 氧（O）摩尔质量。

（2）水样经稀释

$$高锰酸盐指数（O_2，mg/L）= \frac{\{[(10+V_1)K-10]-[(10+V_0)K-10]\times C\}\times M\times 8\times 1000}{V_2}$$

式中 V_0——空白试验中高锰酸钾溶液消耗量，mL；

　　　V_2——分取水样量，mL；

　　　C——稀释的水样中含水的比值，例如，10.0mL 水样，加 90mL 水稀释至 100mL，则 $C=0.90$。

1.2.1.6 方法的精密度

五个实验室分析高锰酸盐指数为 4.0mg/L 的葡萄糖标准溶液，实验室内相对标准偏差为 4.2%；实验室间相对标准偏差为 2.5%。

1.2.2　碱性高锰酸钾法

当水样中氯离子浓度高于 300mg/L 时，应采用碱性法。

1.2.2.1　原理

在碱性溶液中，加一定量高锰酸钾溶液于水样中，加热一定时间以氧化水中的还原性无机物和部分有机物。加酸酸化后，用草酸钠溶液还原剩余的高锰酸钾并加入过量，再以高锰酸钾溶液滴定至微红色。

1.2.2.2　试剂与仪器

（1）试剂

① 高锰酸钾贮备液（$1/5KMnO_4 = 0.1mol/L$）　称取 3.2g 高锰酸钾溶于 1.2L 水中，加热煮沸，使体积减少到约 1L，在暗处放置过夜，用 G-3 玻璃砂芯漏斗过滤后，滤液贮于棕色瓶中保存。使用前用 0.1000mol/L 的草酸钠标准贮备液标定，求得实际浓度。

② 高锰酸钾使用液（$1/5KMnO_4 = 0.01mol/L$）　吸取一定量的上述高锰酸钾溶液，用水稀释至 1000mL，并调节至 0.01mol/L 准确浓度，贮于棕色瓶中。使用当天应进行标定。

③ （1+3）硫酸　配制时趁热滴加高锰酸钾溶液至呈微红色。

④ 草酸钠标准贮备液（$1/2Na_2C_2O_4 = 0.1000mol/L$）　称取 0.6705g 在 105～110℃烘干 1h 并冷却的优级纯草酸钠溶于水，移入 100mL 容量瓶中，用水稀释至标线。

⑤ 草酸钠标准使用液（$1/2Na_2C_2O_4 = 0.0100mol/L$）　吸取 10.00mL 上述草酸钠溶液并移入 100mL 容量瓶中，用水稀释至标线。

⑥ 50％氢氧化钠溶液。

（2）仪器　沸水浴装置；250mL 锥形瓶；50mL 酸式滴定管；定时钟。

1.2.2.3　步骤

（1）分取 100mL 混匀水样（或酌情少取，用水稀释至 100mL）于锥形瓶中，加入 0.5mL 50％氢氧化钠溶液，加入 10.00mL 0.001mol/L 高锰酸钾溶液。

（2）将锥形瓶放入沸水浴中加热 30min（从水浴重新沸腾起计时），沸水浴的液面要高于反应液的液面。

（3）取下锥形瓶，冷却至 70～80℃，加入（1+3）硫酸 5mL 并保证溶液呈酸性，加入 0.0100mol/L 草酸钠溶液 10.00mL，摇匀。

（4）迅速用 0.01mol/L 高锰酸钾溶液回滴至溶液呈微红色为止。

（5）高锰酸钾溶液浓度的标定：将上述已滴定完毕的溶液加热至约 70℃，准确加入 10.00mL 草酸钠标准溶液（0.0100mol/L），再用 0.01mol/L 高锰酸钾溶液滴定至显微红色。记录高锰酸钾溶液的消耗量，按下式求得高锰酸钾溶液的校正系数

（K）。

$$K=\frac{10.00}{V}$$

式中 V——高锰酸钾溶液消耗量，mol。

若水样经稀释时，应同时另取 100mL 水，同水样操作步骤进行空白试验。

1.2.2.4 计算

（1）水样不经稀释

$$高锰酸盐指数（O_2，mg/L）=\frac{[(10+V_1)K-10]\times M\times 8\times 1000}{100}$$

式中 V_1——滴定水样时，高锰酸钾溶液的消耗量，mol；

K——校正系数；

M——草酸钠溶液浓度，mol/L；

8——1/2氧（O）摩尔质量。

（2）水样经稀释

$$高锰酸盐指数（O_2，mg/L）=\frac{\{[(10+V_1)K-10]-[(10+V_0)K-10]\times C\}\times M\times 8\times 1000}{V_2}$$

式中 V_0——空白试验中高锰酸钾溶液消耗量，mL；

V_2——分取水样量，mL；

C——稀释的水样中含水的比值，例如，10.0mL 水样，加 90mL 水稀释至 100mL，则 $C=0.90$。

1.2.2.5 方法的精密度

三个实验室分析高锰酸盐指数为 4.0mg/L 的葡萄糖标准溶液，实验室内相对标准偏差为 4.0%；实验室间相对标准偏差为 6.3%。

1.2.3 COD_{Cr} 与 COD_{Mn} 的相关关系

从总的趋势来看，COD_{Cr} 氧化率可达 90%，而 COD_{Mn} 的氧化率为 50% 左右，两者均未达完全氧化，因而都只是一个相对参考数据，从数据的准确性考虑的话，TOC 和 TOD 更显其优越性，但这两种手段均必须借助昂贵仪器才行。

COD_{Cr} 和 COD_{Mn} 的方法比较如表 1-2 所示。

表 1-2 化学需氧量测定方法比较

	氧化率/%	精密度（相对标准偏差）/%	需用时间/(h/批)	试剂用量	对环境影响
COD_{Cr}	90	1.8	4	大	浓硫酸、汞盐、六价铬等均污染环境
COD_{Mn}	50	3.2	1	小	无多大污染

COD_{Cr} 和 COD_{Mn} 是采用两种不同的氧化剂在各自的氧化条件下测定的。COD_{Cr} 系

在 9mol/L H_2SO_4 介质下于 419K（146℃）时进行反应的，经计算此时的条件电极电位为 1.55V，而 COD_{Mn} 系在 0.05mol/L，H_2SO_4 介质下于 370K（97℃）时进行反应的，经计算其条件电极电位为 1.45V。由此可见，必定有一部分物质不能在 COD_{Mn} 法中被氧化而可在 COD_{Cr} 法中被氧化，故 $COD_{Cr} > COD_{Mn}$，对于线性回归方程 $COD_{Cr} = kCOD_{Mn} + b$：一般说来 $b > 0$，它表示可被 COD_{Cr} 法氧化而不被 COD_{Mn} 法氧化的那一部分物质的 COD_{Cr} 值，偶有 $b < 0$ 的情况，多系测定误差所致。回归系数 k 反映水样中的还原性物质用两种不同方法测定时，每单位 COD_{Mn} 值引起的 COD_{Cr} 的变化。一般地说，$1.5 < k < 4$。对于 k 与 b 值较小的水样，COD_{Cr} 与 COD_{Mn} 间具有较好的线性相关关系。但对于 k 与 b 值较高的水样，有相当一部分的还原物质不易被 COD_{Mn} 氧化，而可被 COD_{Cr} 氧化，有一部分物质处于可被 COD_{Mn} 氧化的边缘，只要氧化条件略有变化，就会得出不同的 COD_{Mn}，故显得相关关系较差。

总的说来，COD_{Cr} 和 COD_{Mn} 的相关关系难以找出明显规律。大量资料报道，COD_{Cr} 法应用广泛，适用于各种类型的废水，尤其是工业废水，COD_{Mn} 法仅适用于测定地表水、饮用水和生活污水。

1.3　氨氮

1.3.1　概述

1.3.1.1　氨氮的定义

所谓水溶液中的氨氮是以游离氨（或称非离子氨，NH_3）或离子氨（NH_4^+）形态存在的氮。人们对水和废水中最关注的几种形态的氮是硝酸盐氮、亚硝酸盐氮、氨氮和有机氮。通过生物化学作用，它们是可以相互转化的。

1.3.1.2　氨的一般性质

氨（Ammonia，NH_3）相对分子质量为 17.03，熔点 −77.7℃，沸点 −33.35℃，相对密度 0.61。

氨为无色有强烈刺激臭味的气体，易溶于水、乙醚和乙醇中。当氨溶于水时，其中一部分氨与水反应生成氨离子，一部分形成水合氨（非离子氨），其化学成分平衡可用下列方程简化表示：

$$NH_3(g) + nH_2O \Longleftrightarrow NH_3 \cdot nH_2O(aq) \Longleftrightarrow NH_4^+ + OH^- + (n-1)H_2O$$

上式中，$NH_3 \cdot nH_2O(aq)$ 表示与水松散结合的非离子化氨分子，以氢键结合的水分子至少多于 3，为方便起见，溶解的非离子氨用 NH_3 表示，离子氨用 NH_4^+ 表示，总氨值指 NH_3 和 NH_4^+ 之总和。

氨的水溶液称氨水。氨对水生物等的毒性是由溶解的非离子氨造成的，而离子氨则基本无毒。

1.3.1.3 测氨氮的意义

鱼类对非离子氨比较敏感。为保护淡水水生物，水中非离子氨的浓度应低于 0.02mg/L。

人体如果吸入浓度 140ppm（0.1mg/L）的氨气体时就感到有轻度刺激；吸入 350ppm（0.25mg/L）时就有非常不愉快的感觉，但能忍耐 1h。当浓度为 200～330ppm（0.15～0.25mg/L）时，只有 12.5％从肺部排出，吸入 30min 时就强烈地刺激眼睛、鼻腔，并进一步产生喷嚏、流涎、恶心、头痛、出汗、脸面充血、胸部痛、尿频等。浓度进一步加强时，就会腐蚀口腔及呼吸道的黏膜，并有咳嗽、呕吐、眩晕、窒息感、不安感、胃痛、闭尿、出汗等症状。在高浓度情况下有在 3～7d 后发生肺气肿而死亡者。由于声门水肿或支气管肺炎而死亡者不多，大多数在几天之后出现眼病。当眼睛与喷出的氨气直接接触时，有产生持续性角膜浑浊症及失明者。在更高浓度如 2500ppm（1.75mg/L）以上者，有急性致死的危险。

关于氨的慢性中毒的报告指出，有出现消化机能障碍、慢性结膜炎、慢性支气管炎，有时出现血痰及耳聋等，也有引起食道狭窄的。

如果饮咽浓度为 25％的氨 20～30mL，就可以致命。

1.3.1.4 水体中氨的主要来源

在地面水和废水中天然地含有氨。氨以氮肥等形式施入耕地中，随地表径流进入地面水。作为含氮有机物的分解产物，是氨广泛存在于江河、湖海中的主要原因。但在地下水中它的浓度很低，因为它被吸附到土壤颗粒和黏土上，并且不容易从土壤中沥滤出来。

氨的工业污染来源于肥料生产、硝酸、炼焦、硝化纤维、人造丝、合成橡胶、碳化钙、染料、清漆、烧碱、电镀及石油开采和石油生产加工过程。

1.3.2 样品的获取、保存和预处理

1.3.2.1 样品的获取

测定氨常用的方法是纳氏试剂比色法、苯酚-次氯酸盐比色法、电极法和滴定法。氨的测定方法的选择要考虑两个主要因素，即氨的浓度和存在的干扰物。两个直接比色法仅限于测定清洁饮用水、天然水和高度净化过的废水出水，所以这些水的色度均应很低。浊度、颜色和镁、钙等能被氢氧根离子沉淀的物质会干扰测定，可用预蒸馏除去；若氨的浓度较高时，最后用滴定法；色度和浊度对电极法测定氨没有影响。水样一般不需要进行预处理，且有简便、测量范围宽等优点，但测定受高浓度溶解离子的影响。

1.3.2.2 样品的保存

使用新鲜样品可取得最可靠的结果。水样采集后应尽快分析，并立即破坏余氯，

以防止它与氨反应（0.5mL 0.35％硫代硫酸钠可除去 0.25mg 余氯）。如采样后不能及时分析，每升水样中应加入 0.8mL 浓硫酸，使 pH 在 1.5～2.0 之间，并在 4℃储存。某些废水样需更浓的硫酸才能达到这个 pH 值。在测定前，要用碱中和。也有文献建议每升水加入 20～40mg 的 $HgCl_2$ 保存。

1.3.2.3　样品的预处理

为了获得准确的结果，建议将样品预先蒸馏处理。在已调至中性的水样中，加入磷酸盐缓冲溶液，使 pH 保持在 7.4 加热蒸馏。氨呈气态被蒸出，吸收于硫酸（0.01～0.02mol/L）或硼酸（2％）溶液中。当用纳氏试剂比色法或用滴定法时，以硼酸作吸收液较为适宜，使用苯酚-次氯酸盐或氨选择电极法时，则应采用硫酸为吸收液。

水的 pH 对氨的回收影响较大。pH 太高，可使某些含氮的有机化合物转变为氨；pH 低，氨的回收不完全。一般样品加入规定的缓冲溶液能达到期望的 pH 值。水样偏酸或偏碱，可加 1mol/L（$1/2H_2SO_4$）硫酸溶液调节 pH 至中性。但对于某些水样，即使调至中性，再加入缓冲溶液，结果 pH 仍远远低于期望值。对于未知水样，在蒸馏后测一下 pH。若 pH 不在 7.2～7.6 范围内，则应增加缓冲液的用量。一般每 250mg 钙要多加 10mL 磷酸盐缓冲溶液。国外也有推荐用硼酸盐缓冲溶液将水样缓冲至 pH 为 9.5，进行蒸馏，这样可减少氰酸盐和有机氮化合物（如甘氨酸、尿素、谷氨酸和乙酰氨等）的水解作用。这时尿素仅水解约 7％，而氰酸盐约为 5％。也有介绍用氢氧化钠将水样调至中性后，加入少量粉状氧化镁进行蒸馏的。

1.3.3　实验室测量方法

1.3.3.1　纳氏试剂光度法

（1）纳氏试剂光度法的原理　碘化汞和碘化钾的碱性溶液与氨反应生成淡红棕色胶态化合物，此颜色在较宽的波长内具有强烈吸收。通常测量波长在 410～425nm 范围。

（2）方法的适用范围　本法最低检出浓度为 0.025mg/L（光度法），测定上限为 2mg/L。采用目视比色法，最低检出浓度为 0.02mg/L。水样作适当的预处理后，本法可适用于地表水、地下水、工业水和生活污水中氨氮的测定。

（3）纳氏试剂的配制　有关纳氏试剂的配方与配制方法有种种方案，各有特点，其灵敏度、稳定性等亦有所不同，大量文献对纳氏试剂的配制方法进行了修正。如今，较流行的有下列三种配法。

① 称取 5g 碘化钾，溶于 5mL 无氨水中，分次加入少量二氯化汞溶液 [2.5g 氯化汞（$HgCl_2$）溶于 10mL 热的无氨水中（加热可增加氯化汞的溶解度）]，不断搅拌，直至微有朱红色沉淀为止，冷却后，加入氢氧化钾溶液（15g 氢氧化钾溶于 30mL 无氨水中，充分冷却后供用），充分冷却，加水稀释至 100mL。静置 1d，将上清液贮于棕色瓶内，盖紧胶皮塞于低温处保存，有效期为一个月。

② 溶解 100g 碘化汞（HgI_2）和 70g 碘化钾于少量水中，搅拌下慢慢地加入到氢氧化钠溶液中（在 500mL 水中溶解 160g 氢氧化钠，冷却），并稀释至 1L。用带橡皮塞的硼硅玻璃瓶贮存，在暗处保存试剂可稳定一年。

③ 溶解 35g 碘化钾和 12.5g 氯化汞于 700mL 水中，搅拌下，加入饱和的氯化汞溶液，直至出现微量红色沉淀为止（约需 40～50mL 氯化汞溶液）。然后，加入到 150mL 含有 120g 氢氧化钠的冷溶液中，冷却后，稀释至 1L。加入 1mL 饱和氯化汞溶液，摇匀。盖紧橡皮塞于暗处保存。取上清液使用。

（4）纳氏试剂配制注意事项　HgI_2 和 KI 的理论比（质量）为 1.37∶1.00，当接近此理论比，则纳氏试剂的灵敏度改善，当 KI 过量则可引起灵敏度降低。

配制碱液时，可因产生溶解热使溶液温度升高，两液混合时，会产生汞离子沉淀，因此，碱液应充分冷却。

纳氏试剂产生大量沉淀，影响试剂的灵敏度和比色的再现性，使用纳氏试剂时，仅取用上清液，不要振摇和搅拌沉淀。

（5）显色条件

① 测量波长　纳氏试剂与氨的生成物是一难溶的棕橙色沉淀，只有在较低浓度时，才能稳定存在。有色溶液的最大吸收位于 370nm 波长处，摩尔吸光系数为 6.8×10^3 L/（mol·cm）。为了避免有机物质在紫外区的吸收干扰，提高测量精度，往往采用 410nm、420nm、425nm 或 400～425nm 波长作为测量波长。

② 碱度　Geiger 在实验中发现，加入氢氧化钾，纳氏反应平衡向生成 NH_2Hg_2IO 方向移动，即使 pH 的微小变化，对颜色强度亦有明显的影响。并指出加入纳氏试剂后，溶液的 pH 低于 12，将不产生颜色反应。Massmann 进一步指出，加入纳氏试剂后，最后溶液显色的 pH 适宜范围是 11.8～12.4。pH 低于 11.8，不产生颜色反应；pH 高于 12.4，溶液立即变浑，而无法测量吸光度。但各方法中碱的适宜用量不尽相同，它与不同纳氏试剂中碘汞酸或碘化钾的浓度以及氨的浓度范围有着密切的关系。

③ 温度　进行纳氏显色时，温度的变化对颜色的强度以及混浊度有显著影响，且将影响发色速率。提高溶液温度，将使颜色变深。溶液清亮时温度每变化 10℃，将使氨的回收量产生 9% 的变化。提高溶液温度，达到最大显色时，所需时间短；然后温度越高越不稳定，溶液易出现浑浊。

（6）容易出现的问题和注意点

① 纳氏试剂中碘化汞与碘化钾的比例，对显色反应的灵敏度有较大的影响。所配制的任何试剂，若有沉淀均应过滤除去（若用滤纸过滤，应用无氨水将滤纸洗净）。纳氏试剂是浓碱溶液，故不能用滤纸过滤。更方便的是用静置后倾泻法分离，取其上清液。用具胶塞的棕色硬质玻璃瓶贮存。

② 滤纸中常含痕量氨盐，使用时注意用无氨水洗涤。所用玻璃器皿应避免实验

室空气中氨的沾污。

③ 酒石酸钾钠溶液空白值较高时，需将此溶液过滤以后，加纳氏试剂 5mL，于有色瓶中放置 2～3d，取其上清液使用。

④ 纳氏试剂配制不当，随着放置时间的延长，会影响显色灵敏度，并有可能线性变差，应给予注意。

⑤ 纳氏试剂毒性很强，故需注意使用。

1.3.3.2 水杨酸-次氯酸盐比色法

（1）反应机理 1958 年 Berthelot 发现铵、酚和次氯酸盐反应，能得到一个蓝色的物质。此后，这被称为 Berthelot 反应。这类反应的机理比较复杂，是个分步进行的反应。

① 第一步是氨与次氯酸盐反应生成氯胺。

$$NH_3 + HOCl \Longleftrightarrow NH_2Cl + H_2O$$

② 第二步是氯胺与水杨酸反应形成一个中间产物——5-氨基水杨酸。

③ 第三步是氨基水杨酸转变为醌亚胺。

④ 最后是卤代醌亚胺与水杨酸缩合生成靛酚蓝（indophenol blue）。

用连续变代法和摩尔比法测定此靛酚蓝的组成，两个方法测定的结果表明，NH₃：

＝1：2，与上述反应式的组成相符。

（2）吸收光谱 靛酚蓝有广泛的吸收带，最大吸收的波长位置与酚类化合物的种类和结构有关，pH 以及有机溶剂的存在对吸收峰的位置稍有影响。表 1-3 列出了一些靛酚蓝的吸收。

表 1-3 一些靛酚蓝的最大吸收

酚的种类	最大吸收(λ_{max})/nm	酚的种类	最大吸收(λ_{max})/nm
苯酚	630	邻苯基苯酚	690
水杨酸钠	667	间甲酚	665
邻氯苯酚	650[1]	α-萘酚	720
百里酚	660[2]	α-甲基-5-羟基喹啉	710[3]
邻甲氧基苯酚	680		

①在丙酮中；②在乙醇-丙酮中；③在乙醇中。

在我们研究的体系中，显色产物无论用水或试剂空白作参比，其最大吸收波长均位于 697.5nm 处，而试剂空白在此波长下的吸收是很小的。

（3）pH 的影响 pH 对每一步反应几乎都有本质上的影响。最佳的 pH 值不仅随酚类化合物而不同，而且随催化剂和掩蔽剂的不同而变化。此外，pH 还影响着发色速度、显色产物的稳定性以及最大吸收波长的位置。因此控制反应的 pH 值是重要的。

在用硝普钠催化水杨酸的体系中。我们观察到，显色体系的最佳 pH 值范围，与所使用的掩蔽剂的种类有关。实验结果表明，用酒石酸盐做掩蔽剂时，在 pH 11.54～11.97 范围内吸光度达最大且恒定；而用柠檬酸盐作掩蔽剂时，pH 值的适宜范围为 12.1～12.4。此外，我们还观察到 pH 影响发色速度，pH 降低时，发色速度显著减慢。

（4）酚类化合物 可采用的酚类化合物，除苯酚外，尚有百里酚（麝香草酚）、水杨酸及其盐、α-萘酚、邻甲氧基苯酚、邻苯基苯酚、邻氯酚、2-甲基-5-羟基喹啉、间甲苯酚。

在这些酚类化合物中，苯酚虽得到了广泛的应用，但其试剂较易氧化变质，提纯试剂较繁，且毒性较大以及在反应条件下能产生有害的对苯醌等缺点。百里酚的有限应用，则主要是因为它的显色产物能被有机溶剂萃取浓缩，从而提高灵敏度。水杨酸被日益广泛应用，是因为与苯酚相比，它具有易溶于水、制备方便、试剂稳定、毒性小、灵敏度高等优点。

（5）次氯酸盐 次氯酸钠常作为次氯酸离子的来源。但已知浓度的次氯酸钠也能通过有机氯化物的定量水解来制备。这类有机氯化物有氯胺 T 和二氯三聚异氰酸钠（NaDDT）。这些化合物的水解速度，则依赖于反应条件。氯胺 T 的水解需要加热，故不常用。NaDDT 在使用上较方便，比次氯酸钠更稳定，无需经常标定，这些优点使之应用较广。但在某些情况下也并非所宜，由于 NaDDT 能与蛋白质和胺类反应而消耗试剂，以至当样品溶液中存在这些物质时则产生误差。

实验中我们还发现，次氯酸钠的最佳浓度范围受水杨酸浓度的制约，当反应中的水杨酸浓度增高时，次氯酸钠的最佳浓度范围也应相应提高。

（6）催化剂 最早使用的催化剂是 Mn^{2+}，后来又发现丙酮也有催化作用，但它们的催化效果远远比不上现在广泛应用的硝普钠（亚硝基铁氰代钠）。此外，铁氰化钾、水合五氰高铁酸钠等氰络盐也是良好的催化剂。

氰络盐主要作用于反应的两个阶段：首先是使通常在 pH12～13 条件下的氯胺变得稳定，因而促进水杨酸转变成 5-氨基水杨酸（这一步是控制反应速度的决定步骤）；其次是加速 5-氨基水杨酸转化成醌式结构，并促进后者与水杨酸缩合成靛酚蓝染料。

硝普钠作为催化剂使用的另一个优点是反应体系中对它的浓度要求并不是十分严格的。实验结果表明：当硝普钠浓度很低时，试剂空白近于无色，含 NH_4^+ 的溶液则出现蓝色，当硝普钠浓度逐渐增高时，试剂空白转为黄色，含 NH_4^+ 的溶液则出现绿色（即黄色与蓝色的混合色）。在 10mL 显色液中，1％硝普钠的加入量在 0.06～0.14mL 范围内吸光度达最大值并且保持不变，只要在实验中保持上述范围的加入量，均能获得满意的结果。

（7）试剂加入的顺序 在大多数的方法中，首先加入酚类，然后再加入次氯酸盐。相反的顺序很少甚至没有靛酚蓝生成，特别是当次氯酸盐的浓度较高时。一些研究人员报道，灵敏度随加入酚和次氯酸钠的时间间隔的增加而减少，当温度增高时，这种时间间隔变得严格。这种现象的一个解释是最初产物的氯胺是随时间而衰退的。事实上，所有试剂以不同的顺序，只要是迅速加入，都不降低灵敏度。

首先加入酚具有某些优点，因为它稳定样品溶液并防止细菌的变化。但最合适的加液顺序依赖于所用的方法，因为不同的加液顺序可能影响反应对碱性次氯酸盐干扰的敏感性，这是由于有机氮化合物的水解引起的。

（8）发色时间和温度 早期的不用催化剂的酚和次氯酸盐的反应，常应用一个 100℃的温度，在此温度下能相对达到最大发色强度。对于用硝普钠催化的反应，Weatherburn 发现在反应温度、发色时间和硝普钠浓度间有一个复杂的内在联系，当硝普钠浓度在广宽范围内变化时，不同方法之间要进行比较是困难的。发色速度在 37℃时，明显地比在室温（15～25℃）下快。所以广泛采用 37℃作为发色温度。Weatherburn 还观察到，为了获得稳定的最大吸光度，需要增加时间。我们发现，在硝普钠催化的水杨酸体系中，若在 100℃发色，颜色迅速消退。同时，在较高的温度下发色，能引起有机氮化物的水解而带来正干扰，也可能在高温碱性条件下引起氨的挥发。虽然在室温下发色速度慢些，但 0.5h 就能达最大吸光度，即使在冬季室温低时，1h 发色时间也足够了。

（9）显色产物的稳定性 Berthelot 反应生成的靛酚蓝是稳定的。报道的稳定范围的持续时间为 4～6h。并且如果溶液避免吸收 CO_2 和避免阳光直射，可稳定 24h 甚至更长。由水杨酸产生的靛酚蓝，在室温下能稳定 24h 以上，放置 72h 吸光度值仅下降 15％。其余的酚类化合物如邻氯酚生成的靛酚蓝也能稳定很长时间。表明靛酚蓝的稳定性既与酚类化合物的结构无关，也与形成的方法无关。

值得提出的是光对靛酚蓝的稳定性有一定影响。Crismer 早就观察到靛酚蓝暴露在阳光中会分解而降低发色强度。可以观察到水杨酸体系在强日光直射下，颜色迅速变成棕褐色，但实验室光线则无影响。

（10）干扰及其消除　许多金属离子在碱性条件下形成氢氧化物沉淀，因此使用掩蔽剂是必要的。经我们试验，酒石酸盐或柠檬酸盐都是良好的掩蔽剂，使用柠檬酸盐作掩蔽剂时，一般来说容许共存离子的量较大，但测定的实验条件则要求更苛刻。

1.4　总氮

1.4.1　碱性过硫酸钾消解紫外分光光度法概述

大量的生活污水、农田排水或含氮工业废水排入天然水体中，使水中有机氮和各种无机氮化物的含量增加，生物和微生物大量繁殖，消耗水中的溶解氧，使水体质量恶化。若湖泊、水库中的氮含量超标，会造成浮游植物繁殖旺盛，出现水体富营养化状态。因此，总氮是衡量水质的重要指标之一。

总氮是指水中可溶性及悬浮颗粒中的含氮量。总氮的国家标准测定方法是碱性过硫酸钾消解紫外分光光度法，适用于地表水、地下水的测定，可测定水中亚硝酸盐氮、硝酸盐氮、无机氨盐、溶解态氨及大部分有机含氮化合物中氮的总和。该方法检测总氮的最低检出限为 0.050mg/L，测定上限为 4mg/L，方法的摩尔吸光系数为 $1.47 \times 10^3 \text{L/(mol·cm)}$。

1.4.2　碱性过硫酸钾消解紫外分光光度法原理

其原理是在 60℃ 以上的碱性水溶液中，过硫酸钾与水反应分解生成硫酸钾和原子态氧，原子态氧在 120～140℃ 时，可使水中的含氮化合物氧化为硝酸盐，用紫外分光光度法于波长 220nm 和 275nm 处分别测量吸光度，用两波长吸光度测定值之差求得校准吸光度 A_{220} 和 A_{275}，按式（1-1）求出校正吸光度 A：

$$A = A_{220} - 2A_{275} \tag{1-1}$$

按 A 的值查校准曲线并计算总氮（以 $NO_3\text{-N}$ 计）含量。

1.4.3　分析方法及步骤

1.4.3.1　试剂和材料

（1）无氨水　按下述方法之一制备。

离子交换法：将蒸馏水通过一个强酸型阳离子交换树脂（氢型）柱，流出液收集在带有密封玻璃盖的玻璃瓶中。

蒸馏法：在 1000mL 蒸馏水中加入 0.10mL 硫酸（$\rho=1.84g/mL$），并在全玻璃蒸馏器中重蒸馏，弃去前 50mL 馏出液，然后将馏出液收集在带有玻璃塞的玻璃瓶中。

（2）氢氧化钠溶液，200g/L：称取 20g 氢氧化钠（NaOH），溶于无氨水中，稀释至 1000mL，溶液存放在聚乙烯瓶中，最长可贮存一周。

（3）盐酸溶液，1+9。

（4）硝酸钾标准溶液

① 硝酸钾标准储备液，$C_N=100mg/L$ 硝酸钾（KNO_3）在 105～110℃烘箱中干燥 3h，在干燥器中冷却后，称取 0.7218g，溶于无氨水中，移至 1000mL 容量瓶中，用水稀释至标线在 0～10℃暗处保存，或加入 1～2mL 三氯甲烷保存，可稳定 6 个月。

② 硝酸钾标准使用液，$C_N=10mg/L$　将贮备液用水稀释 10 倍而得。使用时配制。

（5）硫酸溶液，1+35。

（6）碱性过硫酸钾溶液　称取 40g 过硫酸钾（$K_2S_2O_8$），另称取 15g 氢氧化钠（NaOH），溶于无氨水中，稀释至 1000mL，溶液存放在聚乙烯瓶内，最长可贮存一周。

1.4.3.2　仪器和设备

该方法需要实验室常用仪器及下列仪器：紫外分光光度计及 10mm 石英比色皿；医用手提式蒸气灭菌器或家用压力锅（压力为 1.1～1.4kg/cm²），锅内温度相当于 120～124℃；具玻璃磨口塞比色管，25mL。

1.4.3.3　分析步骤

（1）采样　在水样采集后立即放入冰箱中或低于 4℃ 的条件下保存，但不得超过 24h。

水样放置时间较长时，可在 1000mL 水样中加入约 0.5mL 硫酸（$\rho=1.84g/mL$），酸化到 pH＜2，并尽快测定。样品可贮存在玻璃瓶中。

（2）试样的制备　取实验室样品用氢氧化钠溶液或硫酸溶液调节 pH 至 5～9 从而制得试样。

如果试样中不含悬浮物按下述步骤②测定，试样中含悬浮物则按下述步骤③测定。

（3）测定

① 用无分度吸管取 10.00mL 试样，TN 超过 100μg 时，可减少取样量并加无氨水稀释至 10mL 置于比色管中。

② 试样不含悬浮物时，按下述步骤进行。

a. 加入 5mL 碱性过硫酸钾溶液，塞紧磨口塞用布及绳等方法扎紧瓶塞，以防弹出。

b. 将比色管置于医用手提蒸气灭菌器中，加热，使压力表指针到 $1.1\sim1.4\text{kg/cm}^2$。此时温度达 $120\sim124℃$ 后开始计时。或将比色管置于家用压力锅中，加热至顶压阀吹气时开始计时。保持此温度加热半小时。

c. 冷却、开阀放气，移去外盖，取出比色管并冷至室温。

d. 加盐酸（1+9）1mL，用无氨水稀释至 25mL 标线，混匀。

e. 移取部分溶液至 10mm 石英比色皿中，在紫外分光光度计上，以无氨水作参比，分别在波长为 220nm 与 275nm 处测定吸光度，并用式(1-1)计算出校正吸光度 A。

③ 试样含悬浮物时，先按上述②中 a～d 步骤进行，然后待澄清后移取上清液到石英比色皿中。再按上述②中 e 步骤继续进行测定。

（4）空白试验　空白试验除以 10mL 无氨水代替试样外，采用与测定完全相同的试剂、用量和分析步骤进行平行操作。

注：当测定在接近检测限时，必须控制空白试验的吸光度 A_0 不超过 0.03，超过此值，要检查所用水、试剂、器皿和家用压力锅或医用手提灭菌器的压力。

（5）校准

① 校准系列的制备

a. 用分度吸管向一组（10 支）比色管中，分别加入硝酸盐氮标准使用溶液 0.0，0.10mL，0.30mL，0.50mL，0.70mL，1.00mL，3.00mL，5.00mL，7.00mL，10.00mL。加无氨水水稀释至 10.00mL。

b. 按测定②中 a～e 步骤进行测定。

② 校准曲线的绘制　零浓度（空白）溶液和其他硝酸钾标准使用溶液制得的校准系列完成全部分析步骤，于波长 220nm 和 275nm 处测定吸光度后，分别按下式求出除零浓度外其他校准系列的校正吸光度 A_s 和零浓度的校正吸光度 A_b 及其差值 A_r

$$A_s = A_{s220} - 2A_{s275} \tag{1-2}$$

$$A_b = A_{b220} - 2A_{b275} \tag{1-3}$$

$$A_r = A_s - A_b \tag{1-4}$$

式中　A_{s220}——标准溶液在 220nm 波长的吸光度；

A_{s275}——标准溶液在 275nm 波长的吸光度；

A_{b220}——零浓度（空白）溶液在 220nm 波长的吸光度；

A_{b275}——零浓度（空白）溶液在 275nm 波长的吸光度。

按 A_r 值与相应的 $NO_3\text{-}N$ 含量（μg）绘制校准曲线。

（6）计算方法　按式(1-1)计算得试样校正吸光度 A，在校准曲线上查出相应的总氮微克数，总氮含量 $C_N(\text{mg/L})$ 按下式计算：

$$C_N = \frac{m}{V} \tag{1-5}$$

式中　*m*——试样测出含氮量，μg；

　　　　V——测定用试样体积，mL。

1.4.4　精密度与准确度

1.4.4.1　重复性

21 个实验室分别测定了亚硝酸钠，氨基丙酸与氯化铵混合样品；CW604 氨氮标准样品；L-谷氨酸与葡萄糖混合样品。上述三种样品含氮量分别为 1.49mg/L，2.64mg/L 和 1.15mg/L，其分析结果如下：

各实验室的室内相对标准偏差分别为 2.3%，1.6% 和 2.5%。室内重复测定允许精密度分别为 0.074mg/L，0.092mg/L 和 0.063mg/L。

1.4.4.2　再现性

上述实验室对上述三种统一合成样品测定。实验室间相对标准偏差分别为 3.1%，1.1% 和 4.2%；再现性相对标准偏差分别为 4.0%，1.9% 和 4.8%；总相对标准偏差分别为 3.8%，1.9% 和 4.9%。

1.4.4.3　准确度

上述实验室对上述三种统一合成样品进行测定，实验室内均值相对误差分别为 6.3%，2.4% 和 8.7%。

实验室内相对误差分别为 7.5%，3.8% 和 9.8%。实验室平均回收率置信范围分别为 99.0±6.4%，99.0±5.1% 和 101±9.4%。

1.4.5　注意事项

测定中干扰物主要是碘离子和溴离子，碘离子相对于总氮含量的 2.2 倍以上，溴离子相对于总氮含量的 3.4 倍以上有干扰。

某些有机物在本规定的测定条件下不能完全转化为硝酸盐时对测定有影响。

实验中所用玻璃器皿可以用盐酸（1+9）或硫酸（1+35）浸泡，清洗后再用水冲洗数次。

1.5　总磷

1.5.1　概述

磷在自然界中分布很广，与氧化合能力较强，因此在自然界中没有单质磷。在地壳中平均含量为 1050mg/kg，它以磷酸盐形式存在于矿物中。在天然水和废水中，磷几乎都以各种磷酸盐的形式存在。它们分别为正磷酸盐、缩合磷酸盐（焦磷酸盐、偏磷酸盐和多磷酸盐）和有机结合的磷酸盐，存在于溶液和悬浮物中。在淡水和海水中的平均含量分别为 0.02mg/L 和 0.088mg/L。

这些形式的磷酸盐有其各自不同的来源，在水处理过程中往往加入少量某种缩合磷酸盐；洗衣水及其他洗涤用水中含有缩合磷酸盐，因这些物质是许多高效洗涤剂的主要成分之一；处理锅炉用水广泛使用磷酸盐；在农业用肥料和农药中含有正磷酸盐和有机磷，当施于农业或者培植土时，会被暴雨径流和融雪带入地表水中，有机磷常常由人体废物和残留物带入污水中；有机磷酸盐主要在生物过程中形成，也可能由生物处理过程中正磷酸转化而来。

1.5.1.1 检测总磷的意义

磷和氮是生物生长必需的营养元素，水质中含有适度的营养元素会促进生物和微生物生长，令人关注的是磷对湖泊、水库、海湾等封闭状水域，或者水流迟缓的河流富营养化具有特殊的作用。

由于人为因素，在水域中的磷逐渐富集，伴随着藻类异常增殖，使水质恶化的过程称为"富营养化"。在这个过程中，水体由于藻类大量增殖和腐烂分解损耗水中的溶解氧，有害于鱼类等水生动物的生长，藻类大量增殖逐渐降低水的透明度，并使湖水带有腥味。随着水理化性质的变化，降低了水资源在饮用、游览和养殖等方面的利用价值。浅水湖泊严重的富营养化往往导致湖泊沼泽化，致使湖泊死亡。

为了保护水质，控制危害，在环境监测中总磷已列入正式的监测项目。各国都制订了磷的环境标准和排放标准。

1.5.1.2 检测分析方法的评述

总磷分析方法由两个步骤组成。

第一步可由氧化剂过硫酸钾、硝酸-过氯酸、硝酸-硫酸、硝酸镁或者紫外照射，将水样中不同形态的磷转化成磷酸盐。

第二步测定正磷酸，从而求得总磷含量。

磷酸根分析方法基于酸性条件下，磷酸根同钼酸铵（或同时存在酒石酸锑钾）生成磷钼杂多酸。磷钼杂多酸用还原剂抗坏血酸或者氯化亚锡还原成蓝色的络合物（简称钼蓝法），也可以用碱性染料生成多元有色络合物，直接进行分光光度测定。由于磷钼杂多酸内磷与钼组成之比为 1∶2，通过测定钼而间接求得磷钼杂多酸中磷酸根含量能起放大作用，从而提高了磷分析的灵敏度，通常称这种测定磷的方法为间接法。

上述反应同时含有钒酸铵时，能生成黄色磷钼钒多元杂多酸络合物，借此进行分光光度计测定。该法也称钒钼黄法，它的显色范围宽，在 0.2～1.6 的酸性介质均能显色，色泽极其稳定。此法干扰少，绝大多数阳离子及阴离子对测定没有影响。本身有色泽的离子如铬、镍、钴可以用试剂空白抵消；硫化物干扰用溴水氧化消除；多量的铌、钽、钛、锆可加入氟化铵和过量钼酸铵掩蔽。氟化物、钍、铋、硫代硫酸盐、硫氰酸盐引起负干扰，只有水样加热时二氧化硅和砷酸盐产生正干扰。但方法的灵敏度远比钼蓝法低，因此一般仅应用于工业废水中高含量磷的分析。

1.5.2 样品的获取、保存和预处理

磷的水样不稳定，最好采集后立即分析，这样试样变化可能最小。如果分析不能在采集后立即进行，每升试样加浓硫酸 1mL 进行防腐，再贮于棕色玻璃瓶里放置于冰箱内。仅仅分析总磷，试样没有必要防腐。

由于磷酸盐可能会吸附于塑料瓶壁上，故不可用塑料瓶贮存，所有玻璃容器都要用稀的热盐酸冲洗，再用蒸馏水冲洗数次。

水样中各种磷酸盐按图（1-2）预处理，可分别求得总磷、总有机磷、总酸可水解性磷、可滤活性磷、可滤酸可水解性磷、可滤性有机磷、总不可滤性磷、不可滤活性磷、不可滤酸可水解性磷、不可滤性有机磷。

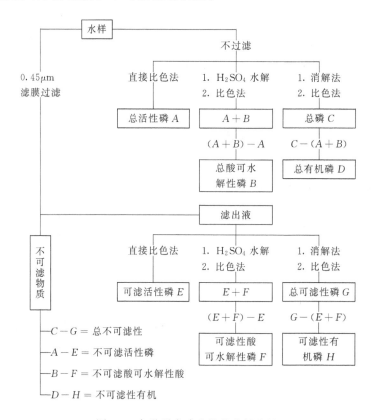

图 1-2 各种形态磷酸盐的分析步骤

1.5.3 过硫酸钾-钼蓝法

1.5.3.1 过硫酸钾消解

（1）原理 过硫酸钾溶液在高压釜内经 120℃加热，产生如下反应

$$K_2S_2O_8 + H_2O \longrightarrow 2KHSO_4 + \frac{1}{2}O_2$$

从而将水中存在的有机磷、无机磷和悬浮磷氧化成正磷酸。

（2）试剂 5％过硫酸钾溶液，溶解 5g 过硫酸钾于水中，并稀释至 100mL。

（3）步骤

① 吸取 25.0mL 混匀水样（必要时，酌情少取水样，并加水至 25mL，使含磷量不超过 30μg）于 50mL 具塞刻度管中，加过硫酸钾溶液 4mL，加塞后管口包一小块纱布并用线扎紧，以免加热时玻璃塞冲出。将具塞刻度管放在大烧杯中，置于高压蒸汽消毒器或压力锅中加热，待锅内压力达 1.1kg/cm²（相应温度为 120℃）时，调节电炉温度使保持此压力 30min 后，停止加热，待压力表指针降至零后取出放冷。如溶液混浊，则用滤纸过滤，洗涤后定容。

② 试剂空白和标准溶液系列也经同样的消解操作。

（4）应用范围 过硫酸钾消解方法具有操作简单、结果稳定的优点，适用于绝大多数的地表水和一部分工业废水。仅下列三种水不适合：

① 未经处理的工业废水；

② 含有大量铁、铝、钙等金属盐和有机物的废水；

③ 贫氧水。

1.5.3.2 钼蓝分光光度法

（1）方法原理 在酸性条件下，正磷酸盐与钼酸铵、酒石酸锑氧钾反应，生成磷钼杂多酸，被还原剂抗坏血酸还原，则变成蓝色络合物，通常即称磷钼蓝。

（2）干扰及消除 砷含量大于 2mg/L 有干扰，可用硫代硫酸钠除去。硫化物含量大于 2mg/L 有干扰，在酸性条件下通氮气可以除去。六价铅铬大于 50mg/L 有干扰，用亚硫酸钠除去。亚硝酸盐大于 1mg/L 有干扰，用氧化消解或加氨磺酸均可以除去。铁浓度为 20mg/L，使结果偏低 5％；铜浓度达 10mg/L 不干扰；氟化物小于 70mg/L 也不干扰。水中大多数常见离子对显色的影响可以忽略。

（3）方法的适用范围 本方法的最低检出浓度为 0.01mg/L（吸光度 $A=0.01$ 时所对应的浓度）；测定上限为 0.6mg/L。

可适用于测定地表水、生活污水及化工、磷肥、机加工金属表面磷化处理、农药、钢铁、焦化等行业的工业废水中的正磷酸盐。

（4）仪器 分光光度计。

（5）试剂

① 1+1 硫酸。

② 10％抗坏血酸溶液 溶解 10g 抗坏血酸于水中，并稀释至 100mL。该溶液贮存在棕色玻璃瓶，在约 4℃可稳定几周。如颜色变黄，则弃去重配。

③ 钼酸盐溶液 溶解 13g 钼酸铵于 100mL 水中。溶解 0.35g 酒石酸锑氧钾于 100mL 中。在不断搅拌下，将钼酸铵溶液徐徐加到 300mL 1+1 硫酸中，加酒石酸锑氧钾溶液并混合均匀，贮存在棕色的玻璃瓶中于约 4℃保存，至少稳定 2

个月。

④ 浊度-色度补偿液　混合两份体积的 1＋1 硫酸和一份体积的 10％抗坏血酸溶液。

此溶液当天配制。

⑤ 磷酸盐贮备溶液　将优级纯磷酸二氢钾于 110℃ 干燥 2h，在干燥器中放冷。称取 0.2197g 溶于水，移入 1000mL 容量瓶中。加 1＋1 硫酸 5mL，用水稀释至标线。此溶液每毫升含 50.0μg 磷（以 P 计）。

⑥ 磷酸盐标准溶液　吸取 10.00mL 磷酸盐贮备液于 250mL 容量瓶中，用水稀释至标线。此溶液每毫升含 2.00μg 磷。临用时现配。

（6）步骤

① 标准曲线的绘制　取数支 50mL 具塞比色管，分别加入磷酸盐标准使用液 0、0.50mL、1.00mL、3.00mL、5.00mL、10.0mL、15.0mL，加水至 50mL。

a. 显色：向比色管中加入 1mL 10％抗坏血酸溶液，混匀，30s 后加 2mL 钼酸盐溶液充分混合，放置 15min。

b. 测量：用 10mm 或 30mm 比色皿，于 700nm 波长处，以零浓度溶液为参比，测量吸光度。

② 样品测定　分取适量经滤膜过滤或消解的水样（使含磷量不超过 30μg）加入 50mL 比色管中，用水稀释至标线。以下按绘制校准曲线的步骤进行显色和测量。减去空白试验的吸光度，并从校准曲线上查出含磷量。

（7）注意事项

① 如试样中色度影响测量吸光度时，需做补偿校正。在 50mL 比色管中，分取与样品测定相同量的水样，定容后加入 3mL 浊度补偿液，测量吸光度，然后从水样的吸光度中减去校正吸光度。

② 室温低于 13℃ 时，可在 20～30℃ 水浴中显色 15min。

③ 操作所用的玻璃器皿可用 1＋1 盐酸浸泡 2h，或用不含磷酸盐的洗涤剂刷洗。

④ 比色皿用后应以稀硝酸或铬酸洗液浸泡片刻，以除去吸附的钼蓝有色物。

1.6　总有机碳（TOC）

1.6.1　总有机碳的定义

总有机碳（TOC），是以碳的含量表示水体中有机物质总量的综合指标。由于 TOC 的测定采用燃烧法，因此能将有机物全部氧化，它比 BOD_5 或 COD 更能直接表示有机物的总量，因此常常被用来评价水体中有机物污染的程度。

　　TOC 是将水样中的有机物中的碳通过燃烧或化学氧化转化成二氧化碳，通过红外吸收测定二氧化碳的量，从而也就测定了有机物中的总有机碳。总有机碳包含了水中悬浮的或吸附于悬浮物上的有机物中的碳和溶解于水中的有机物的碳，后者称为溶解性有机碳（DOC）。

　　国家标准对测定总有机碳的燃烧氧化-非分散红外吸收法进行了规定。

1.6.2　总有机碳的物理化学意义

　　总有机碳是反映水质受到有机物污染的替代水质指标之一，和其他水质替代指标一样，它不反映水质中那些具体的有机物的特性，而是反映各个污染物中所含碳的量，其数量愈高，表明水受到的有机物污染愈多。1979 年国际供水协会将水源水质按 DOC 值分为 4 类，见表 1-4。

表 1-4　按 DOC 对水质分类　　　　　　单位：mg/L

1	2	3	4
<1.5	2.5~3.5	4.5~6.0	>8.0
实际无污染	中等污染	严重污染	极度污染

　　在日常检测中，一般水体的总有机碳或溶解性有机碳变化不会太大，一旦有突发性的增加，表明水质受到意外的污染。

1.6.3　燃烧氧化-非分散红外吸收法的适用范围

　　本法适用于工业废水、生活污水及地表水中总有机碳的测定，测定浓度范围为 0.5~100mg/L，高浓度样品可进行稀释测定，检测下限为 0.5mg/L。

1.6.4　测定方法

1.6.4.1　差减法测定总有机碳

　　将试样连同净化空气（干燥并除去二氧化碳）分别导入高温燃烧管中，经高温燃烧管的水样受高温催化氧化，使有机化合物和无机碳酸盐均转化成为二氧化碳，经低温反应管的水样受酸化而使无机碳酸盐分解成二氧化碳，其所生成的二氧化碳依次引入非色散红外线检测器。由于一定波长的红外线被二氧化碳选择吸收，在一定浓度范围内二氧化碳对红外线吸收的强度与二氧化碳的浓度成正比，故可对水样总碳（TC）和无机碳（IC）进行定量测定。总碳与无机碳的差值，即为总有机碳。

1.6.4.2　直接法测定总有机碳

　　将水样酸化后曝气，将无机碳酸盐分解生成二氧化碳去除，再注入高温燃烧管中，可直接测定总有机碳。但由于在曝气过程中会造成水中挥发性有机物的损失而产生测定误差，因此其测定结果只是不可吹出的有机碳，而不是 TOC。

1.6.5 测量方法

1.6.5.1 试剂配置

除另有说明外，均为分析纯试剂，所用水均为无二氧化碳蒸馏水。

① 无二氧化碳蒸馏水：将重蒸馏水在烧杯中煮沸蒸发（蒸发量10%）稍冷，装入插有碱石灰管的下口瓶中备用。

② 邻苯二甲酸氢钾（$KHC_8H_4O_4$）：优级纯。

③ 无水碳酸钠（Na_2CO_3）：优级纯。

④ 碳酸氢钠（$NaHCO_3$）：优级纯，存放于干燥器中。

⑤ 有机碳标准贮备溶液，$C=400mg/L$：称取邻苯二甲酸氢钾（预先在110～120℃干燥2h，置于干煤器中冷却至室温）0.8500g，溶解于水中，移入1000mL容量瓶内，用水稀释至标线，混匀。在低温（4℃）冷藏条件下可保存48d。

⑥ 有机碳标准溶液，$C=100mg/L$：准确吸取25.00mL有机碳标准贮备溶液，置于100mL容量瓶内，用水稀释至标线，混匀。此溶液用时现配。

⑦ 无机碳标准贮备溶液，$C=400mg/L$：称取碳酸氢钠（预先在干燥器中干燥）1.400g和无水碳酸钠（预先在270℃下干燥2h，置于干燥器中，冷却至室温）1.770g溶解于水中，转入1000mL容量瓶内，稀释至标线，混匀。

⑧ 无机碳标准溶液，$C=100mg/L$：准确吸取25.00mL无机碳标准贮备溶液，置于100mL容量瓶中，用水稀释至标线，混匀。此溶液用时现配。

1.6.5.2 仪器及工作条件

（1）非色散红外吸收TOC分析仪。工作条件如下。

① 环境温度：5～35℃。

② 工作电压：仪器额定电压，交流电。

③ 总碳燃烧管温度及无机碳反应管温度选定：按仪器说明书规定的仪器条件设定。

④ 载气流量：150～180mL/min，按仪器说明书规定的仪器条件设定。

（2）单笔记录仪或微机数据处理系统，与仪器匹配。工作条件如下。

① 工作电压：仪器额定电压，直流电。

② 记录纸速：2.5mm/min。

（3）微量注射器：50.0μL（具刻度）。

1.6.5.3 操作步骤

（1）仪器的调试　按说明书调试TOC分析仪及记录仪或微机数据读取系统。选择好灵敏度、测量范围挡、总碳燃烧管温度及载气流量，仪器通电预热2h，至红外线分析仪的输出、记录仪上的基线趋于稳定。

（2）干扰的排除　水样中常见共存离子含量超过干扰允许值时，会影响红外线的吸收。这种情况下，必须用无二氧化碳蒸馏水稀释水样，至各共存离子含量低于其干扰允许浓度后，再行分析。

（3）进样

① 差减测定法：经酸化的水样，在测定前以氢氧化钠溶液中和至中性，用 $50.00\mu L$ 微量注射器分别准确吸取混匀的水样 $20.0\mu L$，依次注入总碳燃烧管和无机碳反应管，测定记录仪上出现的相应的吸收峰峰高或峰面积，下同。

② 直接测定法：将用硫酸已酸化至 $pH \leqslant 2$ 的约 $25mL$ 水样移入 $50mL$ 烧杯中 [加酸量为每 $100mL$ 水样中加 $0.04mL$ 硫酸（$1+1$）]，已酸化的水样可不再加，在磁力搅拌器上剧烈搅拌几分钟或向烧杯中通入无二氧化碳的氮气，以除去无机碳。吸取 $20.0\mu L$ 经除去无机碳的水样注入总碳燃烧管，测量记录仪上出现的吸收峰峰高。

（4）空白试验　按（3）中①或②所述步骤进行空白试验，用 $20.0\mu L$ 无二氧化碳水代替试样。

1.6.5.4　校准曲线的绘制

在每组六个 $50mL$ 具塞比色管中，分别加入 0.00、$2.50mL$、$5.00mL$、$10.00mL$、$20.00mL$、$50.00mL$ 有机碳标准溶液、无机碳标准溶液，用蒸馏水稀释至标线，混匀。配制成 0.0、$5.0mg/L$、$10.0mg/L$、$20.0mg/L$、$40.0mg/L$、$100.0mg/L$ 的有机碳和无机碳标准系列溶液。然后按（3）的步骤操作。从测得的标准系列溶液吸收峰峰高，减去空白试验吸收峰峰高，得校正吸收峰峰高，由标准系列溶液浓度与对应的校正吸收峰峰高分别绘制有机碳和无机碳校准曲线。亦可按线性回归方程的方法，计算出校准曲线的直线回归方程。

1.6.5.5　方法精密度和准确度

（1）取平行双样测定结果（相对偏差小于 10%）的算术平均值为测定结果。

（2）六个实验室测定含 TOC $24.0mg/L$ 的标准溶液结果如下。

① 重复性：实验室内相对标准偏差为 9%。

② 再现性：实验室间相对标准偏差为 3.9%。

③ 准确度：相对误差为 $-2.9\%\sim6.25\%$ 之间。

1.7　铜

1.7.1　概述

铜是一种比较丰富的金属，地壳中铜的平均丰度为 $5.5mg/kg$。自然界中铜主要以硫化物矿和氧化物矿形式存在，分布很广。

由于水体环境复杂并且易变，因而铜在水体中的存在状况也是多变的，价态常变化，时而进入底质，时而进入水体，也常被带电荷的胶体所吸附。在天然水中，溶解的铜量随 pH 值的升高而降低。pH 值 6～8 时，溶解度为 $50～500\mu g/L$。pH 值小于 7 时，以碱式碳酸铜 $[Cu_2(OH)_2CO_3]$ 的溶解度为最大。pH 值大于 7 时，以氧化铜 (CuO) 的溶解度为最大，此时溶解铜的形态以 Cu^{2+}，$[CuOH]^-$ 为主；pH 值升高至 8 时，则 $Cu(CO_3)_2^{2-}$ 逐渐增多。水体中固体物质的吸附，可使溶解铜减少；而某些络合配位体的存在，则能使溶解铜增多。世界各地天然水样中铜含量实测的结果是：淡水平均含铜 $3\mu g/L$；海水平均含铜 $0.25\mu g/L$。

铜是动植物所必需的微量元素。人体缺铜会造成贫血、腹泻等症状；但过量的铜对人和动植物都有害。人体吸入过量铜，表现为威尔逊氏症，这是一种染色体隐性疾病，可能由于体内重要脏器如肝、肾、脑沉积过量的铜而引起。主要表现是胆汁排泄铜的功能紊乱，引起组织中铜贮留。首先蓄积在肝脏内，引起肝脏损坏，出现慢性、活动性肝炎症状。当铜沉积于脑部引起神经组织病变时，则出现小脑运动失常和帕金森氏综合征。铜沉积在近侧肾小管，则引起氨基酸尿、糖尿、蛋白尿、磷酸盐尿和尿酸尿。铜沉积在角膜周围时，在后弹力层上出现铁锈样环，是威尔逊氏症的特异征候。

对水体中铜的浓度进行定期的监测，将为环境质量评价，健全和贯彻环境保护法律法规提供科学依据。

1.7.2 水样的保存与预处理

水样的采集和保存可用塑料瓶或玻璃瓶。同时加入一定量的硝酸，使溶液的 pH 小于 2，这样处理后的水样能保存 5 个月。

水样的前处理分为下述三种情况。

（1）不含悬浮物的地下水和清洁地面水直接测定。

（2）比较混浊的地面水，每 100mL 水样加入 1mL 浓硝酸，置于电热板上微沸消解 10min，冷却后用快速定量滤纸过滤，滤纸用 0.2% 硝酸洗涤数次，然后用 0.2% 硝酸稀释到一定体积，供测定用。

（3）含悬浮物和有机物较多的水样，每 100mL 水样加 5mL 浓硝酸，在电热板上消解至 10mL 左右，再加入 5mL 浓硝酸和 2mL 高氯酸（含量 70%～72%），继续加热消解，蒸至近干。冷却后用 0.2% 硝酸溶解残渣，溶解时稍加热。冷却后用快速定量滤纸过滤，滤纸用 0.2% 硝酸洗涤数次，滤波用 0.2% 硝酸稀释至一定体积，供测定用。

1.7.3 二乙基二硫代氨基甲酸钠萃取光度法

1.7.3.1 适用范围

本方法用于地面水，地下水和工业废水中铜的测定。

当试样体积为 50mL，比色皿为 20mm 时，本方法的测定范围为含铜 0.02～

0.60mg/L，最低检出浓度为 0.010mg/L，测定上限浓度为 2.0mg/L。

铁、锰、镍和钴等也与二乙基二硫代氨基甲酸钠生成有色络合物，干扰铜的测定，但可用 EDTA 和柠檬酸铵掩蔽消除。

1.7.3.2　定义

（1）可溶性铜　未经酸化的水样现场过滤时通过 $0.45\mu m$ 滤膜后测得的铜浓度。

（2）总铜　未经过滤的水样经剧烈消解后测得的铜浓度。

1.7.3.3　原理

在氨性溶液中（pH＝8～10），铜与二乙基二硫代氨基甲酸钠作用生成黄棕色络合物：

此络合物可用四氯化碳或氯仿萃取，在 440nm 波长处进行比色测定，颜色可稳定 1h。

1.7.3.4　试剂

在测定过程中除另有说明外，只能使用公认的分析纯试剂和重蒸馏水，或具有同等纯度的水。

（1）盐酸（HCl）：ρ＝1.19g/mL，优级纯。

（2）硝酸（HNO_3）：ρ＝1.40g/mL，优级纯。

（3）高氯酸（$HClO_4$）：ρ＝1.68g/mL，优级纯。

（4）氨水（NH_4OH）：ρ＝0.91g/mL，优级纯。

（5）四氯化碳（CCl_4）。

（6）氯仿（$CHCl_3$）。

（7）乙醇（C_2H_5OH）：95%（V/V）。

（8）1＋1 氨水。

（9）铜标准贮备溶液　称取 1.000g±0.005g 金属铜（纯度 99.9%）置于 150mL 烧杯中，加入 20mL 1＋1 硝酸，加热溶解后，加入 10mL 1＋1 硫酸并加热至冒白烟，冷却后，加水溶解并转入 1L 容量瓶中，用水稀释至标线。此溶液每毫升含 1.00mg 铜。

（10）铜标准溶液　吸取 5.00 mL 铜标准贮备溶液于 1L 容量瓶中，用水稀释至标线。此溶液每毫升含 $5.0\mu g$ 铜。

（11）二乙基二硫代氨基甲酸钠 0.2%（m/V）溶液　称取 0.2g 二乙基二硫代氨基甲酸钠三水合物（$C_9H_{10}NS_2Na \cdot 3H_2O$）溶于水中并稀释至 100mL。用棕色玻璃瓶贮存，放于暗处可用两星期。

（12）EDTA-柠檬酸铵-氨性溶液　取 12g 乙二胺四乙酸二钠二水合物（Na_2-

EDTA·2H$_2$O）、2.5g 柠檬酸铵 [（NH$_4$）$_3$·C$_6$H$_5$O$_7$]，加入 100mL 水和 200mL 氨水中溶解，用水稀释至 1L，加入少量 0.2％二乙基二硫代氨基甲酸钠溶液，用四氯化碳萃取提纯。

（13）EDTA-柠檬酸铵溶液 将 5g 乙二胺四乙酸二钠二水合物（Na$_2$-EDTA·2H$_2$O）和 20g 柠檬酸铵 [（NH$_4$）$_3$·C$_6$H$_5$O$_7$] 溶于水中并稀释至 100mL，加入 4 滴甲酚红指示液，用 1＋1 氨水调至 pH＝8～8.5（由黄色变为浅紫色），加入少量 0.2％二乙基二硫代氨基甲酸钠溶液，用四氯化碳萃取提纯。

（14）氯化铵-氢氧化铵缓冲溶液 将 70g 氯化铵（NH$_4$Cl）溶于适量水中，加入 570mL 氨水，用水稀释至 1L。

（15）甲酚红指示液（0.4g/L） 称取 0.02 克甲酚红（C$_{21}$H$_{18}$O$_5$S）溶于 50mL 95％（V/V）乙醇中。

1.7.3.5 仪器

（1）分光光度计：10mm 或 20mm 光程长的比色皿。

（2）125mL 锥形分液漏斗：具磨口玻璃塞，活塞上不得涂抹油性润滑剂。

1.7.3.6 采样和样品

为了防止铜离子吸附在采样容器壁上，采样后样品应尽快进行分析。如果需要保存，样品应立即酸化至 pH 为 1.5，通常每 100mL 样品加入 0.5mL 1＋1 盐酸。

1.7.3.7 步骤

（1）水样预处理 对清洁地面水和不含悬浮物的地下水可直接测定。

对含悬浮物和有机物较多的地面水或废水，可吸取 50.0mL 酸化的实验室样品于 150mL 烧杯中，加 5mL 浓硝酸，在电热板上加热，消解到 10mL 左右，稍冷却，再加入 5mL 浓硝酸和 1mL 高氯酸，继续加热消解，蒸至近干，冷却后，加水 40mL，加热煮沸 3min，冷却后，将溶液转入 50mL 容量瓶中，用水稀释至标线（若有沉淀，应过滤一次）。

（2）显色萃取

① 用移液管吸取适量体积的试份（含铜量不超 30μg，最大体积不大于 50mL），分别置于 125mL 分液漏斗中，加水至 50mL。

② 加入 10mL EDTA-柠檬酸铵-氨性溶液，50mL 氯化铵-氢氧化铵缓冲溶液，摇匀，此时 pH 约为 9～10。本方法适用于地面水和不含悬浮物的地下水的测定。

③ 加入 10mL EDTA-柠檬酸铵溶液、2 滴甲酚红指示液，用 1＋1 氨水调至 pH 8～8.5（由红色经黄色变为浅紫色）。本方法适用于消解后废水试样的测定。

④ 加入 5.0mL 0.2％二乙基二硫代氨基甲酸钠溶液，摇匀，静置 5min。

⑤ 加入 10.0mL 四氯化碳，用力振荡不少于 2min（若用振荡器振摇，应振荡 4min），静置，使分层。

⑥ 吸光度的测量：用滤纸吸取漏斗颈部的水分，塞入一小团脱脂棉，弃去最初

流出的有机相 1～2mL，然后将有机相移入 20mm 比色皿内，在 440nm 波长下，以四氯化碳作参比，测量吸光度。

以试份的吸光度减去空白试验的吸光度后，从校准曲线上查得相应的铜含量。

（3）空白试验　在测定水样的同时进行空白试验。用 50mL 水代替试份，试剂用量和测定步骤与测定水样相同。

（4）校准　用 8 个分液漏斗，分别加入 0、0.20mL、0.50mL、1.00mL、2.00mL、3.00mL、5.00mL 和 6.00mL 铜标准溶液，加水至体积为 50mL，配成一组校准系列溶液，然后按步骤操作，将测得的吸光度减去试剂空白的吸光度后，与相对应的铜量绘制成校准曲线，质量以 μg 计。

1.7.3.8　精密度

5 个实验室测定含铜 0.075mg/L 的统一分发标准溶液，其分析结果如下。

（1）重复性：实验室内相对标准偏差为 6.0%。

（2）再现性：实验室间相对标准偏差为 7.1%。

（3）相对误差：相对误差为 −4.0%

1.7.4　2,9-二甲基 1,10-菲啰啉分光光度法

1.7.4.1　适用范围

本方法适用于地面水、生活污水和工业废水中铜的测定。

在被测溶液中，如有大量的铬和锡、过量的其他氧化性离子以及氰化物、硫化物和有机物等对测定铜有干扰。加入亚硫酸使铬酸盐和络合的铬离子还原，可以避免铬的干扰。加入盐酸羟胺溶液，可以消除锡和其他氧化性离子的干扰。通过消解过程，可以除去氰化物、硫化物和有机物的干扰。

取 50mL 试份，比色皿光程 10mm，铜的最低检测浓度为 0.06mg/L，测定上限为 3mg/L。

1.7.4.2　原理

用盐酸羟胺把二价铜离子还原为亚铜离子，在中性或微酸性溶液中，亚铜离子和 2,9-二甲基-1,10 菲啰啉反应生成黄色络合物，可被多种有机溶剂（包括氯仿-甲醇混合液）萃取，在波长 457nm 处测量吸光度。

在 25mL 有机溶剂中，含铜量不超 0.15mg 时，显色符合比耳定律。在氯仿-甲醇混合液中，该颜色可保持数日。

1.7.4.3　试剂

在测定过程中，均使用去离子水或全玻璃蒸馏器制得的重蒸馏水。除另有说明外，均使用公认的分析纯试剂。

（1）硫酸（H_2SO_4）：$\rho_{20} = 1.84g/mL$，优级纯。

（2）硝酸（HNO_3）：$\rho_{20} = 1.40g/mL$，优级纯。

（3）盐酸（HCl）：$\rho_{20} = 1.19 g/mL$。

（4）氯仿（$CHCl_3$）。

（5）甲醇（CH_3OH）：99.5%（V/V）。

（6）盐酸羟胺：100g/L 溶液。

将 50g 盐酸羟胺（$NH_2OH \cdot HCl$）溶于水并稀释至 500mL。

（7）柠檬酸钠：375g/L 溶液。将 150g 柠檬酸钠（$Na_3C_6H_5O_7 \cdot 2H_2O$）溶解于 400mL 水中，加入 5mL 盐酸羟胺溶液和 10mL 2,9-二甲基-1,10-菲啰啉溶液，用 50mL 氯仿萃取以除去其中的杂质铜，弃去氯仿层。

（8）氢氧化铵：5mol/L 溶液。量取 330 mL 氢氧化铵（NH_4OH $\rho_{20} = 0.90 g/mL$），用水稀释至 1000 mL，贮存于聚乙烯瓶中。

（9）2,9-二甲基-1,10-菲啰啉：1g/L 溶液。将 100mg 2,9-二甲基-1,10-菲啰啉（$C_{14}H_{12}N_2 \cdot \frac{1}{2}H_2O$）溶于 100mL 甲醇中。这种溶液在普通贮存条件下，可稳定一个月以上。

（10）铜：相当于 0.20mg/mL 铜的标准溶液。称取 0.2000g±0.0001g 电解铜丝或铜箔（纯度99.9%以上），置于 250mL 锥形瓶中，加入 10mL 水和 5mL 硝酸，直到反应速度变慢时微微加热，使全部铜溶解。接着，煮沸溶液以驱除氮的氧化物。冷却后加入 50mL 水，定量转移到 1000mL 容量瓶中，用水稀释至标线并混匀。

（11）铜：相当于 20.0/mL 铜的标准溶液。吸取 50.0mL 铜标准溶液置于 500mL 容量瓶中，定容至刻度。

（12）铜：相当于 2.0μg/mL 铜的标准溶液。吸取 10.00mL 铜标准溶液置于 100mL 容量瓶中，定容至刻度。

（13）刚果红试纸或变色范围 4～6 的 pH 试纸。

1.7.4.4　仪器

（1）分光光度计：配有光程 10mm 和 50mm 比色皿。

（2）125mL 锥形分液漏斗：具有磨口玻璃塞，活塞上不得涂抹油性润滑剂。

（3）25mL 容量瓶。

1.7.4.5　采样和试样处理

（1）采样　采集 1000mL 水样，立即进行测定。若不能立即测定，为了防止铜离子吸附在采样容器壁上，向每升水样中加入 5mL 1+1 盐酸，酸化至 pH 约为 1.5。采样容器宜用塑料桶。

（2）试样处理　从水样中取两份均匀试样，每份 100mL 置于 250mL 烧杯中，作为消解试样。

1.7.4.6　步骤

（1）校准　取 7 个分液漏斗，分别加入铜标准溶液 0、1.00mL、2.00mL、

3.00mL、4.00mL、6.00mL、8.00mL，加水至体积为 50mL，加入 1mL 硫酸，按测定步骤进行测定。

以氯仿作参比，从测得的铜标准溶液的吸光度中减去试剂空白（零浓度）吸光度后与相对应的铜含量（μg）绘制校准曲线。

如果试份中铜的含量低于 20μg，还需要绘制一条浓度系列更低的校准曲线。吸取铜标准溶液 1.00～10.00mL，按上述程序进行操作。测量吸光度时，改用 50mm 比色皿。

（2）测定

① 消解。向每份试样中加入 1mL 硫酸和 5mL 硝酸，并放入几粒沸石后，置电热板上加热消解（注意勿喷溅）至冒三氧化硫白色浓烟为止。如果溶液仍然带色，冷却后加入 5mL 硝酸，继续加热消解至冒白色浓烟为止。必要时，重复上述操作，直到溶液无色。

冷却后加入约 80mL 水，加热至沸腾并保持 3min，冷却后滤入 100mL 容量瓶内，用水洗涤烧杯和滤纸，用洗涤水补加至标线并混匀。

将第 2 份消解后的试样（D）保存起来，用于校核试验。把第一份消解后的试样按下述步骤进行萃取和测定。

② 萃取和测定。从 100 mL 消解试样溶液中吸取 50.0mL 或适量体积的试份（含铜量不超过 0.15mg），置于分液漏斗中，必要时，用水补足至 50mL，加入 5mL 盐酸羟胺溶液和 10mL 柠檬酸钠溶液，充分摇匀。按每次 1mL 的加入量加入氢氧化铵溶液，把 pH 值调到大约为 4，每次加入少量的（或稀的）氢氧化铵溶液至刚果红试纸正好变红色（或 pH 试纸显示 4～6）。

加入 10mL 2,9-二甲基-1,10-菲啰啉溶液和 10mL 氯仿，轻轻摇晃并放气，旋紧活塞后剧烈摇动 30s 以上，将黄色络合物萃入氯仿中，静置分层后，用滤纸吸去分液漏斗中液管内的水珠并塞入少量脱脂棉，把氯仿层放入容量瓶中。再加入 10mL 氯仿于水相中，重复上述步骤再萃取一次。合并两次萃取液，用甲醇稀释至标线并混匀。

将萃取液放入 10mm 比色皿内（如含铜量低于 20μg，用 50mm 比色皿），在 457nm 处以氯仿为参比，测量试份的吸光度。

用试份的吸光度减去空白试验的吸光度后，从校准曲线上查得铜的含量。

（3）空白试验 用 100mL 水代替试样，按上述步骤进行处理。空白与试样在相同条件下同时进行测定。

（4）校准试验 从第 2 份消解试样（D）中吸取适量体积的溶液，加入铜标准溶液数毫升，使试份体积不超过 50mL，含铜量不超过 0.15mg，按"萃取和测定"步骤进行萃取和测定，重复进行操作，以确定有无干扰影响。

1.7.4.7 精密度和准确度

4 个实验室分别测定含铜量为 0.80 mg/L 的统一分发标准溶液所取得的结果。

（1）重复性　各实验室的室内相对标准偏差分别为 0.23％、0.11％、0.59％、3.82％。

（2）再现性　实验室间相对标准偏差为 2.3％。

（3）准确度　相对误差为 －2.0％。

1.8　铬

1.8.1　概述

铬是银灰色、质脆而硬的金属，在自然界中主要形成铬铁矿。铬的最高氧化态是 ＋6，还有 ＋3、＋2，以氧化数为 ＋3 的化合物最稳定，所以铬的化合物常见的是三价和六价。在水体中，六价铬一般是以 CrO_4^{2-}、$HCrO_4^-$、$Cr_2O_7^{2-}$ 三种阴离子形式存在。在水溶液中存在着以下的平衡：

$$Cr_2O_7^{2-} + H_2O \Longrightarrow 2HCrO_4^- \Longrightarrow 2H^+ + 2CrO_4^{2-}$$

如水溶液中酸、碱度变化，则平衡移动。六价铬的钠、钾、铵盐均溶于水。三价铬常以 Cr^{3+}、$Cr(OH)^{2+}$、$Cr(OH)^{2+}$ 等阳离子形式存在。三价铬的碳酸盐、氢氧化物均难溶于水。

铬的工业污染源主要是含铬矿石的加工、金属表面的处理、皮革鞣制、印染、照相材料等行业。

铬是生物体所必需的微量元素之一。铬的毒性与其存在的状态有极大的关系。六价铬具有强烈的毒性，已确认为是致癌物，并能在体内积蓄。由于六价铬有强氧化性，对皮肤相和黏膜有剧烈的腐蚀性。通常认为六价格的毒性比三价铬高 100 倍，但即使是六价铬，不同的化合物毒性也不相同。

当水中六价铬的浓度为 1mg/L 时，水呈浓黄色并有涩味。三价铬的浓度为 1mg/L 时，水的浊度明显增加。三价铬化合物对鱼的毒性比六价铬为大。铬在水体中，受 pH 值、有机物、氧化还原物质、温度以及硬度等条件的影响，三价铬与六价铬化合物在水体中可相互转化。铬混入下水道，则使最终处理场的活性污泥或生物滤池机能下降。由于铬的污染源很多，而且毒性较强，所以是一项重要的水质污染控制指标。

天然水中一般不含铬；海水中铬的平均浓度为 $0.05\mu g/L$；美国饮用水中六价铬的浓度为 $3\sim40\mu g/L$，平均值为 $3.2\mu g/L$；饮用水中三价铬含量更低。

水中铬的测定方法主要有：分光光度法、原子吸收法、气相色谱法、中子活化分析法等。

（1）分光光度法　国外标准方法和我国的统一方法均采用二苯氨基脲（即二苯碳酰二肼，简写 DPC）做显色剂，直接显色测定水中六价铬。

测定水中总铬，是在酸性或碱性条件下，用高锰酸钾将三价铬氧化成六价，再用二苯氨基脲显色测定。除用高锰酸钾做氧化剂外，还可以用 Ce(Ⅳ) 在常温下将三价铬氧化成六价铬。

（2）原子吸收光谱法　又分为直接火焰法和无火焰原子化法。如直接测定，定量范围是 $2 \sim 20mg/L$，Cd^{2+}、Pb^{2+}、Zn^{2+}、Fe^{3+} 有干扰。经萃取富集，直接火焰法可测至 $0.4\mu g/L$，无火焰原子化法可测至 $0.02\mu g/L$。测得的是总铬的含量，如测 Cr^{6+}，需先将 Cr^{3+} 和 Cr^{6+} 分离。

（3）发射光谱法　此方法手续繁杂且精密度差。如以电感耦合高频等离子焰炬作光源，可直接测定。

仪器分析方法各有长处，但由于受到条件限制，难于推广，因此常用的测定水中铬的方法是分光光度法和原子吸收法。

1.8.2　水样的采集与保存

由于铬易被器壁吸附，以前多采用硝酸酸化保存水样。对清洁地表水和标准的蒸馏水，如不加任何固定剂，水样较稳定，五天之内变化不大。如加酸固定，水样极不稳定，二天后回收率仅 20%。对受污染的水样，加酸固定后则不易检出六价铬。这是由于在酸性条件下，水样中或多或少存在着 H_2S、SO_3^{2-} 等无机或有机的还原性物质，使 Cr^{6+} 极易被还原成 Cr^{3+}。另外，如电镀含氰废水，常加入次氯酸钠分解氰化物，过量的次氯酸钠会把 Cr^{3+} 氧化成 Cr^{6+}。所以推荐测定 Cr^{6+} 的水样，在弱碱性 $pH=8$ 条件下保存。此时 Cr^{6+} 的氧化还原电位大大降低，可与还原剂共存而不反应。废水样品调节 pH 值为 8，置于冰箱内保存，可保存七天，但也要尽快分析。

测定总铬的水样，如在碱性条件下保存，会形成 $Cr(OH)_3$，增加器壁吸附的可能，所以仍需加酸保存。

采集铬水样的容器，可用玻璃瓶和聚乙烯瓶。器皿在使用前，必须用浓度为 $6mol/L$ 的盐酸洗涤。内壁不光滑的器皿不能使用，防止铬被吸附和被还原。

如果只要求测溶解的金属含量，取样时用 $0.45\mu m$ 滤膜过滤。过滤后，用浓硝酸将滤液酸化至 pH 小于 2。如测总铬，水样不经过滤，直接酸化。

1.8.3　分离与预处理技术

光度法测定六价铬的干扰如下。

1.8.3.1　浊度的干扰

水样浊度大，干扰比色测定。可用除不加显色剂外的水样作参比测定。

1.8.3.2　悬浮物的干扰

水样中悬浮物可用滤纸或熔结玻璃漏斗过滤后，用水充分洗涤滤出物，合并滤液和洗液后测定。

1.8.3.3 重金属离子的干扰

（1）Fe^{3+} 的干扰　在稀硫酸介质中，Fe^{3+} 与二苯碳酸二肼显色剂形成黄棕色络合物，一般 Fe^{3+} 含量大于 1.0mg/L 干扰测定。如有 Fe^{3+} 存在，最好在显色后 30min 内测定。因随着时间的延续 Fe^{3+} 的干扰增强。

消除干扰的方法如下。

① 化学掩蔽法。加入磷酸与 Fe^{3+} 形成稳定的无色络合物，从而消除 Fe^{3+} 的干扰，同时磷酸也和其他金属离子络合，避免一些盐类析出而产生浑浊。加入磷酸后，如显色酸度过大，则吸光度显著下降。所以如 Fe^{3+} 含量高，用磷酸掩蔽能力差。

也有报道在显色前加入氢氟酸，消除 Fe^{3+} 的干扰。

$$Fe^{3+} + 6F^- \longrightarrow FeF_6^{3-}$$

加入水杨酸作掩蔽剂可掩蔽 Fe^{3+}、Al^{3+} 和 Cr^{3+} 的干扰。

用化学掩蔽法均是在酸性条件下。如水样中共存有有机、无机还原性物质，则水样中的 Cr^{6+} 易被还原成 Cr^{3+}，从而使结果偏低。

② 溶剂萃取法。在 1mol/L 硫酸酸度下，用铜铁灵-氯仿（乙醚、乙酸乙酯）萃取水样，可去除铜、铁、铝、钒的干扰。这些金属离子的铜铁灵盐经萃取转移至有机相被弃去，残留的铜铁灵用酸消解，以破坏有机物，再经氧化测定铬。此方法仅能用于测定总铬时消除金属离子的干扰，手续繁杂，非必要时不用。如测六价铬，用此法去除金属离子干扰，则需在萃取前先将 Cr^{3+} 分离掉。

另外，用三辛胺萃取水样，其中 Fe^{3+} 含量少于 500μg 不被萃取可和 Cr^{6+} 分离。

（2）V^{5+} 的干扰　用二苯碳酸二肼直接显色测定 Cr^{6+} 时，V^{5+} 与显色剂生成黄棕色络合物而干扰测定。V^{5+} 大于 4mg/L（Cr^{6+} 含量为 0.1mg/L）即干扰测定。但显色后 15min，色度自行褪去。因此可在显色后 15min 再测定吸光值。

（3）Hg_2^{2+}、Hg^{2+} 的干扰　Hg_2^{2+}、Hg^{2+} 也与显色剂反应，生成蓝紫色络合物，但在反应酸度下，此反应不灵敏。Hg^{2+} 含量为 40mg/L（Cr^{6+} 含量为 0.2mg/L）未见干扰。当其大量存在时，可加入少量盐酸，形成 $HgCl_2$ 或 $HgCl_4^{2-}$ 络离子而消除干扰。

（4）Mo^{6+} 的干扰　Mo^{6+} 与显色剂形成紫红色络合物，在测定铬的反应酸度下，此反应不灵敏。超过 40mg/L 时，可加入草酸或草酸铵掩蔽。

（5）其他金属离子　Cu^{2+} 200mg/L、Al^{3+} 800mg/L、Co^{2+} 200mg/L、Ni^{2+} 200mg/L、Pb 16mg/L 不干扰测定。

1.8.3.4 氯和活性氯的干扰

氯化物的存在可使显色剂与 Fe^{3+} 形成的络合物颜色变深。活性氯的存在，使 Cr^{6+} 被氧化可加入亚硝酸钠和尿素消除干扰。

1.8.3.5 有机及无机还原性物质的干扰

还原性物质的存在，在酸性条件下，使 Cr^{6+} 还原成 Cr^{3+} 去除干扰的方法有：

（1）当水样中含铬量为 0.4×10^{-6} mol/L 时，可调节溶液 pH 为 8，加入 4mL 2％DPC-丙酮溶液，放置 5min，再酸化显色。这样可去除 S^{2-} 8×10^{-6} mol/L、SO_3^{2-} 4×10^{-6} mol/L、$S_2O_3^{2-}$ 4×10^{-6} mol/L、NO_2^- 8×10^{-6} mol/L、$C_2O_4^{2-}$ 80×10^{-6} mol/L、羟胺 80×10^{-6} mol/L 的干扰。

（2）水样经沉淀分离掉 Cr^{3+} 后，用高锰酸钾氧化，以去除还原性物质的干扰。

（3）先加入过硫酸铵氧化还原性物质后再测定。

（4）NO_2^- 存在可加入 1～3 滴叠氮化钠溶液去除，也可用尿素分解。

1.8.3.6　其他干扰

高锰酸盐干扰测定，可预先用叠氮化钠除去。

Cl^-、Br^-、CNS^-、PO_4^{3-}、HPO_2^-、SO_4^{2-}、NO_3^-、HCO_3^-、$B_4O_7^{2-}$、I^-、甲酸钠等不干扰测定。

酒石酸不干扰测定，若同时有微量铁（5μg）存在时，显色络合物颜色明显褪去。因为铁起催化作用，使酒石酸还原 Cr^{6+}。

1.8.4　二苯碳酰二肼分光光度法测定六价铬

1.8.4.1　方法原理

显色机理说法不一，有资料报道认为机理如下。

（1）六价铬将显色剂二苯碳酰二肼氧化成苯肼羧基偶氮苯，而其本身被还原成三价铬。

（2）苯肼羧基偶氮苯与 Cr^{3+} 形成紫红色化合物。此反应的摩尔比是 3∶2（Cr∶DPC），生成的紫红色化合物在 540nm 波长处有最大吸收，反应的摩尔吸光系数为 4×10^4。方法的最小检出量为 0.2μg。如取 50mL 水样，使用 30mm 光程的比色皿，方法的最低检出浓度为 0.004mg/L。使用光程为 10mm 比色皿，测定上限浓度为 1.0mg/L。

1.8.4.2　显色剂的配制

资料报道，显色剂的配制有以下三种。

（1）0.5％DPC-丙酮溶液　DPC 在丙酮中比在乙醇中更稳定，且溶解度大。

（2）0.2％DPC-乙醇溶液　称取 0.2g DPC，溶解于 100mL 无水乙醇中加入（1＋9）硫酸 400mL 溶解。测定时可直接加入显色剂，不必再加酸。

（3）配制显色剂时加入苯二甲酸酐　称取 4g 苯二甲酸酐溶于 100mL 无水乙醇中（水浴微温），待全溶解后，加入 0.2g DPC，搅拌至全溶。加入苯二甲酸酐的目的是提高显色剂的酸度，在弱氧化性物质存在下，DPC 可不被氧化，此显色剂置于暗处，可保存 30～40d。

如显色剂放置时间过长，变成橙红色，则已失效，不可再用。

1.8.4.3　显色条件

显色酸度高，显色快，但色泽不稳定；酸度低，显色慢。适宜酸度为 0.12～0.24mol/L（$1/2H_2SO_4$），以 0.2mol/L 为佳。如大于 0.3mol/L，显色后很快褪色。控制显色酸度多用硫酸，因在盐酸介质中，显色剂更易与 Fe^{3+} 形成黄棕色络合物，使 Fe^{3+} 的干扰更为严重。如用磷酸介质，加入 1.5mL（1+1）H_3PO_4 显色，显色时间延长，但可掩蔽 50mg/L Fe^{3+} 的干扰。

因二苯碳酰二肼与 Cr^{6+} 形成的紫红色化合物，其反应摩尔比为 3:2，所以当显色剂用量不够时，Cr^{6+} 会进一步氧化二苯碳酰二肼而生成二苯卡巴肼，此时溶液无色。一般控制在 1moL 的 Cr^{6+} 加入 1.5～2.0mol DPC。

有色络合物稳定时间和显色酸度及 Cr^{6+} 浓度有关。Cr^{6+} 浓度低，显色后稳定时间短。在正常酸度范围内，有色络合物可稳定 10min 至几小时。加入显色剂后要立即摇匀，防止 Cr^{6+} 对显色剂的进一步氧化，使测定值偏低。

1.8.4.4　操作注意事项

（1）为使方法的测定范围宽，可配制两种浓度的铬标准使用液（1.00μg/mL 和 5.00μg/mL）。如取 50.0mL 水样，两者定量范围分别为 0.004～0.3mg/L 和 0.02～1.0mg/L。当 Cr^{6+} 计含量低于 0.1mg/L，结果以二位有效数字表示；Cr^{6+} 含量高于 0.1mg/L，结果以三位有效数字表示。

（2）二苯碳酰二肼显色剂的结晶应为无色，它在空气中放置，即被氧化，出现粉红色以至棕黄色。购置的试剂一般均有颜色，所以要做空白试验。如试剂颜色过深，则空白试验值高。故显色剂应避光保存，不宜久贮。

1.8.5　分光光度法测定总铬

为测定总铬，需将水样中的三价铬氧化成六价后，用二苯碳酰二肼分光光度法测定。只有强氧化剂如过硫酸铵、高锰酸钾等才能将 Cr^{3+} 氧化为 Cr^{6+}。

根据氧化条件不同，可分为酸性高锰酸钾法和碱性高锰酸钾法。碱性高锰酸钾法操作手续繁。水样中如含悬浮物用碱性高锰酸钾法氧化后，经过滤可除去。Fe^{3+} 在碱性条件下形成氢氧化铁沉淀，与二氧化锰同时过滤除去，以消除少量 Fe^{3+} 的干扰。

1.8.5.1　酸性高锰酸钾法

（1）原理　在酸性条件下，用高锰酸钾将三价铬氧化成六价，过量的高锰酸钾用亚硝酸钠还原，而过量亚硝酸钠又被尿素分解。其反应方程式如下：

$$5Cr_2(SO_4)_3 + 6KMnO_4 + 6H_2O \longrightarrow 10H_2CrO_4 + 6MnSO_4 + 3K_2SO_4 + 6H_2SO_4$$

$$2HMnO_4 + 5NaNO_2 + 2H_2SO_4 \longrightarrow 2MnSO_4 + 5NaNO_3 + 3H_2O$$

$$2NaNO_2 + Co(NH_2)_2 + H_2SO_4 \longrightarrow Na_2SO_4 + 2H_2O + CO_2\uparrow + 2N_2\uparrow$$

（2）氧化条件　酸度在 0.5mol/L 以下即可，但如高于 0.2mol/L，吸光值有所下降，所以控制在 0.2mol/L 为佳，氧化煮沸时间，一般为 5～10min。

（3）过量氧化剂的消除　前已述及，用亚硝酸钠还原过量的氧化剂-高锰酸钾，也可用叠氮化钠（NaN_2）作还原剂，但应注意叠氮化钠是易爆试剂。

为防止亚硝酸钠还原六价铬，应在溶液中先加入尿素。当亚硝酸钠还原高锰酸钾后，过量的亚硝酸钠即与尿素反应。加入亚硝酸钠的量必须控制，加入时要边加边充分摇匀。

1.8.5.2　碱性高锰酸钾法

（1）原理　在碱性条件下，用高锰酸钾氧化六价铬，过量的高锰酸钾用乙醇除去。

$$Cr(SO_4)_3 + KMnO_4 + 8NaOH \longrightarrow 2Na_2CrO_4 + 2MnO_2\downarrow + 2Na_2SO_4 + K_2SO_4 + 4H_2O$$

$$4KMnO_4 + 4KOH \longrightarrow 4K_2MnO_4 + 2H_2O + O_2\uparrow$$

$$K_2MnO_4 + C_2H_5OH \longrightarrow MnO_2\downarrow + CH_3CHO + K_2O + H_2O$$

（2）操作注意事项

① 加入高锰酸钾的量，应使溶液在煮沸过程中保持紫红色为最好。如高锰酸钾加入量过多，用乙醇还原时，可生成大量的 MnO_2 沉淀，此时过滤较慢，另外沉淀可能吸附少量的六价铬，使结果偏低。

② 加入乙醇还原剩余的高锰酸钾时，要待锥形瓶稍冷后沿瓶壁加入，以防止爆沸。还原后再煮沸，以除去过量的乙醇。

③ 由于氧化过程中形成 MnO_2 沉淀，可吸附少量六价铬。必须用热水反复洗涤沉淀4～5次，使六价铬尽量洗下来。但同时注意溶液总体积不得超过 50mL。

④ 为便于过滤，使 MnO_2 沉淀颗粒大，可加入少量 MgO。但 MgO 加入量要一致且不可多加，因为 MgO 也会吸附六价铬。

⑤ 当水样中含有大量的碱土金属，在碱性条件下，产生大量沉淀，可能吸附六价铬而使结果偏低。故在此情况下，最好采用酸性高锰酸钾法。

1.9　汞

1.9.1　概述

汞是银白色具有光泽的液体金属，相对密度为 13.55（20℃）。在空气中于常温下不氧化，易挥发。汞蒸气比空气重 6 倍，吸附力强，有剧毒。汞不溶于盐和稀硫酸，与水无反应，能溶于硝酸、热的浓硫酸和氢碘酸，特别易溶于王水。能与钠、锌、铜和某些其他金属形成液态或固态的汞齐。

在水体中，汞以颗粒态和可溶态两种状态存在，颗粒态汞分为元素汞、无机汞化合物（即无机汞盐、氧化汞和硫化汞）和有机汞化合物（即芳基汞和烷基汞），可溶态汞分为无机汞（Hg、Hg^+ 和 Hg^{2+}）和有机汞（甲基汞、乙基汞、二甲基汞和苯基汞）。

水中汞的背景值范围，内陆地下水大约在 $0.1\mu g/L$ 以下，海水、湖泊水和河水一般在几个 $\mu g/L$ 至数十个 $\mu g/L$。

汞对人体的危害与汞的化学形态，环境条件以及摄入途径和方式有关。当汞蒸气侵入呼吸道后被肺泡完全吸收并经过血液流经全身，从而进入脑组织。在脑组织中被氧化成汞离子，积累在脑组织中而使脑受到损害。主要症状有头痛、头晕、肢体麻木疼痛、肌肉震颤、运动失调等。通过食物和饮水摄入的金属汞，一般不会引起中毒，颗粒态汞进入人体的胃肠道后也难于被吸收，不会对人体构成危害。但是甲基汞通过食物链进入人体后，在人体肠道中易被吸收并输送到全身各个器官组织，主要是肝、胃、脑组织，引起的症状有：同心性视野缩小、运动失调、肢端感觉障碍等临床表现，严重的可导致死亡。例如 1950 年日本发生的"水俣病"公害事件和 1971 年伊拉克发生大规模的汞中毒事件（中毒人数 6000 人，其中 500 人死亡），这都是由于甲基汞引起的人为污染结果。

尽管人们早就熟知各种汞化合物引起中毒的情况，但是，汞对环境的污染却是从 1956 年日本的"水俣病"公害事件才开始引起人们的重视和研究。为了弄清楚汞对人体和其他生物体的毒害及其机理，汞在自然界中的迁移转化规律，汞的污染及其防治途径等，就必须对环境样品中总汞和汞的形态进行分析。因此，汞作为环境污染指标，已成为环境监测的必测项目之一。

1.9.2　监测方法概述

水中汞含量甚微，所要求的监测方法应该是快速、准确、灵敏和简便，常用的方法主要有比色法、冷原子吸收法、冷原子荧光法、电化学法及中子活化法等。

1.9.2.1　原子吸收法

原子吸收法（AAS）分为火焰原子吸收法、无火焰原子吸收法和冷原子吸收法。

（1）火焰原子吸收法是将处理好的含 Hg^{2+} 样品直接喷入氧化亚氮-乙炔焰中，利用汞的基态原子对特征谱线 253.7nm 的吸收以测量试样中的汞含量。检出限为 0.05×10^{-6}，在早期工作中，为了提高方法的灵敏度，采用了某些螯合剂如吡咯烷二硫代甲酸铵的甲基-正戊丙酮、MLBK、MLBK-双硫腙等将汞萃取入有机相中加以提高，也有人在试样中加入 Sn(Ⅱ)、亚砷酸等还原剂，将 Hg^{2+} 还原成单质汞，使吸收信号大大地提高。

（2）无火焰原子吸收法是将样品热分解以变成单质汞的蒸汽，用空气载入原子吸收池内进行测量，此后陆续出现了石英管加热法、加热汞齐法，使样品的预处理与定量测定能连续进行。例如 Witmann 将样品先在石英管中加热至 650℃ 以上分解汞化合物，含汞蒸气通过已加热到 170℃ 的黄金丝捕集网上使之汞齐化，经原子化后进行测量。Dogan 则用银海绵富集易挥发的无机汞和金属汞，用同样方法测得汞，检出限为 1×10^{-9}。

（3）冷蒸气原子吸收法是先将 Hg 变成 Hg^{2+} 溶液，再还原成金属汞，在不需加热情况下用空气或氩气载入吸收池内进行测量。此法是 20 世纪 60 年代由 Poluektov 首先提出，后经 Hach 和 Ott 等几年的研究，他们用硫酸亚锡还原样品溶液中的汞，并使 Hg 在一个密闭的体系中循环直至平衡，再进行原子吸收测量。Batisberger 用此法分析水中 10^{-9} 级的无机汞和有机汞，使用 $SnCl_2$ 在硫酸介质中还原测定无机汞，用 H_2O_2 氧化再还原，测得总汞，用差减法求出有机汞。

无火焰原子吸收法特别是冷原子吸收法，灵敏度高、准确、快速、仪器简单，是目前应用最多，测量最成功的方法。但也存在不足之处，就是光电池窗易受潮而变模糊，因而必须使用干燥剂，另外，分子吸收有干扰，背景信号较高。

1.9.2.2　冷原子荧光法

此法是 20 世纪 60 年代由 Windfordner 小组和 Wwst 小组研究提出的，由于装置结构简单、灵敏度高、没有分子吸收干扰、线性范围大，越来越受到人们的重视。Seritti 等用此法测得海水中汞，检出限可达 0.01×10^{-6}。Hewler 用同法测定水中 50pg 残留量的汞，精密度为 5%，在 $0\sim100\times10^{-9}$ 范围内呈线性。Ferrara 等先把汞捕集在黄金丝上，再用此法测定海水中汞。杜文虎等在 20 世纪 80 年代初研制出 YYG-1 型国产冷原子荧光测汞仪，详述了测汞的最佳条件。郎惠云等改进了还原反应瓶，并把汞富集在银丝上，用氩气作载气，使检出限达到 4×10^{-12}g，变异系数为 3.0%。

1.9.3　样品的采集、保存

1.9.3.1　水样的采集

水中汞含量甚微且极不稳定，当浓度在 10^{-6} 级时，采样的污染并不重要，若在 10^{-9} 级时，采样方法如不正确，会使分析结果变得无任何价值。关于水的定义，多少年来，人们一直认为是能通过 $0.45\mu m$ 滤膜的物质，这是因为水中有相当部分的重金属以吸附在无机或有机悬浮物上的状态而存在，如 Hg、Cd、Pb、Fe、Mn、Cu、Zn 等易为浮游生物或悬浮物等吸附，为了保存可溶性金属的原有化学成分，水样要尽快过滤除去悬浮物，习惯上把通过 $0.45\mu m$ 孔径滤膜的水中物质称为"可溶物"，而滞留在滤膜上的物质称为"粒状物"。但是滤去悬浮物的滤液中的汞即可溶性汞为总汞，还是包括含悬浮颗粒中的汞为总汞，这个问题目前存有争议。

最近有人认为，不经过滤的水样更能代表水的特性。我国《污染源统一监测分析方法》和《环境监测分析方法》中没有规定用滤膜过滤水样的要求，而且还强调荧光把悬浮物或固体微粒看作是水体中一个组成部分，不应在分析前滤除。有人发现当水中没有或很少有干扰物和悬浮物时，用吹出浓缩法和直接法测定水中汞的数据基本一致。但是如果水中悬浮物和干扰物较多时，则吹出浓缩法比直接法所得结果高 500 倍，这说明吸附在悬浮物或固体微粒上的汞被释放了出来。

汞很容易吸附在容器壁上，所以选择某种特定的采样容器很重要。有人认为，特氟隆、高密度聚乙烯或聚丙烯材料制作的采样器较好。在派克斯玻璃上涂硅酮树脂能显著地减少汞的吸附。也有人认为，汞能渗透进各种塑料容器壁，引起汞的损失，故在采集含汞水样时，硬质玻璃容器更好些。为了防止采样容器对汞的吸附，通常在采样前，采样容器必须用 10％硝酸或盐酸浸泡 8h，再用水冲洗干净，最后用待测水样冲洗 2～3 次。

另外，采样时还应注意到水体表面由于飘尘等影响，有时会有形成富集金属的表面膜，所以要把采样器浸入水下一定的深度采样，不要把金属膜采入。

1.9.3.2　水样的保存

水中汞极不稳定，从采样运到化验室的时间间隔内，人们发现，天然水尤其是废水中的汞浓度损失甚大。Cogne 在河水样中加入 $50\mu g/L$ 的汞，不加保护剂，分析前就损失了 60％，3 天可损失殆尽。$1\mu g/L$ 汞，1h 后就损失 80％。

汞不稳定的原因有：水中各组分之间的互相作用、升华的产生、某些金属离子价态的变化、微生物的作用等。例如，水中存在任何还原剂（如胡敏酸）或其他杂质，Hg^{2+} 会还原成 Hg_2^{2+}，Hg_2^{2+} 不稳定，能自发地变成金属汞而挥发。无机汞由于微生物的作用转变成有机汞或金属汞而挥发。另外，贮存器壁吸附汞形成稳定的络合物，还原成汞齐，这也是引起汞损失的重要原因。这种原因被认为是容器壁上存在着对离子进行吸附的活性点，所以采用排除活性点的措施。通常是将酸作为稳定剂加入水中，与 Hg^{2+} 具有同电荷的 H^+ 占据活性点，从而防止汞的吸附。加入的酸有硝酸、硫酸、盐酸和高氯酸等。所以推荐测汞水样，加硝酸在 pH＜2 下保存，总汞可稳定 13d，过滤后的可溶态汞可稳定 28h。也有人用浓硝酸煮聚乙烯贮存器以除去活性点的做法，有的在派克斯玻璃上涂上硅酮树脂，有的将储器在水样中洗浸并放置较长的时间等，都有一定的成效。

汞损失的另一个原因是汞离子被还原后挥发，渗透出塑料器壁向环境扩散，所以目前最广泛使用防止汞损失的措施，是在水中加入氧化剂如重铬酸钾、高锰酸钾、过氯酸，过氧化氢和过硫酸钠等。通常是向水中加入 5％硝酸和 0.05％重铬酸钾或 1％硫酸和 0.05％重铬酸钾作稳定剂。实践证明，这是保存微量汞最好的稳定剂，汞浓度仅损失 2％。

有时采用冷冻法保存总汞也是有效的，但也有人认为，环境样品因冷冻干燥时会引起汞的损失，主要原因是汞被还原成金属汞挥发，不是伴随水而升华。

巯基棉法是近来作为稳定水中汞的另一种有成效的方法，它利用巯基与汞结合能力强的特性，用硫代乙醇酸与脱脂棉制成巯基棉，将水中无机汞和有机汞进行富集吸附，然后用酸洗脱进行测定。该法在 pH3～4 时，各种形态的汞 100％吸附，在 pH6～7 时，无机汞吸附率为 75％～85％；有机汞吸附率为 92％～100％。

1.9.4 冷原子吸收法

1.9.4.1 适用范围

视仪器型号与试样体积不同而异，本方法最低检出浓度为 0.1～0.5μg/L 汞；在最佳条件下（测汞仪灵敏度高，基线噪声极小及空白试验值稳定），当试样体积为 200mL 时，最低检出浓度可达 0.05μg/L 汞。

本方法适用于地表水、地下水、饮用水、生活污水及工业废水中汞的测定。一般实验室仪器和以下专用仪器。

1.9.4.2 原理

利用元素汞在室温、不加热条件下，即能挥发成汞蒸气并对波长 253.7nm 的紫外光具有强烈的吸收作用，在一定浓度范围内，汞浓度与吸收值成正比。水样经消解、还原处理后，将汞的所有化合物变成元素汞，再用不同进样方法将汞蒸气带入吸收池内测量。

1.9.4.3 仪器

① 测汞仪。

② 台式自动平衡记录仪或微机数据处理系统。

③ 汞还原器，容积分别为 50mL、100mL、250mL、500mL，具磨口、带莲蓬形多孔吹气头的翻瓶。

④ U 形管，ϕ415mm×10mm，内填变色硅胶 60～80mm。

⑤ 三通阀。

⑥ 汞吸收塔：250mL 玻璃干燥塔，内填经碘化钾处理的柱状活性炭。

仪器的载气净化系统，可根据不同测汞仪的特点及具体条件进行连接，所有玻璃仪器及盛样瓶均用洗液浸泡过夜，用去离子水冲洗干净。

1.9.4.4 注意事项

① 当室温低于 10℃时，应采取增高操作间环境温度的办法来提高汞的气化效率。

② 汞还原器的大小应根据试样体积选定，以气相与液相体积比为 2：1～3：1 最佳。采用关闭气路振摇操作时，则以（3：1）～（8：1）时灵敏度最高。吹气头形状以莲蓬形最佳，与底部距离越近越好。

③ 加入氯化亚锡溶液后，先在关闭气路条件下用手或振荡器振荡 30～60s，待完全达到气油平衡后才将汞蒸气抽入（或吹入）测量池。试验证实，在相同条件下，采取此操作与不振荡的相比，视温度、载气流速、汞还原器翻泡效率的不同，可使信号值读数高80％～110％。

④ 载气流速太大会使进入测量池的汞蒸气浓度降低；流速过小又会使气化速度减慢，选用 0.8～12L/min 较好，若采用抽气法，将吹气头上的吹气管截去一部分，使之离液面约 5～10mm。加入氯化亚锡溶液后，先关闭气路振荡 1min，再将蒸气抽入测量池。这样，不仅灵敏度高，而且零点稳定（缺点是残留在废液中的汞将污染室内空气）。

⑤ 盐酸羟胺溶液的提纯也可使用"巯基棉纤维管除汞法"：在内径 6～8mm、长约 100mm，一端拉细的玻璃管中，或在 500mL 分液漏斗的放液管中，填充 0.1～0.2g 巯基棉纤维，将待净化试液以 10mL/min 速度流过 1～2 次即可除尽汞。

1.9.5 冷原子荧光法

1.9.5.1 适用范围

本标准适用于地表水、地下水及氯离子含量较低的水样中汞的测定。方法最低检出浓度为 0.0015μg/L，测定下限为 0.0060μg/L，测定上限为 1.0μg/L。

1.9.5.2 原理

水样中的汞离子被还原剂还原为单质汞，形成汞蒸气。其基态汞原子受到波长 253.7nm 的紫外光激发，当激发态汞原子被激发时便辐射出相同波长的荧光。在给定的条件下和较低的浓度范围内，荧光强度与汞的浓度成正比。

1.9.5.3 仪器

(1) 冷原子荧光测汞仪（附 10mL 汞还原瓶）。

(2) 电热恒温水浴锅。

(3) 高纯氮气或高纯氩气。

1.9.5.4 注意事项

(1) 痕量汞的测定，要求实验用水和试剂具有较高的纯度，以尽量降低试剂空白。氯化亚锡溶液可曝气除汞。此外，要求容器和实验室环境也应有较高的洁净度。

(2) 水样在消解过程中，高锰酸钾的紫红色不应完全褪去，否则应补加适量的高锰酸钾溶液。对于较清洁的水样加热时间可缩短为 1h。

(3) 滴加盐酸羟胺溶液时，应仔细操作，小心勿过量，因过量的盐酸羟胺容易引起溶液中汞的损失。

(4) 还原瓶内溶液的体积一般以不超过 6mL 为宜，当试样含汞量较高时，可适当少取，但要求测标准和测试样时各项还原瓶内溶液的体积要一致。

(5) 进样时还原瓶盖要尽量开小，露出只够注射器针头伸入的小缝，尽量不要让空气进去以免产生荧光猝灭。

(6) 每次进样后，还原瓶必须先后分别用固定液和去离子水清洗，否则还原瓶内若残留少量氯化亚锡，能提前还原下一个测量试样中的汞离子，致使在初次通气时造成吹出而损失，造成测定结果偏低。

（7）测量操作要小心，不要使溶液流进管道，万一不慎将溶液吹进，应用滤纸将各处溶液吸干，再用电吹风吹干各部分。此外，工作一段时期后，荧光池可能被汞污染，也应打开光路室盖用电吹风吹各部分。

（8）注意防止汞对实验环境的污染。排废气要通到高锰酸钾吸收液内或通出室外。

1.10 pH 值

1.10.1 概述

pH 值的测定是水分析中最重要和最经常进行的分析项目之一，是评价水质的一个重要参数。在 25℃，pH 值等于 7 时，溶液为中性，氢离子和氢氧根离子的活度相等，相应各自的近似浓度为 10^{-7} mol/L。pH 值的大小反映了水的酸性或碱性，但并不能直接表明水样的具体酸度或碱度。pH 值小于 7 表示溶液呈酸性而 pH 值大于 7 则表示溶液呈碱性。

天然水的 pH 值常受二氧化碳-重碳酸盐-碳酸盐平衡的影响而处于 4.5～8.5 范围内，江河水多在 6～8 之间。湖水则通常在 7.2～8.5 之间。当水体受到外界的酸碱污染后，可能会引起 pH 值发生较大变化。水体的酸污染主要来源于冶金、电镀、轧钢、金属加工等工业的酸洗工序和人造纤维、酸法造纸等工业排出的含酸废水。另一个来源是酸性矿山排水，因为硫矿物经空气氧化，并与水化合成硫酸，使矿水变成酸性。碱污染主要来源于碱法造纸、化学纤维、制碱、制革、炼油等工业废水。水体受到污染后，pH 值发生变化，在水体 pH 值小于 6.5 或大于 8.5 时，水中微生物生长受到一定程度的抑制，使得水体自净能力受到阻碍并可能腐蚀船舶和水中设施。若水体长期受到酸、碱污染将对生态平衡产生不良影响，使水生生物的种群逐渐变化，鱼类减少，甚至绝迹。

实验室中水的 pH 值的测定常与某些分析项目有密切关系，当水的 pH 值较低时，可促使各种金属元素的溶解；pH 值增高，又可使其产生沉淀物而出现浑浊；通过 pH 值的测量，可对某些水的酸度或碱度进行间接计算；在很多分析项目的测定过程中，均需控制一定的 pH 值范围。因此，pH 值的测定几乎成为必不可少的监测项目。

1.10.2 pH 的定义和说明

pH 值测定方法标准中的定义正是参照国家标准 GB 3102—82 而写的。pH 的定义如下：

pH 是从操作上定义的。对于溶液 X，测出伽伐尼电池：

参比电极 $|$ KCl 浓溶液 $\parallel$ 溶液 X $|$ H$_2$ $|$ Pt 的电动势 E_X。将未知 pH(X) 的溶液 X 换成标准pH溶液 S，同样测出电池的电动势 E_s，则：

$$pH(X) = pH(S) + (E_s - E_X)F/(RT\ln 10)$$

因此所定义的 pH 是无量纲的量。

pH 没有理论上的意义，其定义为一种实用定义，但是在物质的量浓度小于 $0.1\text{mol}/\text{dm}^3$ 的稀薄水溶液有限范围，即非强酸性又非强碱性（$2 < \text{pH} < 12$）时，则根据定义有：

$$pH = -\lg[C(H^+)y] \pm 0.02$$

式中 $C(H^+)$ 代表氢离子的物质的量浓度，而 y 代表溶液中典型 1 价、-1 价电解质的活度系数。

1.10.3 测定方法

pH 的测量，通常有比色法和电位计法两种。

1.10.3.1 比色法

本法主要根据某些染料在溶液中随 pH 的改变而发生特定的色泽变化的原理来指示溶液的 pH 值，最常采用的有氯酚红、溴酚蓝、百里酚蓝、酚红等 pH 指示剂，或单一使用或按比例配成混合物使用。实验室中用的 pH 试纸就是根据比色法的基本原理而制成。比色法的优点是设备简单，不受电源控制，操作方便等，因此它曾被广泛采用，然而比色法存在着某些难于克服的缺陷，列举如下。

（1）自行配制标准色阶时，须配制数个溶液并进行标定，然后配成不同 pH 值的标准缓冲溶液供用，手续繁杂且颇费时间。

（2）水样具颜色、混浊、高盐度、胶体物质以及某些氧化剂和还原剂均可产生干扰。

（3）指示剂本身容易变质，从而造成标准色阶颜色的改变，使测量误差增大。

（4）必须预知样品的大概 pH 值，以便正确地挑选合适的指示剂。

（5）由于 pH 指示剂本身为弱酸或弱碱物质，所以必须注意防止指示剂给待测溶液带来的影响，为此需将指示剂预先调节至与样品相接近的 pH 值，防止改变样品的真正 pH 值，特别是对弱缓冲性的样品。凡此种种，使比色法的测量经典性和正确性受到影响，应用范围也受到一定局限。

随着仪器制造和电子应用技术的飞速发展，各种规定的酸度计已经相当普及。世界卫生组织以及美国、日本等许多国家早就明确指出，比色法仅适于粗略测定，不能定为标准方法。应当指出的是，比色法虽然不作为标准方法，但它在一定情况下和要求不十分严格的场合下应用是容许的，甚至在某些方面可能是测定 pH 的主要手段，如工业生产流程控制、植物管理、野外测定以及用点位法测量有困难的样品，特别是各种规格的 pH 试纸在实验室仍将普遍使用。当比色法应用的可靠性需要核定时，应以 pH 电位计测定的结果为准。

1.10.3.2　电位计法

目前，电位计法是我国测定水质 pH 值的标准方法，它通常不受颜色、浊度、胶体物质以及氧化剂、还原剂的影响，适用于测定清洁水、受不同程度污染的地面水、工业废水的 pH 值。

电位计法测 pH 原理如下。

pH 值由测量电池的电动势而得。目前，在一般的国家标准中，使用的是下列电池：参比电极｜KCl 浓溶液‖溶液 X｜H_2｜Pt。在实际应用中，指示电极一般不用氢电极，因为氢电极的铂黑容易被 As、Hg 和硫化物等污染而中毒，并且还需要恒定的压力和高纯度的氢气。另外，溶液中含有像硝酸盐、高锰酸盐或高铁盐氧化剂时不能使用，因此通常是以玻璃电极作为指示电极。

参比电极一般为甘汞电极或 As-AgCl 电极。由于参比电极的电位是已知恒定的，因此通过测定电池两极的电位差，就可知指示电极的电位。

pH 值的测量符合能斯特方程。实际测试中，多采用标准比较法，即首先测得 pH 标准缓冲液的电位 E_s。再测定以待测样品溶液代替标准溶液时的电位 E_x。从而得到下列关系：

$$pH_x - pH_s = \frac{E_x - E_s}{2.303 RT/F}$$

式中　E_x——未知溶液中电池的电动势；

　　　E_s——标准缓冲溶液中电池的电动势；

　　pH_x——测得未知溶液的 pH 值；

　　pH_s——标准缓冲溶液的 pH 值；

　　　R——气体常数，8.3144J/(K·mol)；

　　　T——绝对温度（t℃ +273.15）；

　　　F——法拉第常数，96485C/mol。

当 t = 25℃时，经换算得到：

$$pH_x - pH_s = \frac{E_x - E_s}{0.059}$$

即在 25℃，溶液中每改变一个 pH 值单位，其电位差的变化约为 59mV。实验室使用的 pH 计上的刻度就是根据此原理制成的。通过标准溶液校准、定位后，可直接从表头读出 pH 值。

1.10.4　测量 pH 的电极系统

pH 测量的工作电极种类较多，有氢电极、醌-氢醌电极、金属锑电极、玻璃电极等。由于前三种电极在含有某些氧化性或还原性物质的溶液中，电极特性会引起变化，测量误差大或由于操作不便等原因，目前应用最广泛的是玻璃电极。

在 1909 年 Haber 和 Klemensiewicz 发明了最初的玻璃电极，在一个玻璃泡内装入盐酸溶液，插入铂丝。这种装置的作用，就像是一个氢电极。现在的玻璃电极的形式，是建立在 MacInnes 和 DDle 的工作的基础上的。他们将一片软玻璃薄膜熔封于一支硬玻璃管的一端面，用一根 Ag-AgCl 电极作为内电极，用这种电极代替了氢电极。目前通用的已商品化的玻璃电极下端是由具有氢电极功能的钠玻璃或锂玻璃熔融吹制而成的敏感薄膜，根据膜的特性，玻璃电极可分为一般用、低温用、高温用、高碱用和耐辐照等类型；形状有球形、圆柱体形、毛细管形等多种，实验室常用的是球形、膜厚约 0.1mm 左右，电阻值在兆欧姆数量级。玻璃电极的内参比电极通常为 Ag-AgCl 电极，浸在含有氯离子的磷酸盐缓冲液内，电极球泡上部分为普通的玻璃管。在玻璃电极中，内参比电极的电位是恒定的，当玻璃电极浸入到被测溶液中时，玻璃薄膜处于 H^+ 离子活度一定的内部缓冲液和待测溶液之间，玻璃薄膜内外侧所产生的电位差与外部待测溶液中 H^+ 离子活度呈线性关系。

当一对电极的电位差为零时，被测溶液的 pH 值称为零电位 pH 值，这是电极与电位计相配套的一个重要参数。国产玻璃电极与饱和甘汞电极建立的零电位 pH 值有 7 ± 1（pH）和 2 ± 1（pH）两种规格，选择时应注意与 pH 计配套。

1.10.5　pH 电位计

市售电位计（连同玻璃电极和参比电极）有多种型号，根据仪器本身的精度可分为 0.1 级、0.02 级和 0.01 级等。仪器的基本结构为一直流放大器，使由电极产生的电动势在仪器上经放大，在表头上（或数字显示）指示出毫伏数（或 pH 值）。电位计通常装有温度补偿装置，用以校正温度对电极的影响。

电位计使用的注意事项如下：

（1）仪器应保持干燥、防尘，定期通电维护，注意对工作电源的要求，并要有良好的"接地"。

（2）注意电极的输入端（即接线柱或电极插口）引线连接部分应保持清洁，不使水滴、灰尘、油污等浸入。

（3）应注意仪器零点和校正、定位等调节器，一经调试妥当，在测试过程中不应再随意旋动。

（4）对内部装有干电池的便携式酸度计，如需长期采用交流电或长期存放时，应将其内部的干电池取出，以防干电池腐烂而损害仪器。

1.10.6　试剂

标准缓冲溶液的制备是保证 pH 值测量准确性的重要因素，因此对配制标准缓冲液的蒸馏水和试剂均有较高要求。

1.10.6.1　蒸馏水

用于配制标准缓冲溶液和淋洗电极的水，要求电导率小于 $2\mu S/cm$ 无 CO_2 的水，经阴、阳离子交换树脂的水，并经煮沸放冷后，可达此要求，pH 值通常在 6.7～7.3 之间。

1.10.6.2　标准缓冲镕液

配制标准缓冲溶液的物质应使用 pH 标准物质。市售 pH 标准物质已有邻苯二甲酸氢钾、磷酸盐和硼砂三种。有特殊要求时，可参考测定方法补充配制其他的标准液。

实验中发现，邻苯二甲酸氢钾溶液（pH＝4.00）在室温下保存极易长霉菌，保存期通常为四周。磷酸盐缓冲液较稳定，保存期可为 1～2 个月。硼砂溶液是碱性溶液，易吸收 CO_2 而使 pH 值降低。因此在空气中放置或使用过的溶液不宜倒回瓶内重复使用。如果标准缓冲液放在 4℃ 冰箱存放，可以延长使用期限。以上三种标准液可保存在硬质玻璃瓶或聚乙烯塑料瓶中。

1.10.7　测量中应注意的问题

在正式测量前，首先应检查仪器、电极、标准缓冲液三者是否正常。通常做法是：根据待测样品的 pH 值范围，在其附近选用两种标准缓冲溶液。用第一种溶液定位后，再对第二种溶液测试，观察其读数，仪器响应值与第二种溶液的 pH 值之差不得大于 0.1pH 单位。如超过此误差，并经另换第三种标准缓冲液检验，亦存在上述问题时，则应对电极和标准缓冲液质量进行检查，以探明原因，其中多数为电极出毛病所致，应考虑进行适当处理或更换新的低电极。

更换标准缓冲液或样品时，应用水对电极进行充分的淋洗，用滤纸吸去电极上的水滴，再用待测溶液淋洗，以消除相互影响，这一点对弱缓冲性溶液尤为重要。

测量 pH 时，溶液应适当进行搅拌，以使溶液均匀和达到电化学平衡，而在读数时则应停止搅动，静置片刻，以使读数稳定。

1.11　水质溶解氧的测定

1.11.1　概述

溶解在水中的分子态氧称为溶解氧。天然水中的溶解氧含量取决于水体与大气中氧的平衡。溶解氧的饱和含量和空气中氧的分压、大气压力、水温有密切的关系。清洁地表水溶解氧一般接近饱和。由于藻类的生长，溶解氧可能过饱和。水体受有机、无机还原性物质污染时溶解氧降低。当大气中的氧来不及补充时，水中溶解氧逐渐降低，以至趋近于零，此时厌氧菌繁殖，水质恶化，导致鱼虾死亡。

1.11.2 碘量法

1.11.2.1 适用范围及原理

碘量法是测定水中溶解氧的基准方法。在没有干扰的情况下，此方法适用于各种溶解氧浓度大于 0.2mg/L 和小于氧的饱和浓度两倍（约 20mg/L）的水样。易氧化的有机物，如丹宁酸、腐殖酸和木质素等会对测定产生干扰。可氧化的硫的化合物，如硫化物硫脲，也如同易于消耗氧的呼吸系统那样产生干扰。当含有这类物质时，宜采用电化学探头法。

亚硝酸盐浓度不高于 15mg/L 时就不会产生干扰，因为它们会被加入的叠氮化钠破坏掉。

如存在氧化物质或还原物质，需改进测定方法。

如存在能固定或消耗碘的悬浮物，本方法需改进后方可使用。

1.11.2.2 原理

在样品中溶解氧与刚刚沉淀的二价氢氧化锰（将氢氧化钠或氢氧化钾加入到二价硫酸锰中制得）反应。酸化后，生成的高价锰化合物将碘化物氧化游离出一定量的碘，用硫代硫酸钠滴定法，测定游离碘量。

1.11.2.3 试剂

分析中仅使用分析纯试剂和蒸馏水或纯度与之相当的水。

（1）硫酸溶液　小心地把 500mL 浓硫酸（$\rho=1.84g/mL$）在不停地搅动下加入到 500mL 水中。

注：当试样中亚硝酸氮含量大于 0.05mg/L 而亚铁含量不超过 1mg/L 时，为防止亚硝酸氮对测定结果的干扰，需在试样中加叠氮化物，叠氮化钠是剧毒试剂。若已知试样中的亚硝酸盐低于 0.05mg/L，则可省去此试剂。

（2）硫酸溶液：$c(1/2H_2SO_4)=2mol/L$。

（3）碱性碘化物-叠氮化物试剂。

a. 操作过程中严防中毒。

b. 不要使碱性碘化物-叠氮化物试剂酸化，因为可能产生有毒的叠氮酸雾。

将 35g 的氢氧化钠（NaOH）[或 50g 的氢氧化钾（KOH）] 和 30g 碘化钾（KI）[或 27g 碘化钠（NaI）] 溶解在大约 50mL 水中。

单独地将 1g 的叠氮化钠（NaN_2）溶于几毫升水中。

将上述二种溶液混合并稀释至 100mL。

溶液贮存在塞紧的细口棕色瓶子里。

注：若怀疑有三价铁的存在，则采用磷酸（H_3PO_4，$\rho=1.70g/mL$）。

经稀释和酸化后，在有指示剂存在下，本试剂应无色。

（4）无水二价硫酸锰溶液：340g/L（或一水硫酸锰 380g/L 溶液）。

可用 450g/L 四水二价氯化锰溶液代替。

过滤不澄清的溶液。

(5) 碘酸钾：$C(1/6KIO_3)＝10mmol/L$ 标准溶液。

在 180℃ 干燥数克碘酸钾（KIO_3），称量 $3.567 \pm 0.003g$ 溶解在水中并稀释到 1000mL。

将上述溶液吸取 100mL 移入 1000mL 容量瓶中，用水稀释至标线。

(6) 硫代硫酸钠标准滴定液：$c(Na_2S_2O_3)\approx10mmol/L$。

① 配制　将 2.5g 五水硫代硫酸钠溶解于新煮沸并冷却的水中，再加 0.4g 的氢氧化钠（NaOH），并稀释至 1000mL。

溶液贮存于深色玻璃瓶中。

② 标定　在锥形瓶中用 100~150mL 的水溶解约 0.5g 的碘化钾或碘化钠（KI 或 NaI），加入 5mL 2mol/L 的硫酸溶液，混合均匀，加 20.00mL 标准碘酸钾溶液，稀释至约 200mL，立即用硫代硫酸钠溶液滴定释放出的碘，当接近滴定终点时，溶液呈浅黄色，加指示剂，再滴定至完全无色。

硫代硫酸钠浓度（mol/L）由式(1-6)求出：

$$c=\frac{6\times20\times1.66}{V} \tag{1-6}$$

式中　V——硫代硫酸钠溶液滴定量，mL。

每日标定一次溶液。

(7) 淀粉：新配制 10g/L 溶液。

注：也可用其他适合的指示剂。

(8) 酚酞：1g/L 乙醇溶液。

(9) 碘：约 0.005mol/L 溶液。

溶解 4~5g 的碘化钾或碘化钠于少量水中，加约 130mg 的碘，待碘溶解后稀释至 100mL。

1.11.2.4　仪器

除常用试验室设备外，还有细口玻璃瓶，容量在 250~300mL 之间，校准至 1mL，具塞细口瓶或任何其他适合的细口瓶，瓶肩最好是直的。每一个瓶和盖要有相同的号码。用称量法来测定每个细口瓶的体积。

1.11.2.5　步骤

(1) 当存在能固定或消耗碘的悬浮物，或者怀疑有这类物质存在时，按一般叙述的方法测定，或最好采用电化学探头法测定溶解氧。

(2) 检验氧化或还原物质是否存在

如果预计氧化或还原剂可能干扰结果，取 50mL 待测水样，加 2 滴酚酞溶液后，中和水样加 0.5mL 硫酸溶液、几粒碘化钾或碘化钠（质量约 0.5g）和几滴淀粉（指示剂）溶液。

如果溶液呈蓝色，则有氧化物质存在。如果溶液保持无色，加 0.2mL 碘溶液，振荡，放置 30s。如果没有呈现蓝色，则存在还原物质。

有氧化物物质存在时，按照（1）中规定处理。有还原物质存在时，按照（2）中规定处理。没有氧化或还原物时，按照下面步骤测定。

（3）样品的采集　除非还要做其他处理，样品应采集在细口瓶中。测定就在瓶内进行。试样充满全部细口瓶。

注：在有氧化或还原物的情况下，需取两个试样。

① 取地表水样。充满细口瓶至溢流，小心避免溶解氧浓度的改变。对浅水用电化学探头法更好些。

在消除附着在玻璃瓶上的气泡之后，立即固定溶解氧。

② 从配水系统管路中取水样。将一惰性材料管的入口与管道连接，将管子出口插入细口瓶的底部。用溢流冲洗的方式充入大约 10 倍细口瓶体积的水，最后注满瓶子，在消除附着在玻璃瓶上的空气泡之后，立即固定溶解氧。

③ 不同深度取水样。用一种特别的取水器，内盛细口瓶，瓶上装有橡胶入口管并插入到细口瓶的底部，当溶液充满细口瓶时，将瓶中空气排出，避免溢流。某些类型的取样器可以同时充满几个细口瓶。

（4）溶解氧的固定　取样之后，最好在现场立即向盛有样品的细口瓶中加 1mL 二价硫酸锰溶液和 2mL 碱性碘化物-叠氮化物试剂。使用细尖头的移液管，将试剂加到液面以下，小心盖上塞子，避免空气泡带入。

（5）游离碘　确保所形成的沉淀物已沉淀在细口瓶下三分之一部分。

慢速加入 1.5mL 硫酸溶液，盖上细口瓶盖，然后摇动瓶子，要求瓶中沉淀物完全溶解，且碘已分布均匀。

（6）滴定　将细口瓶内的组分或其部分体积（V）转移到锥形瓶内。用硫代硫酸钠标准滴定液滴定，在接近滴定终点时，加淀粉溶液或者加其他合适的指示剂。

1.11.2.6　特殊情况

（1）存在氧化性物质

① 原理　通过滴定第二个试验样品来测定除溶解氧以外的氧化性物质的含量。

② 步骤

a. 按照样品采集中规定取两个试验样品。

b. 按照上述步骤中规定的步骤测定第一个试样中的溶解氧。

c. 将第二个试样定量转移至大小适宜的锥形瓶内，加 1.5mL 硫酸溶液（或相应体积的磷酸溶液），然后再加 2mL 碱性试剂和 1mL 二价硫酸锰溶液，放置 5min 用硫代硫酸钠滴定，在滴定快到终点时，加淀粉或其他合适的指示剂。

③ 结果表示

溶解氧含量 c_2(mg/L) 由下式给出：

$$c_2 = \frac{M_r V_2 c f_1}{4V_1} - \frac{M_r V_4 c}{4V_3} \qquad (1\text{-}7)$$

$$f_1 = \frac{V_0}{V_0 - V'}$$

式中　M_r——氧的分子量，$M_r = 32$；

　　　V_0——细口瓶体积，mL；

　　　V'——二价硫酸锰溶液（1mL），和碱性试剂体积（2mL）的总和；

　　　V_1——滴定时样品体积，mL；一般取 $V_1 = 32$mL；若滴定细口瓶内试样，则
　　　　　　$V_1 = V_0$；

　　　V_2——滴定样品时所耗去的硫代硫酸钠溶液的体积，mL；

　　　 c——硫代硫酸钠溶液的实际浓度，mol/L；

　　　V_3——盛第二个试样的细口瓶体积，mL；

　　　V_4——滴定第二个试样用去的硫代硫酸钠的溶液的体积，mL。

（2）存在还原性物质

① 原理　加入过量次氯酸钠溶液，氧化第一和第二个试样中的还原性物质。测定一个试样中的溶解氧含量，测定另一个试样中过剩的次氯酸钠量。

② 试剂　在 1.11.2.3 中规定的试剂和次氯酸钠溶液（约含游离氯 4g/L，用稀释市售浓次氯酸钠溶液的办法制备，用碘量法测定溶液的浓度）。

③ 步骤

a. 按照样品采集中规定取二个试样。

b. 向这两个试样中各加入 1.00mL（若需要可加入更多的准确体积）的次氯酸钠溶液，盖好细口瓶盖，混合均匀。

一个试样按上述步骤中的规定进行处理，另一个按照 1.11.2.5 特殊情况中的（1）②c. 的规定进行处理。

④ 结果表示

溶解氧的含量 c_3(mg/L) 由下式给出：

$$c_3 = \frac{M_r V_2 c f_2}{4V_1} - \frac{M_r V_4 c}{4(V_3 - V_5)}$$

$$f_2 = \frac{V_0}{V_0 - V_5 - V'}$$

式中　M_r，V_1，V_2，V_3，V_4，c，V'——与式(1-7)含义相同；

　　　　　　　　　　V_5——加入到试样中次氯酸钠溶液的体积，mL
　　　　　　　　　　　　　（通常 $V_5 = 1.00$mL）；

　　　　　　　　　　V_0——盛第一个试验样品的细口瓶的体积，mL。

1.11.3 电化学探头法

1.11.3.1 适用范围及原理

（1）适用范围 本方法适用于天然水、污水和盐水，如果用于测定海水或港湾水这类盐水，应对含盐量进行校对。

（2）原理 本方法所采用的探头由一小室构成，室内有两个金属电极并充有电解质，用选择性薄膜将小室封闭住。实际上水和可溶解物质离子不能透过这层膜，但氧和一定数量的其他气体及亲水性物质可透过这层薄膜。将这种探头浸入水中进行溶解氧测定。

因原电池作用或外加电压使电极间产生电位差。由于这种电位差，使金属离子在阳极进入溶液，而透过膜的氧在阴极还原。由此所产生的电流直接与通过膜与电解质液层的氧的传递速度成正比，因而该电流与给定温度下水样中氧的分压成正比。

因为膜的渗透性明显随温度而变化，所以必须进行温度补偿。可采用数学方法（使用计算图表、计算机程序），也可使用调节装置，或者利用在电极回路中安装热敏元件加以补偿。某些仪器还可对不同温度下氧的溶解度的变化进行补偿。

1.11.3.2 试剂及仪器

（1）试剂 在分析过程中，仅使用公认的分析纯试剂和蒸馏水或纯度相当的水。

① 无水亚硫酸钠（Na_2SO_3）或七水合亚硫酸钠（$Na_2SO_3 \cdot 7H_2O$）。

② 二价钴盐，例如六水合氯化钴（Ⅱ）（$CoCl_2 \cdot 6H_2O$）。

（2）仪器 测量仪器由以下部件组成。

① 测量探头，原电池型（例如铅/银）或极谱型（例如银、金），如果需要，探头上附有温度灵敏补偿装置。

② 仪表，刻度直接显示溶解氧的浓度，和（或）氧的饱和百分率或电流的微安数。

③ 温度计，刻度分度为 0.5℃。

④ 气压表刻度分度为 10Pa。

1.11.3.3 实验步骤

使用测量仪器时，应遵照制造厂的说明书。

（1）测量技术和注意事项 不得用手接触薄膜的活性表面。

在更换电解质和膜之后，或当膜干燥时，都要使膜湿润，只有在读数稳定后，才能进行校准，需要的时间取决于电解质中溶解氧消耗所需要的时间。

当将探头浸入样品中时，应保证没有空气泡截留在膜上。

样品接触探头的膜时，应保持一定的流速，以防止与膜接触的瞬间将该部位样品中的溶解氧耗尽，而出现虚假的读数。应保证样品的流速不至于使读数发生波动，在这方面要参照仪器制造厂家的说明。

对于分散样，测定容器应能密封以隔绝空气并带有搅拌器（例如电磁搅拌棒）。将样品充满容器至溢流，密闭后进行测量。调整搅拌速度使读数达到平衡后保持稳定，并不得夹带空气。

对流动样品，例如河道，要检验是否可保证有足够的流速。如不够，则需在水样中往复移动探头，或者取出分散样品按上段叙述的方法测定。

（2）校准　校准步骤必须参照仪器制造厂家的说明书。

① 调节　调整仪器的电零点，有些仪器有补偿零点，则不必调整。

② 检验零点　检验零点（必要时尚需调整零点）时，可将探头浸入每升已加入1g 亚硫酸钠和约 1mg 钴盐（Ⅱ）的蒸馏水中。

10min 内应得到稳定读数。

注：新式仪器只需 2～3min。

③ 接近饱和值的校准　在一定温度下，向水中曝气，使水中的氧的含量达到饱和或接近饱和。在这个温度下保持 15min，再测定溶解氧的浓度，例如用碘量法测定。

④ 调整仪器　将探头浸没在瓶内，瓶中完全充满按上述步骤制备并标定好的样品。让探头在搅拌的溶液中稳定 10min 以后。如果必要，调节仪器读数至样品已知的氧浓度。

当仪器不能再校准，或仪器变得不稳定或灵敏度较低时（见厂家说明书），应更换电解质或（和）膜。

1.11.3.4　测定

按照厂家说明书对待测水进行测定。

在探头浸入样品后，使探头停留足够的时间，使探头与待测水温一致并使读数稳定。由于所用仪器型号不同及对结果的要求不同，必要时要检验水温和大气压力。

1.11.3.5　结果的表示

（1）溶解氧的浓度（mg/L）　溶解氧的浓度以每升中氧的毫克数表示，取值到小数点后第一位。

在测量样品时的温度不同于校准仪器时的温度，应对仪器读数给予相应校正。有些仪器可以自动进行补偿。该校正考虑到了在两种不同温度下，氧溶解度的差值。要计算溶解氧的实际值，需将测定温度下所得读数乘以一个比值，如下式。

$$c = c' \frac{C_\mathrm{m}}{C_\mathrm{c}}$$

式中　c——溶解氧的实际值；

c'——测定温度下的读数；

C_m——测定温度下的溶解度；

C_c——校准温度下的溶解度。

（2）作为温度和压力函数的溶解氧浓度　参见国标。

（3）盐水样品经过校正的溶解氧浓度　氧在水中溶解度随盐含量的增加而减少，在实际应用中，当含盐量（以总盐表示）在 35g/L 以下时可合理地认为上述关系呈线性。

（4）以饱和百分率表示的溶解浓度　这是以 mg/L 表示的实际溶解氧浓度，必要时需经过温度校正，除以国标给出的理论值而得出的百分率：

$$C(测定值)/C(理论值)\times 100$$

1.12　浊度

1.12.1　概述

浊度是由于水中含有泥沙、黏土、有机物、无机物、浮游生物和微生物等悬浮物质所造成的，可使光散射或吸收。天然水经过混凝、沉淀和过滤等处理，使水变得清澈。

测定水样浊度可用分光光度法、目视比浊法或浊度计法。

样品收集于具塞玻璃瓶内，应在取样后尽快测定。如需保存，可在 4℃冷藏、暗处保存 24h，测试前要激烈振摇水样并恢复到室温。

1.12.2　分光光度法

1.12.2.1　方法原理

在适当温度下，硫酸肼与六次甲基四胺聚合，形成白色高分子聚合物。以此作为浊度标准液，在一定条件下与水样浊度相比较。

1.12.2.2　干扰及消除

水样应无碎屑及易沉淀的颗粒。器皿不清洁及水中溶解的空气泡会影响测定结果。如在 680nm 波长下测定，天然水中存在的淡黄色、淡绿色无干扰。

1.12.2.3　方法的适用范围

本法适用于测定天然水、饮用水的浊度，最低检测浊度为 3 度。

1.12.2.4　仪器

50mL 比色管；分光光度计。

1.12.2.5　试剂

（1）无浊度水　将蒸馏水通过 $0.2\mu m$ 滤膜过滤，收集于用滤过水样洗两次的烧瓶中。

（2）浊度贮备液

① 硫酸肼溶液：称取 1.000g 硫酸肼溶于水中，定容至 100mL。

② 六次甲基四胺溶液：称取 10.00g 六次甲基四胺溶于水中，定容至 100mL。

③ 浊度标准溶液：吸取 5.00mL 硫酸肼溶液与 5.00mL 六次甲基四胺溶液于 100mL 容量瓶中，混匀。于 25℃±3℃下静置反应 24h。冷却后用水稀释至标线，混匀。此溶液浊度为 400 度。可保存一个月。

1.12.2.6 步骤

（1）标准曲线的绘制 吸取浊度标准溶液 0、0.50 mL、1.25 mL、2.5 mL、5.00 mL、10.00 mL 和 12.50mL，置于 50mL 比色管中，加无浊度水至标线。摇匀后即得浊度为 0 度、4 度、10 度、20 度、40 度、80 度、100 度的标准系列。于 680nm 波长，用 3cm 比色皿，测定吸光度，绘制较准曲线。

（2）水样的测定 吸取 50mL 摇匀水样（无气泡，如浊度超过 100 度可酌情少取，用无浊度水稀释至 50mL），于 50mL 比色管中，按绘制较准曲线步骤测定吸光度，由较准曲线上查得水样浊度。

1.12.2.7 计算

$$浊度（度）= \frac{A \cdot (B+C)}{C}$$

式中 A——稀释后水样的浊度，度；

B——稀释水样体积，mL；

C——原水样体积，mL。

不同浊度范围测试结果的精度要求如下：

浊度范围/度	精度/度	浊度范围/度	精度/度
1～10	1	400～1000	50
10～100	5	大于 1000	100
100～400	10		

1.12.2.8 注意事项

硫酸肼毒性较强，属致癌物质，取用时注意。

1.12.3 目视比浊法

1.12.3.1 方法原理

将水样与白硅藻土（或白陶土）配制的浊度标准液进行比较。相当于 1mL 一定粒度的硅藻土（白陶土）在 1000mL 水中所产生的浊度，称为 1 度。

1.12.3.2 仪器

（1）100mL 具塞比色管。

（2）250mL 具塞无色玻璃瓶，玻璃质量和直径均需一致。

（3）分光光度计。

1.12.3.3　浊度标准溶液的配制

（1）称取 10g 通过 0.1mm 筛孔（150 目）的硅藻土，于研钵中加入少许蒸馏水调成糊状并研细，移至 1000mL 量筒中，加水至刻度，充分搅拌，静置 24h，用虹吸法仔细将上层 800mL 悬浮液移至第二个 1000mL 量筒中。向第二个量筒内加水至 1000mL，充分搅拌后再静置 24h。

（2）虹吸出上层含较细颗粒的 800mL 悬浮液，弃去。下部沉积物加水稀释至 1000mL。充分搅拌后贮于具塞玻璃瓶中，作为浊度原液。其中含硅藻土颗粒直径为 400μm 左右。

（3）取上述悬浊液 50.00mL 置于已恒重的蒸发皿中，在水浴上蒸干。于 105℃ 烘箱内烘 2h，置于干燥器中冷却 30min，称重。重复以上操作，即烘 1h，冷却，称重，直至恒重。求出每毫升悬浊液中含硅藻土的重量（mg）。

（4）吸取含 250mg 硅藻土的悬浊液，置于 1000mL 容量瓶中，加入 10mL 甲醛溶液加水至刻度，摇匀。此溶液浊度为 250 度。

（5）吸取浊度为 250 度的标准液 100mL 置于 250mL 容量瓶中，加水稀释全标线，此溶液为 100 度的标准液。

1.12.3.4　步骤

（1）浊度低于 10 度的水样

① 吸取浊度为 100 度的标准液 0、1.0mL、2.0mL、3.0mL、4.0mL、5.0mL、6.0mL、7.0mL、8.0mL、9.0mL 及 10.0mL 于 100mL 比色管中，加水稀释至标线，混匀。其浊度依次为 0 度，1.0 度、2.0 度、3.0 度、4.0 度、5.0 度、6.0 度、7.0 度、8.0 度、9.0 度、10.0 度的标准液。

② 取 100mL 摇匀水样置于 100mL 比色管中，与浊度标准液进行比较。可在黑色度板上，由上往下垂直观察。

（2）浊度为 10 度以上的水样

① 吸取浊度为 250 度的标准液 0、10mL、20mL、30mL、40mL、50mL、60mL、70mL、80mL、90mL 及 100mL 置于 250mL 的容量瓶中，加水稀释至标线，混匀。即得浊度为 0、10 度、20 度、30 度、40 度、50 度、60 度、70 度、80 度、90 度和 100 度的标准液，移入成套的 250mL 具塞玻璃瓶中，密封保存。

② 取 250mL 摇匀水样，置于成套的 250mL 具塞玻璃瓶中，瓶后放一有黑线的白纸作为判别标志。从瓶前向后观察，根据目标清晰程度，选出与水样产生视觉效果相近的标准液，记下其浊度值。

③ 水样浊度超过 100 度时，用水稀释后测定。

1.12.3.5　计算

同分光光度法。

1.13　电导率

1.13.1　概述

电导率是以数字表示溶液传导电流的能力。纯水电导率很小，当水中含无机酸、碱或盐时，电导率增加。电导率常用于间接推测水中离子成分的总浓度。水溶液的电导率取决于离子的性质和浓度、溶液的温度和黏度等。

电导率的标准单位是 S/m（西门子/米），一般实际使用单位为 $\mu S/cm$。

单位间的互换为：

$$1mS/m=0.01mS/cm=10\mu S/cm$$

新蒸馏水电导率为 $0.5\sim2\mu S/cm$，存放一段时间后，由于空气中的二氧化碳或氨的溶入，电导率可上升至 $2\sim4\mu S/cm$；饮用水电导率在 $5\sim1500\mu S/cm$ 之间；海水电导率大约为 $30000\mu S/cm$；清洁河水电导率约为 $100\mu S/cm$。电导率随温度变化而变化，温度每升高 $1℃$，电导率增加约 2%，通常规定 $25℃$ 为测定电导率的标准温度。

电导率的测定方法是电导率仪法，电导率仪有实验室内使用的仪器和现场测试仪器两种。而现场测试仪器通常可以同时测量 pH、溶解氧、浊度、总盐度和电导率五个参数。

1.13.2　便携式电导率仪法

1.13.2.1　原理

由于电导是电阻的倒数，因此，两个电极被插入溶液中，可以测出两电极间的电阻 R，根据欧姆定律，湿度一定时，这个电阻值与电极的间距 $L(cm)$ 成正比，与电极的截面积 $A(cm^2)$ 成反比。即：$R=\rho L/A$。

由于电极面积 A 和间距 L 都是固定不变的，故 L/A 是一常数，称电导池常数（以 Q 表示）。比例常数 ρ 称作电阻率。其倒数 $1/\rho$ 称为电导率，以 K 表示。

$$S=\frac{1}{R}=\frac{1}{\rho Q}$$

S 表示电导度，反映导电能力的强弱。所以 $K=QS$ 或 $K=Q/R$。

当已知电导池常数，并测出电阻后，即可求出电导率。

1.13.2.2　干扰及消除

水样中含有粗大悬浮物质、油和脂等干扰测定，可先测水样，再测校准溶液，以了解干扰情况。若有干扰，应经过滤或萃取除去。

1.13.2.3　试剂及仪器

（1）测量仪器为各种型号的便携式电导率仪。

（2）纯水：将蒸馏水通过离了交换柱制得，电导率小于 $10\mu S/cm$。

（3）仪器配套的校准溶液。

1.13.2.4　测定方法

注意阅读便携式电导率仪的使用说明书：一般测量操作步骤如下。

（1）在烧杯内加入足够的电导率校准溶液，使校准溶液浸入电极上的小孔。

（2）将电极和温度计同时放入溶液内，电极触底确保排除电极套内的气泡，几分钟后温度达到平衡。

（3）记录测出的校准液的温度。

（4）按 ON/OFF 键打开电导率仪。

（5）按 COND/TEMP 显示温度，调整温度旋钮，直到显示记录的校准液温度值。

（6）再按 COND/TEMP 显示电导率测量挡，选择适当的测量范围。注意，如果仪器显示超出范围，需要选择下一个测量挡。

（7）用小螺丝刀调控仪器旁边的校准钮直到显示校准溶液温度时的电导率值，例如 25℃，12.88mS/cm。随后所有测量都补偿在该温度下。如果想使温度补偿到 20℃，将温度旋钮固定在 20℃（如果水样温度是 20℃），调整旋钮显示 20℃时的电导率值，随后所有测量都补偿在 20℃。

（8）仪器校准完成后即可开始测量，测量完毕关闭仪器，清洗电极。

1.13.2.5　注意事项

（1）确保测量前仪器已经过校准（参考校准程序）。

（2）将电极插入水样中，注意电极上的小孔必须浸泡在水面以下。

（3）最好使用塑料容器盛装待测的水样。

（4）仪器必须保证每月校准一次，更换电极或电池时也需校准。

1.13.3　实验室电导率仪法

1.13.3.1　原理

同便携式电导率仪法。

1.13.3.2　样品保存

水样采集后应尽快分析，如果不能在采样后及时进行分析，样品应贮存于聚乙烯瓶中，并满瓶封存，于 4℃ 冷暗处保存，在 24h 之内完成测定，测定前应加温至 25℃，不得加保存剂。

1.13.3.3　干扰及消除

样品中含有粗大悬浮物质、油和脂干扰测定。可先测水样，再测校准溶液，以了解干扰情况。若有干扰，应过滤或萃取除去。

1.13.3.4　试剂及仪器

① 电导率仪：误差不超过 1%。

② 温度计：能读至 0.1℃。

③ 恒温水浴锅：25℃±2℃。

④ 纯水：将蒸馏水通过离子交换柱，电导率小于 1μS/cm。

⑤ 0.0100mol/L 标准氯化钾溶液：称取 0.7456g 于 105℃干燥 2h，并冷却后的优级纯氯化钾，溶解于纯水中，于 25℃下定容至 1000mL。此溶液在 25℃时电导率为 1413μS/cm。

必要时，可将标准溶液用纯水加以稀释，各种浓度氯化钾溶液的电导率（25℃），见表 1-5。

表 1-5　不同浓度氯化钾的电导率

浓度/(mol/L)	电导率/(μS/cm)	浓度/(mol/L)	电导率/(μS/cm)
0.0001	14.94	0.001	147
0.0005	73.9	0.005	717.8

1.13.3.5　测定方法

注意阅读各种型号的电导率仪使用说明书。

（1）电导池常数测定

① 用 0.01mol/L 标准氯化钾溶液冲洗电导池三次。

② 将此电导池注满标准溶液，放入恒温水浴中约 15min。

③ 测定溶液电阻 R_{KCl}，更换标准液后再进行测定，重复数次，使电阻稳定在 ±2%范围内，取其平均值。

④ 用公式 $Q=KR_{KCl}$ 计算。对于 0.01mol/L 氯化钾溶液，在 25℃时 $K=1413μS/cm$，则：

$$Q=1413R_{KCl}$$

（2）样品测定

用水冲洗数次电导池，再用水样冲洗后，装满水样，同（1）③步骤测定水样电阻 R。

由已知电导池常数 Q，得出水样电导率 K。同时记录测定温度。

（3）计算

$$电导率\ K(μS/cm)=\frac{Q}{R}=\frac{1413R_{KCl}}{R}$$

式中　R_{KCl}——0.01mol/L 标准氯化钾溶液电阻，Ω；

　　　　R——水样电阻，Ω；

　　Q——电导池常数。

　　当测定时的水样温度不是 25℃时，应报出的 25℃时电导率为：

$$K_s = \frac{K_t}{1 + \alpha(t - 25)}$$

式中　　K_s——25℃时电导率，μS/cm；

　　　　K_t——测定时 t 温度下电导率，μS/cm；

　　　　α——各离子电导率平均温度系数，取 0.022；

　　　　t——测定时温度，℃。

1.13.3.6　注意事项

　　（1）最好使用和水样电导率相近的氯化钾标准溶液测定电导池常数。

　　（2）如使用已知电导池常数的电导池，不需测定电导池常数，可调节好仪器直接测定，但要经常用标准氯化钾溶液校准仪器。

2 在线监测仪器原理与操作

本章主要介绍水质在线监测系统和仪器的原理、操作方法和维护注意事项，每种仪器选择了一到两个具有代表性的厂家生产的仪器进行介绍，其他同类型的产品可以相互借鉴。

2.1 自动监测系统

2.1.1 自动监测系统的分类及其优缺点

水质在线自动监测系统是一套以在线自动分析仪器为核心，运用现代传感器技术、自动测量技术，自动控制技术、计算机应用技术以及相关的专用分析软件和通讯网络所组成的一个综合性的在线自动监测数据，统计、处理监测数据，可打印输出日、周、月、季、年平均数据以及日、周、月、季、年最大值、最小值等各种监测、统计报告及图表（棒状图、曲线图多轨迹图、对比图等），并可输入中心数据库或上网。收集并可长期存储指定的监测数据及各种运行资料、环境资料以备检索。系统具有监测项目超标及子站状态信号显示、报警功能；自动运行、停电保护、来电自动恢复功能；远程故障诊断，便于例行维修和应急故障处理等功能。自动监测系统组成见图 2-1。

实施水质自动监测，可以实现水质的实时连续监测和远程监控，达到及时掌握主要流域重点断面水体的水质状况、预警预报重大或流域性水质污染事故、解决跨行政区域的水污染事故纠纷、监督总量控制制度落实情况、排放达标情况等目的。

自动监测系统可以分为两大类：地表水质自动在线监测系统和污染源水质自动监测系统，地表水质自动在线监测系统主要由如下几部分组成。

（1）采水单元　包括水泵、管路、供电及安装结构部分。在设计上必须对各种气候、地形、水位变化及水中泥沙等提出相应解决措施，能够自动连续地与整个系统同步工作，向系统提供可靠、有效水样。在供电设计时一定要注意防雷处理。

（2）配水单元　包括水样预处理装置、自动清洗装置及辅助部分。配水单元直接向自动监测仪器供水，具有在线除泥沙和在线过滤，手动和自动管道反冲洗和除藻装

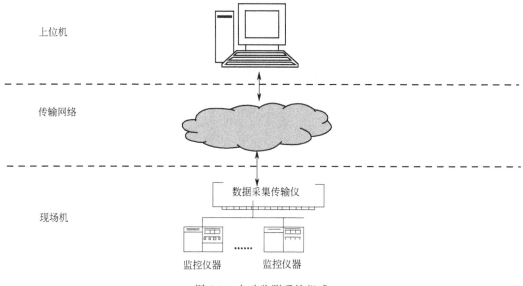

上位机

传输网络

现场机

图 2-1　自动监测系统组成

置；其水质、水压和水量应满足自动监测仪器的需要。

（3）分析单元　由一系列水质自动分析和测量仪器组成，包括水温、pH、溶解氧（DO）、电导率、浊度、氨氮、化学需氧量、高锰酸盐指数、总有机碳（TOC）、总氮、总磷、硝酸盐、磷酸盐、氰化物、氟化物、氯化物、酚类、油类、金属离子、水位计、流量/流速/流向计及自动采样器等组成。

（4）控制单元　包括系统控制柜和系统控制软件；数据采集、处理与存储及基站各单元的控制和状态的监控；有线通讯（ADSL）和无线通讯（GSM、GPRS 和 CD-MA）设备。

（5）子站站房及配套设施　包括站房主体和配套设施。

2.1.2　自动监测系统的设计思路及对监测结果的影响

自动监测系统的设计包括监测站位的选择、采样方式的选择、监测项目的选择、分析方法的选择、监测频次确定、监测设备选型和数据传输方式选择等几方面的设计工作，各个环节的设计都对监测结果准确性和代表性及系统稳定性有重要影响。

地表水和废水是流量和浓度都随时间变化的非稳态流体，监测站点的设置和采样点位的设置应保证所采集的样品能反映水样变化，确保采集样品具有代表性，以满足总量控制和浓度控制相结合的双轨管理制度，在建设自动监测系统之前应进行必要的现场调查研究，合理地选择采样站位和采样方法。

监测项目分为常规监测项目和特殊监测项目，常规监测项目的确定主要根据排放类型参照国家规定确定，特殊监测项目主要根据实际需要确定。

分析方法的选择应以国家标准方法为主，其他方法为辅。首先应考虑方法的可靠性和稳定性，其次再考虑方法的先进性和实现的成本。分析方法的选择对监测结果影响最大，不同方法之间存在较大差异，为了便于对比，应尽量选择国标方法。

监测设备选型是关系到自动监测系统的可靠性和准确性，自动监测设备的选择原则是质量好、售后服务好、运行成本低和采用标准的分析方法，一般地进口产品有较好的质量保证，但售后服务不及时，国内产品质量上有所不足，但售后服务一般比进口产品好，所以系统建设时应该综合考虑，充分比选。

数据传输方式的选择首先要考虑能否长期可靠运行，其次要考虑安装是否方便、运行成本是否低、传输速度是否够快等，目前 GPRS、CDMA、ADSL 等传输方式已经比较成熟，可以满足上述需求。

2.1.3　自动监测系统的基本分析原理及对监测结果的影响

在自动监测系统中在线监测仪器是监测系统中的核心部分，对监测结果影响最大。同类型的在线监测仪器，采用的分析方法不同，其测量准确性、灵敏度、可靠性和价格均不相同，目前从分析原理上分，常用的分析方法主要有化学光度法、化学滴定法、电化学法（电极法）、燃烧法等，各种方法特点如下。

化学光度法原理是按照设定程序在水样中加入各种试剂，并控制反应条件进行一系列化学反应，然后利用朗-伯定律测量反应液的吸光度，从而计算水样中污染物浓度，这种方法一般是经过大量实验验证的经典方法，方法稳定可靠，灵敏度高、重现性好，但是测量时间长、试剂用量大。

化学滴定法原理是按照设定程序在水样中加入各种试剂，并控制反应条件进行一系列化学反应，然后缓慢加入滴定用试剂，用库仑计或比色计判断滴定终点，根据滴定的试剂用量计算水样中污染物的浓度。这种方法一般也是采用经典方法，方法稳定可靠，使用范围广，重现性和灵敏度较高，但也存在测量时间长、试剂用量大的问题。

电化学法是利用物质之间的电化学效应制作成测量电极，并将物质浓度转换为电信号的测量方法，电化学法的特点是测量速度快、试剂用量小，但是稳定性差、漂移大，如果不及时校准，测量结果误差较大。

燃烧法是将水样高温催化燃烧，将水和污染物质燃烧成气态，冷却后除水，然后通过检测器检测气态物质浓度的方法，这种方法测量速度较快、试剂用量少、稳定性好，但高温部件和进样部件要求很高，容易出现故障。

2.1.4　自动监测系统的操作使用

自动监测系统是由传感器、精密仪器、计算机和通信设备等组成的高技术含量的复杂系统，在操作使用之前应认真阅读相关使用说明和进行相关培训，应特别注意仪器操作的注意事项和维护保养周期、方法，这是保证自动监测系统正常运行前提。

　　自动监测系统的运营维护应该制定严格的管理制度，做好维护计划和维护记录，应定期巡检、定期维护，发现问题应及时处理，保证系统长期可靠运行。

2.1.5　自动监测系统分析曲线的标定

　　在自动监测系统中，监测仪器是系统的核心，是监测结果准确的保证，所以在使用之前，应对各监测仪器的工作曲线进行标定，在使用中需要进行定期校准。

　　标定的方法是：在量程范围内，用监测仪器测量已知浓度的标准物质，然后将标准物质浓度和电信号作为数据对存储下来，通过测量不同浓度的标准物质，可以得到不同的数据对，这些数据对就可以拟合为一条工作曲线。具体操作方法参照监测仪器使用说明书。

2.2　COD标准分析方法仪器设备

2.2.1　重铬酸盐法

2.2.1.1　原理

　　在强酸性和加热条件下，水样中有机物和无机还原性物质被重铬酸钾氧化，通过测量消耗重铬酸钾的量来计算 COD 浓度，测量过程中一般采用硫酸银作为催化剂，采用硫酸汞掩蔽氯离子干扰。

　　COD 在线自动监测仪是由液体输送系统、溶液输送系统、计量、加热回流、冷却、光度测定（或滴定）、自动控制、数据采集、数据显示、数据打印等部分组成。根据检测方法的不同可分为光度比色法、库仑滴定法和流动注射法等。

2.2.1.2　光度比色法

　　在强酸性介质中，水样中的还原性物质被重铬酸钾氧化后，根据朗伯-比尔定律进行比色分析。采用该分析方法的仪器有北京环科环保技术公司、南京德林环保仪器有限公司、河北先河科技发展有限公司、HACH 公司、力合科技发展有限公司、广州怡文科技有限公司、山东胜利油田龙发工贸有限公司的 COD 在线自动监测仪等。

　　光度比色法的仪器还可再分为程序式和流动注射分析式两类。

　　（1）程序式　仪器工作原理是：在微机的控制下，将水样与重铬酸钾溶液和浓硫酸混合，加入硫酸银作为催化剂，硫酸汞络合溶液中的氯离子。混合液在 165℃ 条件下经过一定时间的回流，水中的还原性物质与氧化剂发生反应。氧化剂中的 Cr^{6+} 被还原为 Cr^{3+}，这时混合液的颜色会发生变化。通过光电比色把 Cr^{3+} 的增加量转换为电压变化量。通过测量变化了的电压量，并通过曲线查找计算得出 COD 值。程序式 COD 分析流程如图 2-2 所示，分析仪构造如图 2-3 所示。

　　主要性能指标。

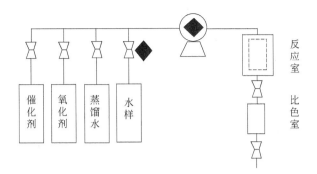

图 2-2 程序式 COD 分析流程

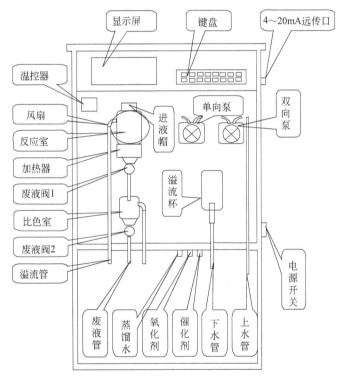

图 2-3 程序式 COD 分析仪构造图

① 量程：10～200mg/L、10～500mg/L、10～1000mg/L、10～2000mg/L、10～3000mg/L、10～5000mg/L（可选）。

② 测量误差：±5% F. S.。

③ 重现性误差：3%（量程值 80% 处）。

④ 最小测量周期：30min。

（2）流动注射分析（FIA）式 其基本原理是试剂连续进入直径为 1mm 的毛细管中，水样定量注入载流液中，在流动过程中完成混合、加热、反应和测量的方法。

仪器工作原理是：反应试剂［含重铬酸钾的硫酸（6∶4）］由陶瓷恒流泵以恒定流速向前推进，通过注样阀将定量水样切换进流路后，在推进的过程中水样与载流液相互混合，在 180℃ 恒温加热反应后溶液进入检测系统，测定标准系列和水样在 380nm 波长时的透光率，从而计算出水样的 COD 值（如图 2-4 所示）。因为 FIA 测量 COD 的分析方法，是相对比较法。只要测定样品时的测量条件和标定时的测量条件一致，都可得到准确的测量结果。该分析技术运用于水样中 COD 值的测定，分析速度快、频率高、进样量少、精密度高，并且载流液可以循环利用，降低了方法的二次污染。

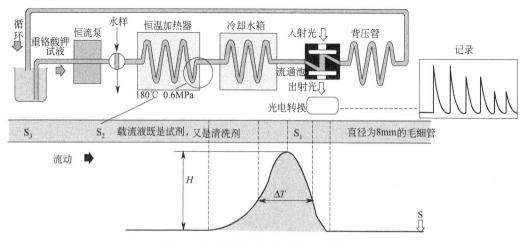

图 2-4　流动注射式 COD 分析仪原理

流动注射式 COD 分析仪结构见图 2-5。

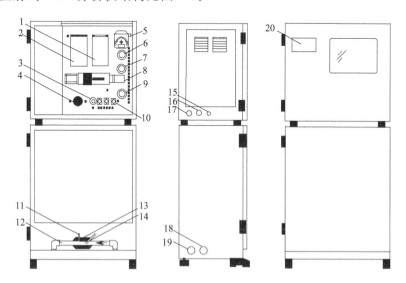

图 2-5　流动注射式 COD 分析仪结构

1—恒温反应器；2—冷却箱；3—压力传感器；4—流通式光电比色计；5—取样蠕动泵；6—试剂注入阀；7—注入阀；
8—陶瓷恒流泵；9—单向阀；10—水样、标样电磁阀；11—废液管；12—免维护取样器；13—固液分离器；
14—水样管；15—通讯接口；16—水泵电源；17—仪器电源；18—取水进水口；19—溢流口；20—触摸屏

该仪器还可适应高氯离子含量（＞15000mg/L 氯离子）的水样测定，也可选择加硫酸银或不加硫酸银，加硫酸汞或不加硫酸汞，以节省运行费用。

仪器主要技术指标：

技　术　参　数		技　术　参　数	
测量范围	4～500000mg/L	准确度	＜5％F.S
检出限	3.5mg/L	相关系数	0.9996
精度	＜2％F.S	最短测量周期	7min
稳定度	＜8％F.S		

2.2.1.3　库仑滴定法

（1）步骤　在水样中加入已知量的重铬酸钾溶液，在强酸加热环境下将水样中的还原性物质氧化后，用硫酸亚铁铵标准溶液返滴定过量的重铬酸钾，通过电位滴定的方法进行滴定判终，根据硫酸亚铁铵标准溶液的消耗量进行计算。

仪器的工作过程是：程序启动→加入重铬酸钾到计量杯→排入消解池→加入水样到计量杯→排到消解池→注入硫酸＋硫酸银→加热消解→冷却→排入滴定池→加蒸馏水稀释→搅拌冷却→加硫酸亚铁铵滴定→排泄→计算打印结果。库仑滴定法 COD 分析仪工作原理如图 2-6 所示。

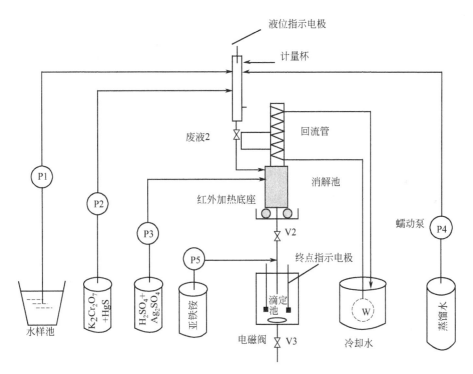

图 2-6　库仑滴定法 COD 分析仪工作原理

主要性能指标。

测量方法：重铬酸钾加硫酸亚铁铵滴定法，双铂电极电位法指示滴定终点。

测量范围：5～10000mg/L

测量周期：20～70min（可调）

重现性：±10%

测量误差：±10%（标样），±15%（实际水样）

滴定终点判定原理如图 2-7 所示。

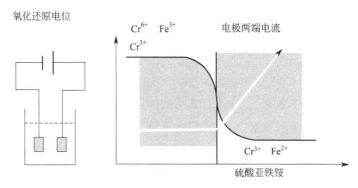

图 2-7　滴定终点判定原理

（2）COD 分析仪的操作　操作仪器之前应认真阅读仪器的使用说明书，最好经过生产厂家的认真培训。一般的 COD 监测仪操作内容主要包括仪器参数的设定、仪器的校准、仪器的维护和故障处理等。

① 仪器的安装要求。从采水点给仪器输送水样的水泵，其功率应能使被测水体输送到仪器处其出水口的液流能满管连续流动。通常采样点到仪器的距离在 20m 内时，选用 350W 的潜水泵或自吸泵即可。当采样点到仪器的距离大于 20m 时，应选用 550～750W 的自吸泵或潜水泵，另还应根据水样的腐蚀性选择是否选用耐腐蚀泵。

取水点至仪器安装处应预先安装好水泵、直径为 32mm 水样进水管和溢流管。连接的管道应根据具体情况选用硬聚氯乙烯塑料、ABS 工程塑料或钢、不锈钢等材质的硬质管材。安装尺寸如图 2-8 所示（在水质具酸碱性的地方不能用金属管材）。

通常安装仪器的工作子站如图 2-9 所示。

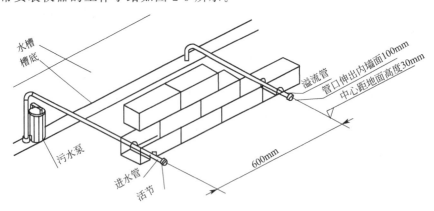

图 2-8　管道安装图

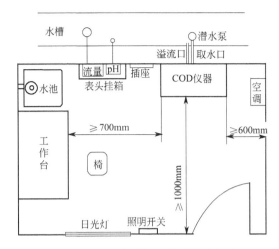

图 2-9 COD 监测仪工作子站示意图

② 仪器的操作和使用

a. 调试。在安装完成后做好各项准备工作，放置好仪器所需的各种试剂，仪器上电稳定半个小时。调整好测量模块的各级参数，且稳定一段时间后，可进行仪器的标定。然后再用标准样作为水样进行分析，看是否达到仪器规定的精度要求。如果没有达到，则应进行修改校正，直到达到要求。

b. 使用。完成安装调试后，在系统配置里设置好仪器的采水时间以及分析周期（或者定点分析次数及时间）。各参数确认无误后，就可用自动方式进行COD 在线自动监测了。

③ 曲线校准。仪器在使用前需要对工作曲线进行校准，在使用中也需要定期校准。校准前应先配制不同浓度的邻苯二甲酸氢钾标准溶液，可根据仪器的需要进行一点校准或多点校准。使用中的 COD 分析仪应定期校准，一般每 3 个月或半年校准一次，或仪器每日自动标定，并与手工方法进行实际水样对比，保证工作曲线准确。

④ 仪器的维护。COD 分析仪在使用中应该严格按照要求定期进行维护，保证仪器长期稳定运行。

一般仪器 COD 分析仪需应定期进行如下维护：

a. 定期添加试剂，添加频次根据单次试剂用量、分析频次和试剂容器容量来确定；

b. 定期更换泵管，防止泵管老化而损坏仪器；更换频次约每 3～6 个月一次，与分析频次有关，主要参照使用说明书；

c. 定期清洗采样头，防止采样头堵塞而采不上水，一般 2～4 周清洗一次，主要根据水质情况而定，水质越差清洗周期越短；

d. 定期校准工作曲线，以保证测量结果准确，一般每 3 个月或半年校准一次，主要参照使用说明书和现场水质变化情况来定，对于水质变化大的地方，应相应缩短校准周期。

⑤ 故障处理。在大量的仪器运营维护过程中，个别仪器避免不了要出现故障，对于一般的故障，运营人员应及时处理，快速恢复仪器运行；对于复杂的故障，运营人员应及时与生产厂家联系，及时修复仪器，如不能及时修复的，应提供备用机，保证系统连续运行。

常见故障及排除见表 2-1。

表 2-1 常见故障及排除

故 障 现 象	故 障 原 因	排 除 方 法
仪器上电无显示	插头不牢 保险丝熔断 其他原因	重插插头 更换保险丝 与厂家联系
试剂无法导入	试剂不足 蠕动泵不采水	添加试剂 若泵管老化则更换泵管，若属电路问题需检查电机和电压
在加完各种试剂后，准备加热时显示故障	试剂不足	添加试剂并重新启动仪器
阀体动作不到位	杂物堵塞或者卡住阀芯 电路故障	取下阀体清洗(注意原样装好，勿丢失弹簧) 检查电路部分，阀体供电线路是否连接无误
消解器温度过高或过低	铂电阻坏 温控仪坏	检查后进行更换 检查接插件是否接触良好，若无问题，需请专业人员维修
光电压异常	可调电阻器未调节好； 发光二极管坏或老化； 光敏二极管坏； AD 模块坏	需请专业人员维修

注：铂电阻是众多监测仪用来测量温度的传感器。以下方法将介绍如何简便的定性的判断铂电阻是否已损坏。

铂电阻在 0℃ 的阻值一般为 100Ω，温度每升高 1℃，电阻值升高 0.4Ω 左右。即若在室温（25℃）下用万用表电阻挡测其阻值，其值应为 110Ω 左右。符合上述规律，说明铂电阻是好的；不符合，说明铂电阻已损坏。测量时请将铂电阻的一端拆下。

2.2.2 电化学氧化法

2.2.2.1 原理

基本原理是利用氢氧基作为氧化剂，用工作电极测量氧化时消耗的工作电流，然后计算水样中的 COD 值。

其工作原理是：利用过氧化铅涂层在过电压条件下，有过氧化铅镀层的工作电极将发生电解反应产生氢氧基。氢氧基的氧化电位比其他氧化剂（如 O_3 或 $KCrO_4$）高。因而可以氧化难以氧化的水中组分。

待测溶液中的有机物消耗电极周围的氢氧基，新氢氧基的形成将在电极系统中产生电流。由于氧化电极（工作电极）的电位保持恒定，则每秒电负荷与有机物浓度和它们在氧化电极的氧化剂消耗量相关。电化学氧化法 COD 分析仪工作流程及化学反应原理如图 2-10、图 2-11 所示，样品前处理单元如图 2-12 所示。

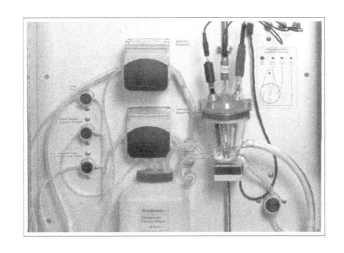

图 2-10 电化学氧化法 COD 分析仪工作流程

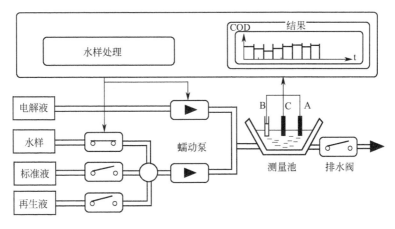

图 2-11 电化学氧化法 COD 分析仪化学反应原理
A—工作电极（氧化）；B—参比电极；C—负极

电化学氧化法 COD 分析仪采用了反重力的取样方法，样品是从样品流中间反方向抽取；所以，可以排除大的颗粒，采集到更小的固体颗粒。因此，保证了样品的代表性。较大的管道尺寸避免了管路的堵塞。

主要性能指标：

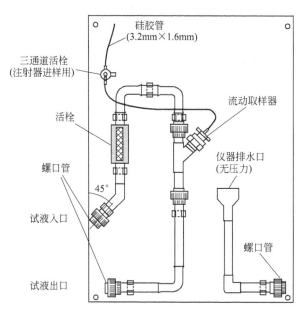

图 2-12　电化学氧化法 COD 分析仪样品前处理单元

① 测量类型，电化学氧化法测量 COD 值；

② 测量范围从 1～100mg/L 到 1～100000mg/L，可设置；

③ 准 确 度 5%；

④ 复 现 性 5%；

⑤ 反应时间 30s。

2.2.2.2　仪器设备的操作

操作仪器之前应认真阅读仪器的使用说明书，最好经过生产厂家的认真培训。操作内容主要包括仪器参数的设定、仪器的校准、仪器的维护和故障处理等。

（1）仪器参数的设定　在使用之前应进行相关参数的设定。设定参数主要有分析周期（或分析频次）、测量范围、报警限值、系统时间等参数。

（2）仪器的校准　电极法 COD 在线分析仪一般带标准液，仪器能定期自动进行标准样校准，但由于使用非标准方法，仪器在使用前需要与标准方法进行实际水样对比，然后对工作曲线进行校准，在使用中也要定期进行实际水样对比、校准。方法是仪器和实验室手工方法同步取样，进行多点对比，以确保实际水样分析的准确性。

（3）仪器的维护　仪器应按照说明书要求定期进行现场维护，以确保仪器长期稳定工作。正常条件下，电化学法 COD 分析仪每年必须更换阀管组件和工作电极，一般维护内容如下：

① 添加试剂，每周 1 次；

② 检查泵、阀（目测），每周 1 次；

③ 保养参考电极，每周 1 次；

④ 校正分析仪，每周 1 次；

⑤ 清洗测量槽，每月 1 次；

⑥ 更换泵管和阀门管道，每月 1 次；

⑦ 清洗取水系统，每季度 1 次；

⑧ 更换取水系统管道，每季度 1 次。

（4）故障处理　在大量的仪器运营维护过程中，个别仪器避免不了要出现故障，对于一般的故障，运营人员应及时处理，快速恢复仪器运行；对于复杂的故障，运营人员应及时与生产厂家联系，及时修复仪器，如不能及时修复的，应提供备用机，保证系统连续运行。

运营人员应能快速判断故障位置，并对故障部件进行更换处理，运营单位应备有足够的维修用备件。

2.2.3　相关系数法

相关系数法系指利用水样的其他物理、化学性质与 COD 含量之间的相关性，通过检测例如吸光度、TOC（总有机碳）等指标，间接测量水样的 COD。常见的如 UV 法、TOC 法等。

相关系数法的基础在于其测量指标与 COD 之间的相关性，一旦水样成分等发生较大变化时，其相关性发生变化，则分析结果易出现较大的偏差，因此该方法多见于实验室研究或某些行业水质监测研究中，仪器多为紫外可见分光光度计或 TOC 仪。

2.3　氨氮分析仪器设备

2.3.1　比色法

2.3.1.1　氨氮的比色法原理

氨氮的比色法一般分纳氏试剂比色法与水杨酸比色法等。

（1）纳氏试剂比色法的原理　水样经过预处理（蒸馏、过滤、吹脱）后，在碱性条件下，水中离子态铵转换为游离氨，然后加入一定量的纳氏试剂，游离态氨与纳氏试剂反应生成黄色络合物，分析仪器在 420nm 波长处测定反应液吸光度 A，由 A 值查询标准工作曲线，计算氨氮含量。

纳氏比色法稳定性好、重现性好，试剂储存时间长。目前使用纳氏试剂比色法的氨氮分析仪主要有美国 HACH、北京环科环保、江苏绿叶、湖南力合等公司的在线氨氮分析仪。

仪器工作原理是：在线氨氮分析仪通过嵌入式工业计算机系统的控制，自动完成水样采集。水样进入反应室，经掩蔽剂消除干扰后水样中以游离态的氨或铵离子

（NH$_4^+$）等形式存在的氨氮与反应液充分反应生成黄棕色络合物，该络合物的色度与氨氮的含量成正比。反应后的混合液进入比色室，运用光电比色法检测到与色度相关的电压，通过信号放大器放大后，传输给嵌入式工业计算机。嵌入式工业计算机经过数据处理后，显示氨氮浓度值并进行数据存储、处理与传输（如图 2-13 所示）。适用于生活污水、工业污染源、地表水中氨氮含量的测量。

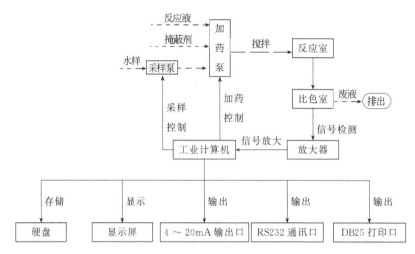

图 2-13 纳氏比色法在线氨氮分析仪工作原理

主要性能指标。

① 测量范围：0.1～20mg/L、0.5～100mg/L（可选）。

② 测量误差：±5%F.S.。

③ 重复性误差：3%（量程值 80% 处）。

④ 零点漂移：±5%F.S./24h 内。

⑤ 量程漂移：±5%F.S./24h 内。

⑥ 直线性：±5%F.S.。

⑦ 最小测量周期：20min。

（2）水杨酸分光光度法的原理 在硝普钠盐的存在下，样品中游离氨、铵离子与水杨酸盐以及次氯酸根离子反应生成蓝色化合物，在约 670nm 处测定吸光度 A，由 A 查询标准工作曲线，计算出氨氮的含量。水杨酸比色法具有灵敏、稳定等优点，干扰情况和消除方法与纳氏试剂比色法相同，但试剂存放时间较短。目前使用水杨酸比色法的氨氮分析仪有美国 HACH、江苏江分公司的在线氨氮分析仪。

仪器工作原理是：废水被导入一个样品池，与定量的 NaOH 混合，样品中所有的铵盐转换成为气态氨，气态氨扩散到一个装有定量指示剂（水杨酸）的比色池中，氨气再被溶解，生成 NH$_4^+$。加入 NH$_4^+$ 在强碱性介质中，与水杨酸盐和次氯酸离子反应，在亚硝基五氰络铁（Ⅲ）酸钠（俗称"硝普钠"）的催化下，生成水溶性的蓝色化合物，仪器内置双光束、双滤光片比色计，测量溶液颜色的改变（测定波长为

670nm），从而得到氨氮的浓度。加入酒石酸钾掩蔽可除去阳离子（特别是钙、镁离子）的干扰。

主要性能指标。

① 测量范围：0.2～120mg/L NH₃-N。

② 精度：测量值的＋2.5％或者0.2mg/L，二者中的较大者。

③ 测量下限：0.2mg/L。

④ 循环时间：13min，15min，20min或者30min（可选）。

⑤ 一点校正：每8h，12h或者24h（可选）。

2.3.1.2　流动注射比色法在线分析仪

（1）工作原理　仪器的蠕动泵输送释放液（稀 NaOH 溶液）作载流液，注样阀转动注入样品，形成 NaOH 溶液和水样间隔混合，切换阀转至循环富集态后，当混合带经过气液分离器的分离室时，释放出样品中的氨气，氨气透过气液分离膜后被接收液（BTB 酸碱指示剂溶液）接收并使溶液颜色发生变化。经过循环氨富集后，接收液被输送到比色计的流通池内，测量其光电压变化值，通过其峰高，可求得样品中的氨氮（NH₃-N）含量（如图 2-14 所示）。仪器每天自动做一次标定。

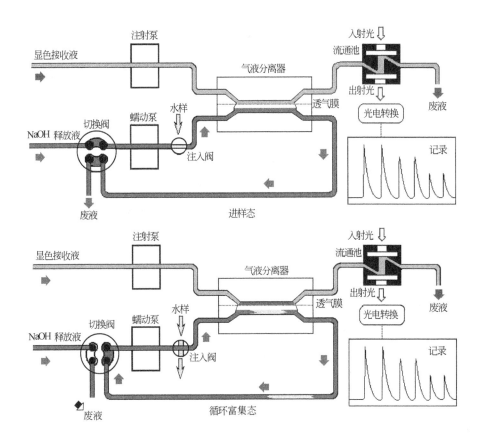

图 2-14　流动注射比色法氨氮全自动在线分析仪工作原理

特殊的气液分离器，加深了样品流过的沟槽，不使样品和透气膜接触，解决了水样和透气膜的接触使透气膜寿命短这一问题。带来的副作用是测量时间延长一分钟，作为清除记忆效应的时间。

技术指标和功能。

测量范围：0.005～1000mg/L。

运行费用低（0.006元/次），试剂无毒，无二次污染。

最短测量周期10min，样品和透气膜非接触式的气液分离器，使样品摒弃了繁琐和高价的前处理装置，使仪器大为简化。

可设定自动富集和自动稀释功能，以便分析更低或更高浓度含量的 NH$_3$-N 样品。

（2）仪器设备的操作　操作氨氮分析仪之前应认真阅读仪器的使用说明书，最好经过生产厂家的认真培训。氨氮分析仪的操作内容主要包括仪器参数的设定、仪器的校准、仪器的维护和故障处理等。

① 仪器参数的设定。在使用氨氮分析仪之前应进行相关参数的设定。设定参数主要有分析周期（或分析频次）、测量范围、报警限值、系统时间等参数，设定方法参照说明书。

② 仪器的校准。氨氮分析仪在使用前需要对工作曲线进行校准，在使用中也需要定期校准。校准前应先配制不同浓度的氯化铵标准溶液，可根据仪器的需要进行一点校准或多点校准，校准时将标准溶液从水样进样口导入，并按照说明书逐点进行校准。

使用中的氨氮分析仪应定期校准，一般每3个月或半年校准一次，并与手工方法进行实际水样对比，保证工作曲线准确。

③ 仪器的维护。氨氮分析仪在使用中应严格按照说明书要求定期维护，以保证仪器正常工作，一般氨氮分析仪应定期进行如下维护。

a. 定期添加试剂，添加频次根据单次试剂用量、分析频次和试剂容器容量来确定。

b. 定期更换泵管，防止泵管老化而损坏仪器；更换频次约每3～6个月一次，与分析频次有关，主要参照使用说明书。

c. 定期清洗采样头，防止采样头堵塞而采不上水，一般2～4周清洗一次，主要根据水质情况而定，水质越差清洗周期越短。

d. 定期校准工作曲线，以保证测量结果准确，一般每3个月或半年校准一次，主要参照使用说明书和现场水质变化情况来定，对于水质变化大的地方，应相应缩短校准周期。

④ 故障处理。在氨氮分析仪仪器运营维护过程中，个别仪器可能要出现故障，对于一般的故障，运营人员应及时处理，快速恢复仪器运行；对于复杂的故障，运营

人员应及时与生产厂家联系，及时修复仪器，如不能及时修复的，应提供备用机，保证系统连续运行。运营人员应能快速判断故障位置，并对故障部件进行更换处理，运营单位应备有足够的维修用备件。常见故障及排除方法见表 2-2。

表 2-2　常见故障及排除方法

故　障	排　除　方　法
抽水泵故障	1. 首先检查抽水泵是否转动,不转动则断电后,拆除过滤网罩,手动转几下叶轮,再插电,若还是不动,换泵 2. 若抽水泵为自吸泵,首先检查自吸泵是否需重新灌注水。灌注水后,仍是不吸水,应换泵 3. 继电器若不动作,检查电路
固液分离器故障	首先检查分离器流路的调节阀是否被关闭,再检查流量是否太大或太小,引起分离器内的液流形成空腔,最后调节四氟取样管在分离器内插入的深度,使毛细管端口插入无气空腔的水柱中,观察到毛细管内吸入的液体无气泡混入即可
标液配制错误或标液过期	1. 检查标液是否过期:标液配制如已超过一月,则不应再使用,应更换 2. 检查标液配制错误的方法是:用国标分析方法测量标液,检验是否符合其标液标示的数值 纠正方法:重配标液
设置标液值错误	设置标液值时,输入了与标样实际浓度不一致的数值 纠正方法:重新设置正确的数值
泵、阀及连接管堵塞,接头漏气	若确定阀内堵塞,应换阀。取样管堵塞,则应判断管头密封处是否因被收紧,变为细颈状而致不畅通,若是,应用刀片切去细颈部分,重新连接。如是管内有异物堵塞,则换管。故障排除后,应开机检查,取样量≥10mL/min,同时观察各管接口处有无气泡流动,若有应拆除相应接头,重新安装密封带,调至不漏气
标液放置错误	检查是否将标1、标2、标3吸样管插入相应的标样瓶中,维护界面的 A 值出现标1 A 值大于标2 A 值(低浓度)、标2 A 值大于标3 A 值(高浓度)的现象 纠正方法:将标样管放入对应的标样瓶中
抽水泵取水口有大片膜状异物包裹	检查取水口是否有大片膜状异物包裹,若有,除去即可。

2.3.2　滴定法

2.3.2.1　滴定法的原理

基本原理是水样中的氨在碱性条件下被逐出，吸收于弱酸溶液中，利用盐酸滴定吸收液，用电极判断滴定终点，通过滴入盐酸的量计算水样氨氮的方法。

仪器工作原理是测试样品在综合试剂存在（碱性）条件下，经加热蒸馏、吹脱，样品（水样）中的 NH_4^+ 转化为 NH_3，被冷凝吸收于硼酸溶液中；利用盐酸标准溶液自动进行电位滴定，利用滴定中溶液电位的突跃判定终点。根据滴定中盐酸标准溶液的用量（体积），计算出氨氮的含量，仪器自动显示、存储、打印出结果，并通过网络实现数据远传。滴定法氨氮分析仪系统流程如图 2-15 所示。

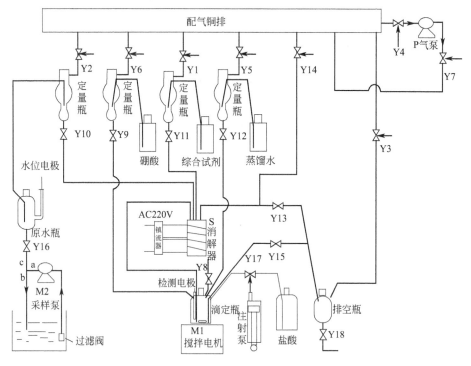

图 2-15　滴定法氨氮分析仪系统流程图

主要性能指标：

测量范围 0.1～2000mg/L（量程自动切换）；

测量相对误差±5%；

重复误差±3%；

电压稳定性 ±5%（测量误差）；

绝缘阻抗 50MΩ 以上；

测量周期≤20min。

2.3.2.2　仪器的操作

仪器的操作内容主要包括仪器参数的设定、仪器的校准、仪器的维护和故障处理等。

（1）参数设置　参数设置分为工作参数设置、报警参数设置和系统参数设置。

工作参数设置：设置系统的蒸馏时间、盐酸浓度、定时启动设置和复位程序。

报警参数设置：设置系统的上限、下限报警值，根据需要设置的上限、下限报警值，在安装报警装置的情况下，当检测出的氨氮值超出所设置的上下限值时发出声光报警。设置的方法同"蒸馏时间设置"。

系统参数设置：此键供专业技术人员使用，非专业技术人员禁止使用。

（2）仪器的维护

① 仪器在运行状态，请勿打开仪器前、后门，避免发生意外。

② 根据水质情况不定期清洗原水限位电极（不锈钢触针）。

③ 若仪器长期不使用，请在最后一次使用完毕，断开电源。

④ 仪器不必用标准样修正曲线，但可用标准样品定期考核仪器的检测精度。

⑤ 定期观察仪器的运行情况，检查各种试剂的实际存量。如有异常请参照使用说明书判断正确后进行处理。

⑥ 不定期清洗仪器外壳，使仪器保持清洁。

（3）仪器常见故障排除　见表 2-3。

表 2-3　滴定法氨氮分析仪常见故障排除

故障名称	故障解释	故障原因	故障排除法
采原水故障	15min 内检测不到水位电极信号	仪器长期停运后水泵锈蚀不转动	拆开水泵塑料后盖,用手或工具帮助转动叶轮
		水位低,采样进水口露出水面	检查水位或加长取水管道
		水泵故障或泵体内缺水	检查水泵、加水,或检查线路
		管路堵塞	疏通管路
		原水阀故障	检查原水阀及其线路
		采水系统循环压力不足	清洗采样过滤器或加装出水限制阀门,增加采水循环系统压力
		水位电极失灵	清洗电极
试剂即将用尽	试剂即将用尽,必须及时添加试剂	仪器所用试剂有一种存量已经低于报警余量设置值,报警余量设置值是根据用户需要按一定余量设置的,主要是为了提醒用户能够及时添加试剂	及时添加试剂并更新试剂设置值,如不及时更新,仪器仍然会报警
试剂用尽	试剂用尽,必须添加试剂	仪器所用试剂有一种存量已经低于报警停机设置值,报警停机设置值是为了保护仪器因没有试剂工作而造成不必要的损坏	及时添加试剂并更新试剂设置值,如不及时更新,仪器仍然会报警

2.3.3　电极法

常用的电极法氨氮分析仪分为氨气敏电极法和电导法等，其中氨气敏电极法技术比较成熟，应用较广。

2.3.3.1　氨气敏电极法

（1）仪器的工作原理　将水样导入测量池中，加入氢氧化钠使水样中离子态铵转换为游离态氨，游离态氨透过氨气敏电极的憎水膜进入电极内部缓冲液，改变缓冲液的 pH 值，仪器通过测量 pH 值变化即可测量水样中的氨浓度。

氨气敏电极法结构简单、试剂用量少、测量范围宽，但电极稳定性较差，膜电极容易受污染，对环境温度要求较高。目前采用气敏电极法的氨氮分析仪主要有德国WTW、河北先河等公司的产品。

仪器采用氨气敏电极对水中的氨氮进行测试。氨气敏电极包括平头的pH玻璃电极和银/氯化银电极，两支电极通过含有铵离子的内充液被组装在一起，作为pH值测量电对。内充液是0.1mol/L的氯化氨溶液，通过气透膜与样品隔开。当把电极浸入加有试剂的待测液中时，待测液中的离子态铵变为游离态氨，随同待测液中的游离态氨一同通过气透膜进入内充液，使内充液的pH值发生变化，并产生与样品浓度的对数呈正比的电压变化信号。

监测仪由进样系统（两位三通阀、双通道蠕动泵）、控制系统（工控机等）、测试系统（氨气敏电极、模数转换）、显示系统（液晶显示屏）及附件等组成。

主要技术指标。

① 测量范围：0.05～1000mg/L。

② 重现性：≤3%。

③ 零点漂移：± 0.5mg/L。

④ 量程漂移：±4%F.S.。

⑤ 响应时间：<4min。

⑥ 示值误差：相对误差小于±10%。

（2）仪器的操作和维护　定期观察检查：一般两周检查一次，在特殊情况下可以缩短或延长检查周期。

① 管路的检查：检查有无泄露，特别是进样管路和废水管路的接头处。

② 检查试剂、校准液、清洗液的液位。

③ 检查气透膜上是否有气泡：仔细观察流通池内的电极，观察电极与流通池相接触的地方是否有气泡。

④ 检查电极内充液的液位。

定期保养：

① 一般情况下，以下的保养周期为四周，但根据具体的使用情况和被测水样状况，保养周期可缩短或延长；

② 检查所有管线和流通池是否有泄露或损坏，以及有无固体沉积物积累的征兆；

③ 若有明显的藻类积累，清洗仪器管路；

④ 更换电极内充液，检查气透膜，操作方法参看电极的使用；

⑤ 倒掉旧的试剂、校准液、清洗液并彻底清洗容器，添加新的溶液，检查废水排放情况，确保废水排放流畅，不应有堵塞。

故障处理见表2-4。

表 2-4　故障处理

故　障	可能的原因	排　除　方　法
测定值偏高	配制的校准液不准确或时间太长	重新配制校准液
	气透膜有气泡	用手轻轻向下按电极,排除气泡
	气透膜玷污	清洗气透膜
	电极故障	维护或更换电极
	气透膜老化或损坏	更换气透膜
测定值偏低	配制的校准液不准确	重新配制校准液
	试剂用完	添加试剂
	电极响应缓慢	换内充液重装电极
	气透膜老化	更换气透膜
	电极故障	维护或更换电极
	气透膜玷污	清洗气透膜
校准无效	配制的校准液不准确	重新配制校准液
	电极响应缓慢	换内充液重装电极
	气透膜玷污	清洗气透膜
	校准液用光	配制校准液
	气透膜老化	更换气透膜
	电极故障	电极维护或更换电极
流通池温度异常	温度传感器出现故障	销售商或直接与厂家联系维修
	环境温度超出仪器环境温度范围	检查室内空调运行情况

2.3.3.2　电导法

（1）电导法的原理　利用酸性吸收液吸收氨的量与吸收液的电导率成比例的关系，从而测定氨的浓度。采用电导法的氨氮分析仪主要是山东恒大公司的 SHZ-5 型氨氮分析仪。

仪器采用吹脱-电导法，即在碱性条件下用空气将氨从水样中吹出，气流中的氨被吸收液吸收引起吸收液的电导变化，电导变化值与吹出的氨量和水样中氨氮含量成正比，用简单的电导法完成测定，从而消除了监测过程中常见因素的干扰，大大缩短了监测时间，提高了监测准确度和灵敏度。SHZ-5 型氨氮总量在线监测将氨氮在线监测、流量等比例采样与流量测量三者组成一体，在同一单片机的控制下，协调运行，直接监测并显示污水流量、氨氮浓度、氨氮排放总量。

（2）主要技术指标

① 量程：0～2mg/L，0～20mg/L，0～50mg/L。

② 准确度：±10％（浓度<1mg/L 时）±5％（浓度>1mg/L 时）。

③ 重复性：±5％（浓度≥1mg/L 时）。

④ 检出限：0.1mg/L。

⑤ 测量周期：30min。

（3）仪器维护

① 日常维护

a. 该仪器无需特殊维护，各参数均在安装调试正常后设定，一般不做变化。如更换泵或泵管，须进行泵标定；如更换试剂须进行量程标定；

b. 如发现管路有破损，应立即停机并用滤纸擦干漏液，更换破损管；

c. 如发现仪器工作异常，应立即停机，待排除故障后再开机。如遇疑难或重大故障应立即通知厂家，由厂家派技术人员维修；

d. 检查各试剂瓶（桶）中的试剂量，液面应高于瓶（桶）底下 30mm；

e. 当仪器发出更换泵管、试剂报警时应及时更换，并于更换后清除相应报警。

② 定期维护

a. 泵管标定　由于泵管长期受压，其弹性将随时间而变化，为了保证各试剂加量准确，需定期（1 个月）对泵进行标定且需定期更换泵管，更换周期为 3 个月。

b. 采样圈数　由于采样点水面与仪器泵头存在高度差，为保证溢流杯内采集到足够的水样，需对蠕动泵采样泵头的转动圈数进行测定。

c. 工作量程标定　更换试剂、蠕动泵或泵管后，均需进行工作标定，并根据屏幕提示确定是否进行全量程标定。

d. 采样过滤器维护　每周清洗一次采样过滤器，打开过滤器上盖，取出过滤器内部不锈钢网筛，用毛刷仔细清洗筛网上的附着物，清洗并安装后正确放入水面下；每周检查一次各管路及阀门工作是否正常，保证进样畅通。

e. 电磁阀的维护　因水中有时会有悬浮物和颗粒，如这些物质进入阀体内很可能堵住阀孔或卡住阀头，造成阀堵或密封差，致使泵所加试剂量不准，最后造成检验结果不准。此时应用蒸馏水管插入被堵阀的接口在仪器调试状态下开启被堵阀进行冲洗或用硫酸多次冲洗；阀与玻璃器皿连接封闭不好会造成渗漏，渗漏量大时会直接影响测量结果。应及时用试纸对接口处进行检查，如有渗漏就应检查各密封接头，对其进行紧固，如无效就应更换阀附件和密封件。

③ 常见故障处理见表 2-5。

表 2-5 SHZ-5 型氨氮分析仪常见故障处理

现　　象	原　　因	处　　理
仪器不上电	电源线路故障	检查电源插座及保险丝是否接触良好,保险丝是否烧断。若保险丝烧断,则应检查外电源(220V)电压过高及后级是否短路 测 24V 开关电源输出是否正常,无输出或输出过低,则应更换
采样水量不足或不采样	采样比例设置过大或控制线不通;泵管断裂;采样头过滤网堵塞	重新设置采样比例;检查控制线接触是否良好;更换采样泵管;清洗滤网
无法通信	适配器与电话线连接有误;电话线不畅;适配器偶然死机	检查电话线路(用话机通话试机)及适配器与电话线的连接状态,若属适配器死机,则将适配器断开 5s 后重新上电
加热过快或过慢报警	泵管破裂、两通阀阻塞或加热器坏	应观察仪器状态,检查确认故障部件,并停机更换相应部件
存储器报警	存储芯片坏	更换存储芯片
测量值误差较大(>10%),但重复性较好	该浓度范围回归曲线参数的相关性不好	选择合适的量程 按现场的浓度范围,选择六种浓度重新标定曲线

若非上述常见故障应由厂家技术人员检修。

2.4　TOC 分析仪器设备

TOC 分析仪一般分为干法和湿法两种。

2.4.1　干法

2.4.1.1　非分散红外线吸收法的原理

样品通过注射器泵注射到燃烧管中,在催化条件高温(680～900℃)燃烧氧化,生成二氧化碳和水,在载气推动下导入电子冷凝器分离出水分,二氧化碳则送入非分散红外线检测器(NDIR)中检测二氧化碳的量,从而换算水样中 TOC 浓度。该方法测量速度快、试剂用量少,目前采用此方法的厂家较多,主要有日本岛津和日本东力公司等。

仪器工作原理是:样品通过八通阀、注射器泵注射到燃烧管中,供给纯氮气并以 680℃的温度燃烧氧化,生成二氧化碳和水,导入电子冷凝器分离出水分,二氧化碳则送入 NDIR（non-dispersive infrared radiation）检测器中检测二氧化碳的量。根据 Lambert-Beer's 定律，CO_2 吸收红外线之量与其浓度成正比，故测量 CO_2 吸收红外线的量即可得知 CO_2 之浓度。NDIR 是以非散布法（non-dispersive method）来测量红外线的吸收，即其光源所发出的红外线并非如光谱般散布，而是两道平行的光线，一道通过样品池，称为测量光径，另一道通过参比池，称为参比光径。样品池内的气体来自于样品气体，红外线通过时会被样品气体中的 CO_2 吸收；而参比池内的气体为 N_2，红外线可完全通过不被吸收。监测器以金属隔板分成两室。光源所发出的两道光线通过样品池及参比池后，分别进入监测器内的两室，监测器内的 CO_2 吸收红外线并转为热能，由于两室热能不同而有温度差或压力差，此压力差会使金属隔板产生变形而改变电容器［由金属隔板及抗电极（opposing electrode）所组成］的电容，进而改变电压，电压经增幅器（amplifier）予以增幅、整流，再将信号传至 CPU。TOC 分析仪工作流程及样品采样单元如图 2-16、图 2-17 所示。

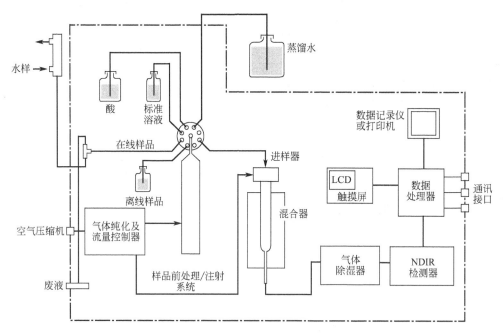

图 2-16　TOC 分析仪工作流程

2.4.1.2　仪器设备的操作

操作 TOC 分析仪之前应认真阅读说明书，掌握仪器的操作方法和注意事项，对拆卸、更换设备部件的操作则需要经过厂家的认真培训才能操作。一般对 TOC 的操作主要包括仪器参数的设定、仪器的校准、仪器的维护和故障处理等。

2.4.1.3　故障处理

见表 2-6。

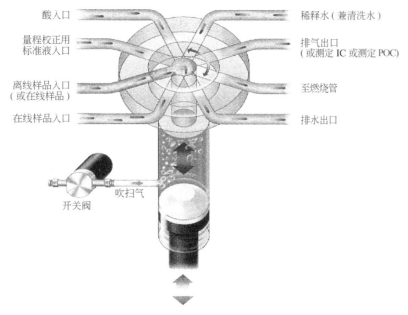

酸入口
量程校正用标准液入口
离线样品入口（或在线样品）
在线样品入口

稀释水（兼清洗水）
排气出口（或测定 IC 或测定 POC）
至燃烧管
排水出口

吹扫气
开关阀

图 2-17　TOC 分析仪样品采样单元

表 2-6　TOC 分析仪故障处理

相 关 项 目	标　　准	维 护 方 法
CO_2 吸收器 1（载气精制用）	若载气为压缩空气,约 2 个月更换一次	到期及时更换新的
	若载气为氮气,约 1 年更换一次	
CO_2 吸收器 2（光学系清扫用）	约 1 年更换一次	到期及时更换新的
蒸馏水	一标准桶（10L）约用 40 天（与用量有关）	剩水不多时,更换新的
盐酸	一标准桶（2L）约用一年（与用量有关）	剩下不多时,及时加入
标准液	一标准桶（500mL）约用 30 天（与用量有关）	剩下不多时或已超过 30 天后,更换新的
加湿器	里边的蒸馏水应保持在上、下标线之间	若蒸馏水面低于下标线,须补充蒸馏水至上标线
B 型卤素洗涤器	内边的蒸馏水应保持在将进气管底端浸入水中	若蒸馏水水面低于进气管底端,须加入蒸馏水到将进气管底端浸入水中同时水面应低于出气管口
卤素洗涤器	内部的吸收剂不能完全变黑	若内部的吸收剂从入口发黑变色到出口,则须更换新的
冷凝水容器	里边的蒸馏水应保持在溢流管口的近处约 10mm 以内	若蒸馏水面较低时,须补充蒸馏水至溢流管口位置
白金催化剂	不能发白或破碎	若催化剂发白或破碎,须清洗或更换

续表

相　关　项　目	标　　准	维　护　方　法
燃烧管	透明、不漏气	若只透明，但不漏气，则清洗即可。若漏气须更换
载气精制管（L 型）	不能破碎或有裂缝漏气	若破碎或有裂缝漏气须更换
注射器的柱塞头	不能因磨损产生裂缝而导致泄漏	若吸入试样时在柱塞头附近产生气泡或送出试样时从筒的下部泄漏试样，须更换新的
滑动式试样注入部的垫圈	不能漏气	若漏气时，两个垫圈（一个白色的、一个黑色的）一起更换
需经常关注的项目	试样水是不是能正常取到	检查管道是否堵塞、泵抽水与取样是否匹配等
	载气气源供应是否正常	如是钢瓶供气，注意气体是否将要用完，气体是否泄漏等
	自来水供应是否正常	注意自来水开关应保持在常开状态等

2.4.2　湿法

2.4.2.1　原理

在仪器控制下水样被导入反应池，在紫外光照射下，水样中的有机物被催化（催化剂为 TiO_2 悬浊液）氧化（过硫酸盐）成二氧化碳和水，生成的气体通过冷却并除去水蒸气后进入双光束非分散红外检测器（NDIR），氧化反应完成后，系统中的 CO_2 达到平衡，据 CO_2 的含量换算成水样的 TOC。湿法 TOC 无高温部件，相对干法 TOC 故障率低，但灵敏度较低。

2.4.2.2　仪器设备的操作

操作湿法 TOC 应认真阅读说明书，掌握仪器的操作方法和注意事项，对拆卸、更换设备部件的操作则需要经过厂家的认真培训才能操作。一般对 TOC 的操作主要包括仪器参数的设定、仪器的校准、仪器的维护和故障处理等。

（1）仪器参数的设定　在使 TOC 分析仪之前应进行相关参数的设定。设定参数主要有分析周期（或分析频次）、测量范围、报警限值、系统时间等参数，设定方法参照说明书。

（2）仪器的校准　TOC 分析仪在使用前需要对工作曲线进行校准，在使用中也需要定期校准。校准时将标准溶液从水样进样口导入，并按照说明书逐点进行校准。

TOC 分析仪用于测量 COD 时由于是非标准方法，在使用前和使用中需要与标准方法进行大量对比，确保测量结果准确。

（3）仪器的维护　TOC 分析仪在使用中应严格按照说明书要求定期维护，以保证仪器正常工作，一般 TOC 分析仪需应定期进行如下维护：

① 定期添加试剂，约 30 天一次，根据单次用量、分析频次确定。

② 定期清洗采水系统，约每周 1 次。

③ 定期进行校准。

（4）故障处理　在 TOC 分析仪仪器运营维护过程中，个别仪器可能要出现故障，对于一般的故障，运营人员应及时处理，快速恢复仪器运行；对于复杂的故障，运营人员应及时与生产厂家联系，及时修复仪器，如不能及时修复的，应提供备用机，保证系统连续运行。

2.5　总氮分析仪器设备

2.5.1　碱性过硫酸钾消解紫外分光光度法的原理

基本原理是在水样中加过硫酸钾并高温消解，然后在 220nm 紫外光处测量吸光度，通过吸光度计算总氮浓度的方法。以岛津的总磷/总氮分析仪为例，仪器的原理是：样品通过 2 个八通阀、注射器泵抽取到注射器中，添加 NaOH 和过硫酸钾混合均匀后，送到消解池，在 UV 光照射＋70℃加热消解 15min，生成 NO_3^-，然后又抽取试剂回到注射器，并添加 HCl 去除水中的 CO_2 和 CO_3^{2-}，最后送到检测池在 220nm 处测试样品的吸光度，并与满量程 TN 标准液及蒸馏水（零点）的吸光度比较，计算后得出样品的 TN 浓度。总磷/总氮分析仪及其工作原理如图 2-18，图 2-19 所示。

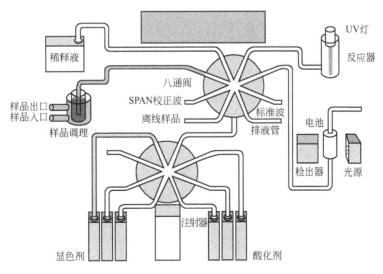

图 2-18　总磷/总氮分析仪

TNP4110 的检测器主要由光源、单色器、样品池、光电流检测器等部分组成。光源为 Xe 灯；样品池为 20mm 石英比色皿；半透镜只能通过 880nm 波长的光。光电

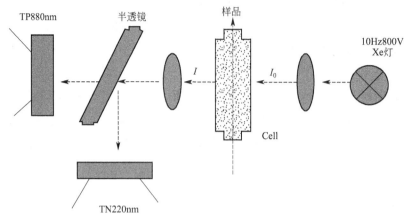

图 2-19　总磷/总氮分析仪检测器原理

流检测器的光电管装有一个阴极和一个阳极，阴极是用对光敏感的金属（多为碱土金属的氧化物）做成，当光射到阴极且达到一定能量时，金属原子中电子发射出来。

2.5.2　仪器设备的操作

操作总氮分析仪之前应认真阅读仪器的使用说明书，最好经过生产厂家的认真培训。

仪器的操作主要包括开关机、在线测定、离线测定、曲线校准和维护保养等。

2.5.2.1　仪器的开机、关机

首先将各试剂放置在仪器内的试剂托架上，并将各条管路插至瓶底，然后确认供电电压是否为～110V，如不是则必须加装稳压电源，确认后即可上电，此时仪器开始初始化动作，检验各机械、传感器是否正常。

仪器初始化结束后，按进入『菜单』画面，可以设定"测定条件的登记"、校正、在线测量、离线测量以及对仪器进行维护检查。

2.5.2.2　故障处理

见表 2-7 。

表 2-7　总磷/总氮分析仪常见故障处理

用肉眼可以看到的故障情况	直接原因	引起故障的原因	对　策	备注
『TNP的情况』显示测试值为零	采不到水样	外部采样泵坏或采样管路堵塞、前置调整槽内被 SS 污染物堵塞	更换采样泵,疏通采样管路,清洁前置调整槽	○
		预处理装置的电磁阀故障,样品不能保存在前置调整槽内	修理或更换电磁阀	

续表

用肉眼可以看到的故障情况	直接原因	引起故障的原因	对　策	备注
『TNP的情况』显示测试值为零	采不到水样	2♯在线取样管路堵塞	用细铁丝和棉花疏通2♯取样管	○
	注射器采样不充分	长时间运转后注射器松动漏气	重新旋紧注射器	○
		注射器尖端磨损漏气	更换注射器活塞尖端	
TP值测试为0	试剂吸收不充分	试剂软管浮出,没有吸收抗坏血酸或者钼酸	适当调整试剂软管	○
校正时Zero值反复漂移	试剂吸收不充分	试剂软管弯曲,无法汲取试剂	适当调整试剂软管	○
与手工相比,测定值极低接近于零	样品中混入清洗水	清洗水阀故障,导致清洗水一直流淌	修理或更换清洗水阀	
TN显示为零或者异常低的值	仪器调整的问题	纯水不良的情况下,用调整器调整Xe灯的光强	在没有导入可信的纯水时不要调整I/O板上的调整器	○
测定值超量程	校正不良	试剂用完、满量程标液用完,实施校正,结果没有被采用	设定警报范围,校正结果异常时防止覆盖	○
TN测定值与手工值相比较低	TN零点校正值高	注射器拧得过紧,注射器与八通阀之间的垫片变形,注射器内TP测定的试剂剩余,影响TN零点	继续旋紧注射器1/4圈 更换垫片 重新安装注射器	○ ○ ○
TN值偏高	稀释水不纯		更换高纯度的稀释水	○
TN校正Zero的Abs偏高	消解不充分	UV灯光强衰弱,能量下降	切去UV灯保护套约1cm	
	UV灯不亮	UV灯电源坏	更换UV灯电源	
重现性差		试剂浓度偏高	准确配制试剂	○
	CO₂干扰	没有加入盐酸	调整试剂软管位置	○
		纯水质量不好	更换高质量纯水	○
		CELL、注射器、仪器内管路被污染	用『维修画面』中的『清洗』功能多次清洗	○
	测试值不稳定	UV灯污染,表面脏污,能量减弱	清洗UV灯、切去1cm保护套,更换	○
八通阀错误报警	光电传感器信号检测不到	传感器表面脏污,挡住光路	吹扫光电传感器的表面	○

注:○为可能有仪器外的原因引起。

2.6　总磷分析仪器设备

2.6.1　钼酸铵分光光度法的原理

中性条件，水样加入过硫酸盐，在密闭、高温（120～130℃）条件下消解，水样中不同形态价态的磷全部氧化为正磷盐；在酸性介质中，正磷酸盐与钼酸铵反应，在锑盐的存在下生成磷钼杂多黄后，立即被抗坏血酸（VC）反应生成磷钼杂多蓝，在波长700nm（或880nm）下进行吸光度测定，一定范围内，吸光度与正磷酸的浓度有严格的线性关系，从而达到测试水中总磷的目的。

2.6.2　仪器工作原理

2.6.2.1　光度比色法

仪器工作原理是：该总磷分析仪通过嵌入式工业计算机系统的控制，自动完成水样采集。水样进入反应室，在高温下经强氧化剂的氧化分解，将水样中各种形态的磷转化为正磷酸盐，在酸性条件下，正磷酸盐与钼酸铵、酒石酸锑氧钾反应，生成磷钼杂多酸，被还原剂抗坏血酸还原，生成蓝色络合物，在测定的范围内，该络合物的色度与总磷的含量成正比。反应后的混合液进入比色室，运用光电比色法检测到与色度相关的电压，通过信号放大器放大后，传输给嵌入式工业计算机。嵌入式工业计算机经过数据处理后，显示总磷浓度值并进行数据存储、处理与传输。总磷分析仪工作流程如图 2-20 所示。

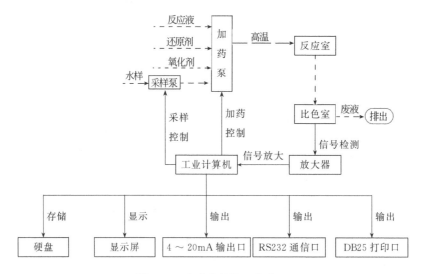

图 2-20　总磷分析仪工作流程

仪器主要性能指标。

① 测量范围：0.05～5.0mg/L、0.5～50.0mg/L（可选）。

② 示值误差：±8%。

③ 重复性误差：3%。

④ 零点漂移：±3%F. S/24h。

⑤ 量程漂移：±5%F. S/24h。

⑥ 直线性：±5%F. S。

⑦ 最小测量周期：30min。

2.6.2.2　流动注射法

如图 2-21 所示，载流液由注射泵输送至直径为 0.8mm 的反应管道中，当注入阀将水样和钼酸盐溶液切入反应管道中后，试样带被载流液推进并在推进过程中渐渐扩散，样品和试剂呈现梯度混合，快速反应，流过流通池，由光电比色计测量并记录液流中的钼蓝对 660nm 波长光吸收后透过光强度的变化值，获得有相应峰高和峰宽的响应曲线，用峰高经比较计算求得水样中 TP 值的含量。该仪器的最主要特征是，整个反应和测量过程是在一根毛细管中流动进行的。

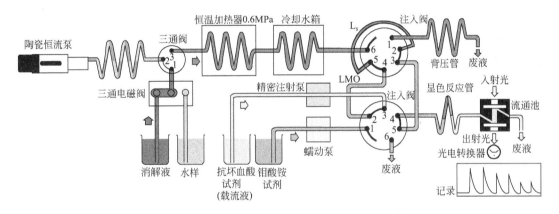

图 2-21　流动注射法分析原理

2.6.3　仪器设备的操作

操作总磷分析仪之前应认真阅读仪器的使用说明书，最好经过生产厂家的认真培训。

仪器的操作主要包括安装、参数设置、曲线校准、维护保养等，具体操作参见各厂家说明书。

2.6.3.1　仪器安装及要求

总磷分析仪安装场地要求有放置仪器的监测站房，并且具备 220V AC 电源、接地电阻 $R \leqslant 10\,\Omega$、多功能插座。上水取样距离不大于 15m，落差不大于 6m。下水管路从站房到排口应保持一定的坡降以便排液顺畅。为确保冬季取样及排水正常，上下水管路应具有防冻设施。现场安装示意如图 2-22 所示。

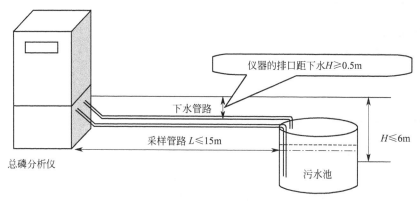

仪器的排口距下水 $H \geqslant 0.5\text{m}$

下水管路

采样管路 $L \leqslant 15\text{m}$

$H \leqslant 6\text{m}$

总磷分析仪

污水池

图 2-22　现场安装示意

2.6.3.2　使用前准备

（1）完成仪器安装，放置好仪器所需的各种试剂，仪器上电稳定半个小时。

（2）调整好测量模块的各级参数，设置好系统各种参数。

（3）做好工作曲线，在自动运行方式下用标准样品作为水样进行分析，必须达到仪器规定的精度要求，如果没有达到，在曲线校正功能里修改校正，直到达到要求。

2.6.3.3　参数设定

运行前需设定运行参数、系统时间、报警参数、设置加药量、设置定时表等。

2.6.3.4　仪器定期维护

为了仪器的正常运行，操作人员需要定期对其进行以下维护。

（1）视当地水样的水质情况，定期清洗采样过滤头及管路，并经常检查采样头的位置情况以确保采样头采水顺利、通畅。

（2）视使用情况定期清洗采样溢流杯及采样管。采样管的清洗可以把它插入稀酸里，然后在手动方式里按"1"键提取稀酸进行水样管路的清洗。然后用蒸馏水再次清洗水样管路。

（3）视使用情况定期拆卸清洗反应室与比色室。拆卸时戴好防护手套以免被反应液等残液烧伤，一手捏住与反应室连接的过渡黑管，一手将反应室轻轻竖直向上取出。拆卸前先排空各管路。

（4）仪器运行时请关好前后门，不要干烧反应室以免炸裂。

（5）仪器应避免阳光直射，避免强磁场、强烈震荡的环境。

（6）及时补充反应液、氧化剂、还原剂、蒸馏水，并同时在参数设置里修改试剂余量。更换反应液时，小心操作，防止化学烧伤。

（7）仪器的各蠕动泵泵管的有效使用寿命为 4 个月（6～8 次/天），到期需及时更换。更换泵管时应严格遵守泵头和泵管的安装方法，使用泵钥匙，泵管严禁扭曲，不按规定安装泵管将缩短其使用寿命。

（8）根据 GB 8978—1996 污水综合排放标准中规定的采样频率，工业污水按生产周期确定监测频率。生产周期在 8h 以内的，每 2h 采样一次；生产周期大于 8h 的，每 4h 采样一次。其他污水采样，24h 不少于 2 次。所以建议分析周期为 2～8 次/天。

（9）关机或停止使用之前，在手动方式下用蒸馏水多次清洗反应室、比色室，然后向反应室、比色室中加入适量蒸馏水。

2.7　pH 测量仪器设备

2.7.1　玻璃电极法的原理

玻璃电极与参比电极之间根据能斯特方程，存在电位差：

$$\mu = \mu_0 + 2.3\frac{RT}{F\lg H^+}$$

式中，系数 $2.3RT/F$ 为能斯特电位，它等于每单位 pH 的单位变化。该值与绝对温度 T 有关。pH 探头内装有温度敏感元件，仪器自动补偿温度对 pH 测量值的影响。pH 测量仪结构原理如图 2-23 所示。

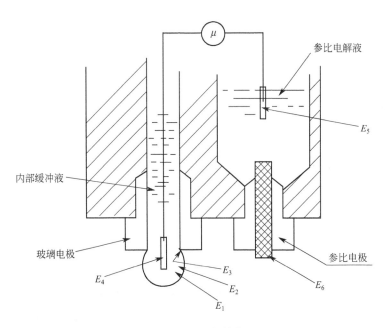

图 2-23　pH 测量仪结构原理

μ_0 为其他电位 $E_2 \sim E_6$ 的和。制造工艺上使其为接近零的常数。pH 计通过测量 μ，指示水中酸碱度。

以北京环科环保公司 pH 测量仪（图 2-24）为例，仪器由传感器探头、前置电路、显示表组成。探头与前置电路安装成一个整体，与仪器显示表之间由四芯屏蔽电缆连接。

　　pH 探头产生约 60mV/pH 的电压，经前置电路放大后，经光电耦合，再经过恒流电路，形成 4～20mA 远传电流信号。4～20mA 对应的 pH 为 0～14，温度补偿在前置电路内完成，显示表向这部分电路提供 12V 直流电源。

　　显示表将 220V 交流电源变成各种需要的直流电，将 pH 信号 4～20mA 处理后，进行显示、4～20mA 隔离输出、上下限报警输出。上下限报警在显示表面板上由发光管显示，并各驱动一个 1×2 继电器。继电器触点容量 24V，1A。

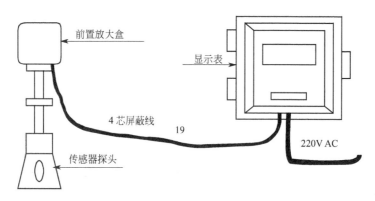

图 2-24　　pH 测量仪工作原理

　　仪器性能指标：

① 测量范围 2～12pH；

② 测量精度 ±0.1pH；

③ 显示分辨率 ±0.07pH；

④ 输出信号 4～20mA。

2.7.2　仪器设备的操作

　　在线 pH 测量仪可实现连续直接测量，操作相对比较简单，一般只需定期校准、定期清洗和定期更换电极即可。

　　仪器的操作主要包括安装、校准和定期维护等。

2.7.2.1　安装

　　一次表为杆状结构，适用于测量池、渠道等敞开水面条件，使用时，用金属板、弯形卡、支杆等将一次表牢固地固定在池或渠的侧墙上，并且保证使 pH 探头部分埋入水中。

　　次表为壁挂式，利用仪表后面挂钩挂在墙上或控制柜内。二次表要求安装于室内或避风雨、日晒的仪器箱内，如图 2-25 所示。

2.7.2.2　仪器功能及操作

　　pH 测量仪功能及操作原理如图 2-26 所示。

　　仪器的程序主要有三个功能模块，分别为主界面、校准和设置。校准模块采用三

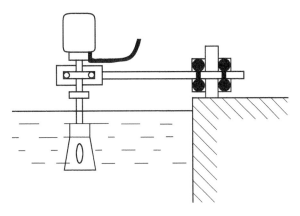

图 2-25　pH 测量仪的安装

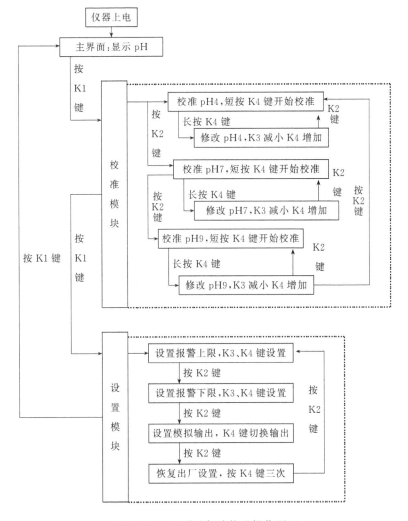

图 2-26　pH 测量仪功能及操作原理

点校准方式,用 pH 分别为（在 25℃时）4.01、6.86、9.18 三种标准缓冲液进行校准；设置功能包括报警上限、报警下限、4～20mA 模拟输出和恢复参数四个功能。

2.7.2.3　校准操作

为了保证测量准确，应该定期对仪器进行校准。校准采用三点校准方式，校准前应提前准备 pH（在 25℃时）分别为 4.01、6.86、9.18 标准缓冲液，然后按照界面提示逐点校准。

2.7.2.4　日常维护

（1）定期清洗玻璃电极，清洗周期视水质情况而定，建议 1 月 1 次；

（2）定期校准（标定）仪器，校准周期视水质情况而定，建议 3 月 1 次；

（3）每 5 年应检查参比电极内的 KCl 溶液，不足时，应补充。

2.7.2.5　使用注意事项

（1）pH 计正式使用前，必须由专业维护人员按操作要求进行校验。

（2）pH 计探头必须浸在水中，在无水情况下，必须拆下并对探头进行冲洗，然后浸泡于清洁的蒸馏水中保养。

（3）pH 计在每次重新使用前，必须用标准液测试，按规定操作要求进行校验，合格后方能使用并做好运行记录。

（4）未经管理部门或专业维护人员允许，任何人不能擅自移动、拆除、改装仪器。

（5）当 pH 计显示结果出现异常骤变时，应检查线路是否接好，如果 pH 计测定结果显示最大或最小，应检查探头是否已损坏，需更换。

（6）当 pH 计测定结果与化学法测定结果有相对固定的差值，则应对探头进行清洗；如果故障仍未排除则需对仪器重新进行校验。如果仍无效，则可以更换新的探头。

（7）不可用水直接喷射到 pH 计探头部分。避免排水渠内的杂物碰撞探头部分。如发现探头部分附有杂物，应小心地进行排除清理。

（8）pH 计探头部分、管道部分、仪器部分，禁止踏、挤压并禁止靠近火、油、烟、腐蚀性化学物品。

2.8　电导率测量仪器设备

2.8.1　电极法的原理

电导即电阻的倒数，当电导率仪的两个电极插入水样中时，可测出两个电极之间的电阻，根据欧姆定律，温度一定时，这个电阻值与电极的间距 L（cm）成正比，与电极的截面积 A 成反比。

$R=\rho\times L/A$ 由于电极面积和间距 L 是固定不变的，故 L/A 是一常数，称为电导池常数（以 Q 表示），比例常数 ρ 称为电阻率，其倒数 $1/\rho$ 称为电导率，以 K 表示。

$$S=\frac{1}{R}=\frac{1}{\rho Q}$$

S 表示电导，反应导电的强弱，所以 $K=QS$ 或 $K=Q/R$，当已知电导池常数，并测出电阻后，即可求出电导率，电导池常数通常由定期的工作曲线校准进行求算，最后由 $K=Q/R$ 得电导率。

2.8.2　仪器设备的操作

仪器的操作主要包括安装、操作使用、校准和维护。HACH 公司 C53 型电导率测定仪如图 2-27 所示。

图 2-27　HACH 公司 C53 型电导率测定仪

（1）安装及要求　将测定仪安装在符合下列条件的地方：清洁、干燥，振动较少或者没有振动，没有腐蚀性液体，符合环境温度限值范围（-20～60℃）。

采用随附的支架和硬件进行测定仪安装，可安装于墙上、面板上或管道上。

（2）操作　测定仪的用户界面由一个两行的液晶显示屏（LCD，如图 2-28 所示）和一个键盘组成，包括一系列的按键："MEAS（测量）"、"CAL（校准）"、"CONFIG（配置）"、"MAINT（维护）"、"DIAG（诊断）"、"ENTER（回车）"，以及向左、向右、向上和向下方向键。

"MEASURE（测量）"界面：通常的显示模式，显示测定值。按向左和向右方向键来查看 MEASURE（测量）界面，顺序显示这些测量值。

"MENU（菜单）"界面：在菜单树的三个主要分支的这些顶级和下级（子菜单）界面都是用来进入配置的 "edit/selection（编辑/选择）"界面。在每个菜单分支的 "EXIT（退出）"界面使您移动到上一级菜单树，按 "ENTER（回车）"键确定。

"Edit/Selection（编辑/选择）"界面：在这些界面中输入值/选择可以校准、配置和检测测试仪。

图 2-28 测定仪的用户界面的液晶显示屏

（3）校准方法 清零（所有测定），当传感器在空气中时，按键来启动自动系统清零。

① 电导率测定。

DRY-CAL 法：输入传感器经 GLI 认证的池常数"K"值和温度"T"因子。

1 点校准：输入一个参考值或者样品值（由实验室分析或者对比读数确定）。

② 电阻率测定。

DRY-CAL 法，如上所述（对电导率）。

1 点校准，如上所述（对电导率）。

（4）测试/维护 测定仪设有"TEST/MAINT（测试/维护）"菜单界面，用于：

① 检查测定仪的状态，传感器（测量值信号和温度输入）和继电器；

② 保持模拟输出在它们最近的测定值；

③ 立即手工地重置所有的过载计时器；

④ 提供模拟输出测试信号来确认连接设备的运行；

⑤ 测试继电器的工作情况（加电压或者去励磁/释放）；

⑥ 识别测定仪可擦可编程只读存储器（EPROM）的版本；

⑦ 模拟一个测量值或者温度信号来测试测量电路；

⑧ 重置所有的配置和校准值为出厂时的默认值。

2.9 溶解氧测量仪器设备

2.9.1 膜电极法的原理

膜电极主要是通过将氧浓度转化为小池的电流来进行相关测量，电极由一小室构成，室内有两个金属电极并充有电解质，用选择性膜将小室封闭，水及通的溶解性物质不能透过这层膜，但氧和一定数量的其他气体及亲水性物质可透过这层薄膜。测量时放入一定流速的水中，电极因外加有电压从而存在电位差，小室中，阳极氧化进入溶液，而透过膜的氧气在阴极还原，由此所产生的电流直接与通过膜与电解质液层的传递速度成正比，因而该电流与给定温度水下水样中氧的浓度成正比。例如，HACH 公司的 GLI 5500 型溶氧传感器，如图 2-29 所示。

图 2-29　GLI 5500 型溶氧传感器

　　仪器采用了三电极的极谱型克拉克（Clark）池测定技术。传感器测量两个电极之间的电流，这个电流值是溶液中溶解氧分压的函数。测量样品中的溶解氧迁移通过膜扩散到电解液中。当一个恒定的极化电压加到电极时，阴极上的氧减少，所产生的电流直接与电解液中的溶解氧含量成正比。

　　第三个电极是用作独立的参比。它提供了一个比常规的双电极系统中采用的银阳极电极更为恒定的电势，因为它不能够传导 DO 测定所必需的电流。该电极导致了更好的长期极化稳定性、更长的阳极和电解液寿命，从而导致更高的传感器精度和稳定性。

2.9.2　仪器设备的操作

　　以 HACH 公司 D63 型溶氧测定仪（图 2-30）为例，仪器操作主要包括安装、校准、配置测定仪和维护保养。

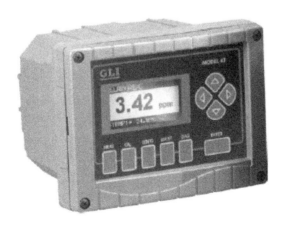

图 2-30　D63 型溶氧测定仪

2.9.2.1　安装及要求

　　将测定仪安装在距离 DO 传感器不超过 1000 英尺（305m）的地方，将测定仪安装在符合下列条件的地方：清洁、干燥，振动较少或者没有振动、没有腐蚀性液体、符合环境温度限值范围（－30～60℃），可将测定仪安装在面板上、墙上或管道上，将传感器与测定仪按要求连接好。

2.9.2.2 校准测定仪

推荐使用"空气中溶解氧校准（D.O. Cal In Air）"方法，因此下面对该方法进行一下描述。

（1）按"CAL 键"，显示校准（CALIBRATION）根菜单。

（2）使用向下方向键，选择"D.O. Cal In Air（空气中溶氧校准）"子菜单（以反白形式显示），按"ENTER（回车）键"。

（3）使用向左和向右方向键，选择在校准过程中保持它们当前状态的模拟输出（输出也可以被传输到预置的值或者允许保留为活动状态。由于测定仪还未进行过用户配置，如果传输输出值的话将会提供的是工厂设定的默认值）。

（4）当显示闪动的"HOLD（保持）"时，按"ENTER（回车）键"［选定后按"CONTINUE（继续）"来停止闪动］，再次按"ENTER（回车）键"继续。

（5）使用向左方向键，选择"YES（是）"，因为这是第一次进行传感器的校准。按"ENTER（回车）键"来选择"CONTINUE（继续）"行，再次按"ENTER（回车）键"继续校准过程。

（6）从洁净的调节水中取出传感器，将专门的校准包放在传感器湿润的膜一端，将校准包固定在传感器体上，选择"CONTINUE（继续）"行，按"ENTER（回车）键"。

（7）这时出现校准信息界面。等待"Meas'd Val"行上的"ppm"指示停止闪烁（大约需要15min），然后按"ENTER（回车）键"完成校准过程。

具体流程如图2-31所示。

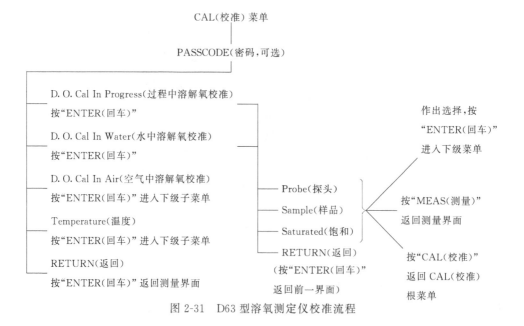

图 2-31 D63 型溶氧测定仪校准流程

2.9.2.3　配置测定仪

测定仪具有许多可能需要的功能，例如，模拟信号输出、TTL（晶体管-晶体管逻辑电路）输出、三路继电器、软件告警等。要想按照特定的应用要求进一步配置测定仪，可使用适当的"CONFIG（配置）"子菜单来进行选择，并"键入（Key in）"数值。如图 2-32 所示。

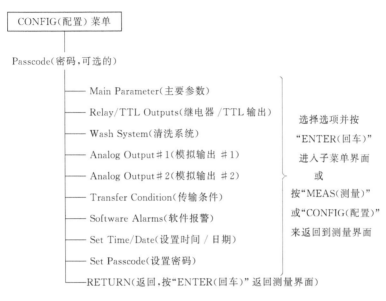

图 2-32　"CONFIG（配置）"子菜单

2.9.2.4　维护保养

要保持测定仪的精度，请定期清洗传感器。操作经验将帮助您确定何时清洗传感器。根据应用场合的具体情况，应当定期地进行系统校准，以便保持测定的精度。

2.10　浊度测量仪器设备

2.10.1　透过散射方式和表面散射法的原理

透射式浊度测量仪的原理：仪器通过发射的单色光，光速穿过水样遇到水中微小颗粒产生散射光而衰减，通过测量透射光强计算光强衰减率从而测量水样浊度。此方法适合于浊度高的场合。

表面散射法浊度测量仪：仪器通过发射的高强度的单色光（890nm 波长），光速穿过水样遇到水中微小颗粒产生散射光，通过测量垂直于光速方向的散射光强度计算水样的浊度。此方法灵敏度较高，适合浓度较低的场合。例如，HACH公司 1720E 浊度分析仪。

仪器通过把来自传感器头部总成的平行光的一束强光引导向下进入浊度计本体中的试样。光线被试样中的悬浮颗粒散射,与入射光线中心线成 90°的方向散射的光线被浸没在水中的光电池检测出来。如图 2-33 所示。

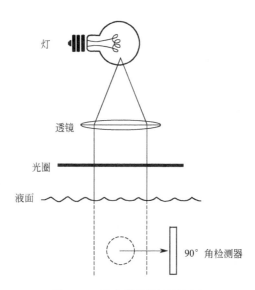

图 2-33　浊度测量仪测量原理

散射光的量正比于试样的浊度。如果试样的浊度可忽略不计,几乎没有多少光线被散射,光电池也检测不出多少散射光线,这样浊度读数将很低。反之,高浊度会造成很高程度的散射光线并产生一个高读数值。

试样进入该浊度计本体并流过气泡捕集器的折流网。试样流使气泡紧贴折流系统的各个表面或者上升到表面并放散到大气中去。在通过气泡捕集器后,试样进入该浊度计本体的中心柱内,上升进入测量室并从一个溢水器上溢出进入排放口。每秒钟取一次读数。

2.10.2　仪器设备的操作使用

仪器操作使用包括仪器的安装、操作、维护和故障排除。

(1) 仪器的安装　仪器采用采水式,按照说明顺序安装控制器、连接电源、连接输出线、安装浊度计主体、连接管路等。

(2) 仪器的操作　利用面板上的键盘进行传感器设置、系统参数设置、显示设置、输出设置、查看信息、测试维护等操作。

(3) 校准　1720E 浊度计在装运之前由工厂使用 StablCal® 经稳定化的福尔马肼进行校正。该仪表在使用之前必须复校以使其符合签发的精确度技术条件。此外,建议在任一次重大维护或修理后和在正常运行中至少每三个月也进行复校。在初次使用前和每次校正前,浊度计本体和气泡捕集器必须彻底清洗和冲洗。在进行校正前用去离子水冲洗光电管窗口并用一块柔软不起毛的布擦干，经常清洗浊度计本体或校正圆筒，在校正前用去离子水冲洗。

（4）维护 每次校正之前和必要时或根据试样性质确定是否清洗传感器；按管理机构指示的日程表进行校正传感器（按管理机构要求进行）。

对 1720E 仪表预定的各项定期维护要求仅为最低要求。包括校正及清洗光电管窗口，气泡捕集器及本体。如目测表明有必要的话，检查并清洗气泡捕集器及浊度计本体。

定期进行其他维护，根据经验制定维护日程，还取决于装置，取样类型以及季节等条件。维持浊度计本体内部和外部，首部总成，一体式气泡捕集器及周围区域的清洁非常重要。这样做会确保精确的低数值浊度测量结果。

在校正和验证前清洗仪表本体（特别是准备在 1.0 NTU 或更低浊度下测取结果时）。

2.11　UV 仪

2.11.1　UV 仪基本原理

UV 仪基本原理是根据有机物在紫外处对特征波长有选择性吸收的特性进行测量的，通过测量 254nm 处水样的吸光度从而计算水中有机物含量的多少。

为了排除浊度、悬浮物的干扰，按检测方式不同分单波长、多波长、扫描紫外吸收三种；为了使被测水样稳定，按安装方式不同又分采水型和浸入型，采水型又分吸收池型和落水型。

单波长以 254nm 作为检测光直接透过水样进行检测，双波长则增加以可见光区的某波长吸收用以扣除浊度、色度等干扰，多波长测紫外区有几个测量波长，再扣除可见光某波长的吸收；波长扫描则对紫外区某波段进行扫描，然后再扣除可见光某波长的吸收。例如，HACH 公司 UVAS sc 监测仪，如图 2-34 所示。

仪器以 254nm 处的特别吸光系数表示过滤后的水样的测量值，该吸光系数可以转化为吸光度/m。通过对不同光程比色池的光度计中测得的测量值进行比较，然后可获得吸收单位 1/m 或 m^{-1}。吸收读数可以转换成透过率并且通过控制器显示。

UVAS 浸没式探头由一个多光束吸收光度计组成，可以有效地进行浊度补偿。当在 550nm 处

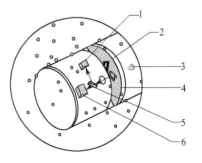

图 2-34　UVAS sc 监测仪
1—接收器，测量元件；2—双面擦拭器；3—紫外灯；4—测量狭缝；5—镜子；6—接收器，参考元件

测量 SAC 值时可以进行浊度补偿，并将这个测量值从在 254nm 处测得的 SAC 值中减去。控制器规定光度计的灯每闪一次，就进行一次测量，而且，测量窗的机械清洗是通过擦拭器完成的。对于特定的应用场合，选择正确的传感器光程是非常重要的。通常，越干净的水所需的光程就越长。在自来水应用中一般选择光程为 5mm 和 50mm。在废水应用中，一般选择光程为 2mm 和 1mm。

主要性能指标：

① 测量技术　紫外吸收法测量（双光束技术），无需化学试剂；

② 测量光程　可选 1mm，2mm，5mm，50mm；

③ 量程　根据传感器的量程、主要模式或参数的不同而不同：

0～60 1/m（50mm）（25.0%～100% T/厘米）；

0～600 1/m（5mm）；

0～1500 1/m（2mm）；

2～3000 1/m（1mm）；

④ 补偿波长：550nm；

⑤ 测量间隔：≥1min。

2.11.2 仪器设备的操作

UV 监测仪可分为采水式和浸入型，可连续直接测量水中有机物含量，一般不需要试剂，所以操作、维护比较简单，一般包括安装、校准、维护和故障处理等操作。

2.11.2.1 安装

控制器的安装：控制器可以安装在面板上、墙上或圆管上。

传感器安装：传感器利用支架安装在水中，安装 UVAS sc 传感器时，要确保墙壁和传感器之间有足够的距离以防止物理损坏。在水平的位置安装传感器时，缝隙应该面向左侧或右侧。狭缝不要向上，这样可能会导致沙子聚集，而且去除气泡也很困难。不要让传感器朝下，否则或使空气聚集。

对于所有的安装，都要使用 90°适配器，安装信息请参照图 2-35。确保流通单元是水平安装的。

2.11.2.2 传感器的设置

当第一次安装传感器时，会显示传感器的序列号作为传感器的名称。如要更换传感器的名称，请按照如下步骤操作。

① 选择主菜单。

② 从主菜单中选择 SENSOR SETUP（传感器设定），然后确认。

③ 如果连接的传感器不止一个，需要加亮相应的传感器，然后确认。

④ 选择 CONFIGURE（配置），然后确认。

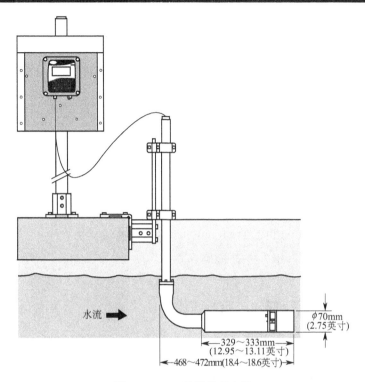

图 2-35 UV 监测仪的安装

⑤ 选择 EDIT NAME（编辑名称）开始编辑名称。确认或取消，然后返回到 SENSOR SETUP（传感器设定）

2.11.2.3　仪器的校准

传感器在出厂时已经经过校准。厂家强烈建议最好保持出厂校准，不要做任何更改。

注：确保在执行校准之前清洗玻璃窗口。根据不同的应用场合，任何偏离出厂校准的变化都可能是光学部污染引起的。如果校准验证失败，请再一次清洗玻璃窗口并重复这些步骤。与出厂校准之间很大的偏移会导致仪器校正失败。

定期验证校准。在出现较大偏移的情况下，首先需要进行零点校准，在斜率允许使用单点校准进行更改之前，补偿零点偏移量。在校准期间，仅显示 mE 值。设定点调节也是基于测量单位（mE）。验证过程中，设定点的值在滤光片上有说明。液体标准必须使用外部的光度计进行测量，测量值根据传感器的光程进行转化。

（1）校准验证

① 从主菜单选择传感器设置（SENSOR SETUP），并进行确认。

② 如果连接的传感器超过一个，则选择合适的传感器，并进行确认。

③ 选择校准（CALIBRATE），并进行确认。

④ 显示输出模式（OUTPUT MODE），并进行确认。

⑤ 从旁路面板或水槽中拆除探头。

⑥ 选择验证（VERIFY），并进行确认。

⑦ 显示 MOVE WIPER TO POS OUT PRESS ENTER TO CONTINUE。擦拭器应该转到狭缝的外部位置，并进行确认。

⑧ 用过滤光片取代水样进行 1 个样品的校准

（2）单点校准

① 从主菜单选择传感器设置（SENSOR SETUP），并进行确认。

② 如果连接的传感器超过一个，则选择合适的传感器，并进行确认。

③ 选择校准（CALIBRATE），并进行确认。

④ 显示输出模式（OUTPUT MODE），并进行确认。

⑤ 选择因子（FACTOR）并进行确认。

⑥ 调节因子值到 1.00。

⑦ 选择偏移量（OFFSET）并进行确认。

⑧ 调节到 0mE。

⑨ 选择一个水样校准（1 SAMPLE CAL）并进行确认。

⑩ 显示 FILL IN CAL STANDARD PRESS ENTER TO CONTINUE。在按下输入键之前，先选择选项 1 或 2。

（3）零点校准

① 从主菜单选择传感器设置（SENSOR SETUP），并进行确认。

② 如果连接的传感器超过一个，则选择合适的传感器，并进行确认。

③ 选择校准（CALIBRATE），并进行确认。

④ 显示输出模式（OUTPUT MODE），并进行确认。

⑤ 选择零点校准并进行确认。

⑥ 显示 FILL IN AQUA DEST PRESS ENTER TO CONTINUE。从水池中拆除传感器，并使用蒸馏水润洗测量光路。保证测量光路水平，并用蒸馏水填满。然后进行确认。

⑦ 显示 WHEN STABLE PRESS ENTER 并进行确认。

⑧ 显示 CALIBRATION，WIPE。擦拭过程开始。

⑨ 显示 WHEN STABLE PRESS ENTER 并进行确认。

⑩ 选择校准并进行确认。

⑪ 偏移量：显示 X.X mE 值并进行确认。

⑫ 显示 WHEN STABLE PRESS ENTER，±X.X，并进行确认。

⑬ 显示 CALIBRATION，WIPE，擦拭过程开始。

⑭ 显示 WHEN STABLE PRESS ENTER，并进行确认。

⑮ 选择校准（CALIBRATE），并进行确认。

⑯ 显示 CALIBRATION，并进行确认。

⑰ RETURN PROBE TO PROCESS，将传感器浸没在测量位置。

⑱ 显示 READY，开始自动清洗，然后返回测量状态。

2.11.2.4　调节测量值

如果实验室的比对测量与探头的测量结果不是很吻合，就可以执行调节测量值的操作（零点和斜率法调节）。

只有在清洗或验证完成之后的零点检查不能令人满意时，才进行零点调节或偏移量调节。

2.11.2.5　仪器的维护

UV 监测仪在使用中应严格按照说明书要求定期维护，以保证仪器正常工作，一般 UV 监测仪需应定期进行如下维护。

（1）基本维护工作　目视检查，每周一次；检查校准，每周进行一次比对测量（取决于环境条件）；擦拭器刮片更换，根据计算器的情况而定。

（2）耗材更换时间　擦拭器套件和 O 形垫圈流通单元需每年更换一次。

2.12　总铜、总锌、总镉、总铅分析仪

2.12.1　2,9-二甲基-1,10-菲啰啉分光光度法原理

国家标准 GB 7473—87（水质铜的测定）规定了 2,9-二甲基-1,10-菲啰啉分光光度法测定铜含量的方法，其原理是用盐酸羟胺把二价铜离子还原为亚铜离子，在中性或微酸性溶液中，亚铜离子和 2,9-二甲基-1,10-菲啰啉反应生成黄色络合物，可被多种有机溶剂（包括氯仿-甲醇混合液）萃取，在波长 457nm 处测量吸光度。

在 25mL 有机溶剂中，含铜量不超过 0.15mg 时，显色符合比耳定律。在氯仿-甲醇混合液中，该颜色可保持数日。

该方法适用于地面水、生活污水和工业废水中铜的测定。

在被测溶液中，如有大量的铬和锡、过量的其他氧化性离子以及氰化物、硫化物和有机物等对测定铜有干扰。加入亚硫酸使铬酸盐和络合离子还原，可以避免铬的干扰。加入盐酸羟胺溶液，可以消除锡和其他氧化性离子的干扰。通过消解过程，可以除去氰化物、硫化物和有机物的干扰。

2.12.2　双硫腙分光光度法测定锌的原理

向水样中加入硝酸加热消解，加中和液调节水样 pH 至 2～3 之间；在加入 pH 为 4.5～5.5 的乙酸钠缓冲液介质中，用硫代硫酸钠作掩蔽剂，掩蔽水样中铅、铜、汞等少量金属离子的干扰和控制 pH 值，锌离子与双硫腙形成红色螯合物，用四氯化

碳萃取后在波长为 535nm 处进行分光光度测定吸光度 A，由 A 值查询标准工作曲线，计算总锌含量。

2.12.3　电极法测定总镉的原理

镉离子的浓度，与镉离子选择性电极检测电位相关，用能斯特方程描叙如下：

$$E = E_0 + S \lg X$$

式中　E——检测的电极电位；

　　　E_0——参比电位（常量）；

　　　S——电极斜率；

　　　X——溶液中镉离子的浓度。

水样经酸消解之后被定量地加入到检测池中，并加入适量掩蔽剂及缓冲溶液，用镉离子选择性电极测定相应的信号值，用相应的信号值并对照参比电极来测定水样中的镉离子的浓度。

2.12.4　电极法测定总铅的原理

铅离子的浓度，与铅离子选择性电极检测电位相关，用能斯特方程描叙如下：

$$E = E_0 + S \lg X$$

式中　E——检测的电极电位；

　　　E_0——参比电位（常量）；

　　　S——电极斜率；

　　　X——溶液中铅离子的浓度。

水样经酸消解之后被定量地加入到检测池中，并加入适量掩蔽剂及缓冲溶液，用铅离子选择性电极测定相应的信号值，有相应的信号值并对照参比电极来测定水样中的铅离子的浓度。

2.12.5　仪器主要部件构成及作用

主控电路：以工控机为核心，控制各功能模块，完成整个功能的实现。

电源模块：提供各电路的工作电源。

继电器控制模块：实现信号的隔离及弱电和强电之间的转换。

光电信号检测模块：采用进口光敏检测元件及高性能的放大芯片组成光信号检测电路。

键盘及显示模块：采用 5.7 英寸 TFT 液晶显示和 4×4 轻触式塑封键盘实现人机交互操作。

蠕动泵：实现各种试剂、样品和蒸馏水的定量采集。

电磁阀：管路通断或流动方向控制。

多歧阀：采集不同液体时的管路切换。

2.12.6　仪器设备的操作

以力合公司总铜、总锌、总镉和总铅分析仪为例，其他仪器操作方法及安装维护基本相同。

2.12.6.1　安装

仪器必须安装在室内，室内应预先安装布置好信号线、电力供应线及供水管路。同时保证室内空气流通良好，并要求室内防潮，防尘。

建议使用同一根 220V 电缆线供电，因为交流电缆线的噪声可能引起微处理器工作异常。

仪器在安装过程中，要保证仪器机箱接地良好。

应将水样预处理装置调试到合适的供水压力，保证取样水位在仪器多歧阀以下垂直距离 0.6m 以内，采样管长度在 2m 以内。

开机前确信所有外部电气电缆线已被正确连接。

2.12.6.2　调试

检查仪器机箱是否接地良好。

检查仪器开机后是否处于正常等待状态。

进行仪器通水试验，检查管路的密封性。

检查试剂是否配制齐全。

检查仪器内是否存储有标线，如果没有，必须按标定工作曲线中标定步骤校标。

如果需要系统进行自动监测，请检查"设置工作模式"设置是否为自动模式。

2.12.6.3　仪器的标定

该主菜单分为"标定工作曲线"、"远程标定"、"空白校准"三项子菜单。

（1）标定工作曲线

① 在"设置"/"其他设置"/"标定量程选择"下设定所要标定的量程，仪器提供两种标定浓度范围（0～2mg/L、0～10mg/L）。其对应的测定量程见表 2-8。

表 2-8　总铜、总锌、总镉和总铅分析仪的测定量程

标定浓度范围	测定量程	标定浓度范围	测定量程
0～2mg/L	0～2mg/L	0～10mg/L	0～10mg/L

② 在"设置"/"其他设置"/"标线序号"下设定所标定的工作曲线的储存序号（仪器总共可标定和存储四条标线）

③ 如图 2-36 所示在"校准"/"标定工作曲线"下，将光标移到"Y1＝"处，输入标样一的浓度，准备好试剂，按"Ent"键确认，仪器测试完成后，按其提示完成后续标样的测定。标定完成后，本界面底部将显示采用最小二乘法拟合的工作曲线

方程和相关系数。

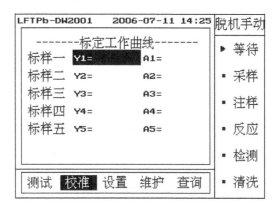

图 2-36 　仪器菜单

注：

必须按从小到大的浓度顺序进行标定，且标样数目必须大于1，建议用户至少标定三点。

在测试水样时，必须保证仪器内存储有一条标线与所设定的测定量程相对应。

在选择测定量程时，应依据实际水样的浓度，选择最佳测定的量程。

（2）远程标定 "远程标定"功能的实现需要远程计算机发出命令启动仪器标定。此功能仅进行两个标准样品的标定，标样一采用蒸馏水，标样二为标准溶液试剂瓶中所装标液；两个标样的浓度应预先在此菜单中进行设置。

2.12.6.4 设置菜单

该菜单设有密码保护，初始密码（出厂设定）为"000000"。密码输入提示框将只在屏幕上停留30s，请在30s内完成密码输入，否则将会提示"操作超时！"

（1）设置工作模式，如图 2-37 所示，该项子菜单包括"联机自动"、"脱机手动"、"脱机自动"三个二级子菜单，用来设置仪器的工作模式，同时在主界面状态条将进行相应状态提示。在"联机自动"的工作模式下，仪器完全受远程指挥，通过 RS232 或 485 通讯接收各种命令来进行相应操作，此时，仪器仅提供查询功能；只有当仪器在"脱机手动"工作模式及"等待"状态下，用户才能进行设置、维护、校准等操作。

注：在"联机自动"模式下须注意设置好仪器的通信格式，此设置在"维护"/ "技术服务"下，仅供本公司技术人员使用，仪器运行前由本公司技术员进行设置。

（2）设置时间 该项菜单用来设置或修改系统日期和时间，界面见图 2-38。

按 F1 或 F2 键移动光标至所要修改的年、月、日、小时、分钟上，按 Ent 回车键后用数字键重新输入当前正确时间，再次按 Ent 回车键保存，仪器将提示"系统时间已修改"。

（3）设置 D/A 仪器具有（4～20mA，0～20mA，0～24mA，0～5V）模拟信

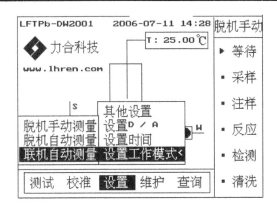

图 2-37　设置菜单

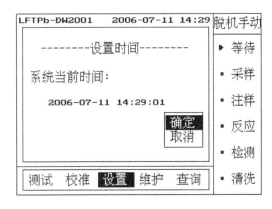

图 2-38　设置时间

号输出，其对应的浓度须在菜单中进行设置，即 4mA 对应仪器的测定量程的最低浓度（下限浓度），20mA 对应仪器的测定量程的最高浓度（上限浓度），同时，上限浓度必须大于下限浓度。

2.12.6.5　仪器的维护

（1）清洗　每次测试后仪器将自动运行一次清洗程序。机箱外壳的清洗，用一块干布清洗仪器机箱外表面。仪器管路的清洗：用户应将仪器清水采集管放入清水中，其他管路全部放入废液桶中，运行"用户维护"中的清洗程序。

（2）维护保养　仪器主要部件的维护周期见表 2-9。

表 2-9　总铜、总锌、总镉和总铅分析仪主要部件的维护周期

维 护 项 目	维 护 周 期
更换试剂	15 天（监测频次：次/4 小时）
仪器管路的清洗	1 个月（根据实际情况调整）
柱塞泵	6 个月：更换柱塞泵密封圈（2 个）、注射器外壳； 36 个月：更换柱塞泵
更换采样管（聚四氟乙烯管）	12 个月
更换其他连管	24 个月

2.12.6.6　故障分析与排除

仪器具有故障自检报警功能，可帮助用户定位故障。仪器在使用过程中出现的故障类型、原因分析及排除方法参见表 2-10。

表 2-10　总铜、总锌、总镉和总铅分析仪的故障类型、原因分析及排除方法

故障现象	原因分析	排除方法	备　注
开机无显示	电源未接通	检查电源连接正常与否；检查仪器电源保险	—
试剂报警或液位故障	缺水样或试剂；管路气密性差或液位检测器发生故障	检查试剂的有无；检查管路接头处气密性	见注 1.
电机故障	柱塞泵电机极限失灵或驱动器损坏以及电机转不动或掉步	检查电机驱动器是否正常；检查管路是否出现堵塞	见注 2.
采样管路堵塞故障	样品过于混浊、大颗粒物，堵塞管路	用稀硝酸(5%)清洗仪器管路多次，然后再用清水清洗	若不能清洗干净，将多歧阀拆开后换样品管

注：1. 仪器在测试过程中抽取样品时使用。将采样管放入蒸馏水中，按"Ent"回车键可用来检测该部件是否正常。

2. 当仪器发生电机故障时，仪器将发出声音报警，并给出提示，1min 后，仪器将重新启动，并对所有的电机进行检测和恢复。如故障没有恢复，仪器将把错误上报给上位机，此时，仪器不能再进行"标定"或测试操作，直到人为排除故障。

2.13　高锰酸盐指数在线分析仪

2.13.1　高锰酸盐指数在线分析仪工作原理

目前的高锰酸盐指数分析仪原理有两种。一种是程序式的高锰酸盐指数分析仪，在一定体积的水样中加入一定量高锰酸钾和硫酸溶液，在 95℃ 的条件下加热回流反应数分钟后，剩余的高锰酸钾用过量的草酸钠溶液还原，再用高锰酸钾溶液回滴过量的草酸钠，以 540nm 波长作光源，进行光度滴定，回滴的高锰酸钾体积与水样的还原性有机物的浓度成正比，通过回滴的高锰酸盐计算出高锰酸盐指数值，例如法国 SERES 公司高锰酸盐指数在线分析仪；另一种是在水样与高锰酸钾反应后直接利用分光光度法检测吸光度，利用水样和标样的吸光度比较计算得出水样的高锰酸盐指数值，例如德林环保仪器公司的高锰酸盐指数全自动在线分析仪，反应过程采用了流动注射原理，反应后在 530nm 波长处监测吸光度。

以法国 SERES 公司高锰酸盐指数在线分析仪为例，仪器在样品中加入已知量的高锰酸钾和硫酸，在 97～98℃ 加热一定时间（与在沸水浴中加热 30min 相当），高锰酸钾将样品中的某些有机物和无机还原性物质氧化，反应后加入过量的草酸钠还原剩

余的高锰酸钾，再用高锰酸钾标准溶液回滴过量的草酸钠。通过计算得到样品中高锰酸盐指数。如图 2-39 所示。

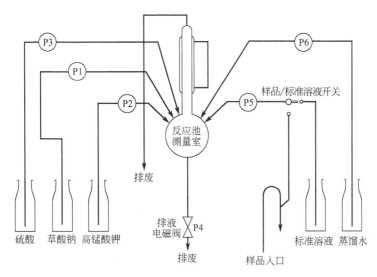

图 2-39　程序式高锰酸盐指数在线分析仪仪器流程

而流动注射法高锰酸盐指数分析仪的分析原理为，载流液由恒流泵输送至直径为0.8mm 的反应管道中，当注入阀将水样和高锰酸钾切入反应管道中后，试样带被载流液推进并在推进过程中渐渐扩散，样品和试剂呈现梯度混合，梯度混合带在高温高压条件下，快速反应，流过流通池，由光电比色计测量并记录液流中的高锰酸钾对530nm 波长光吸收后透过光强度的变化值，获得有相应峰高和峰宽的响应曲线，用峰高经比较计算求得水样中 COD_{Mn} 的含量（图 2-40）。该仪器的最主要特征是，整个反应和测量过程是在一根毛细管中流动进行的。

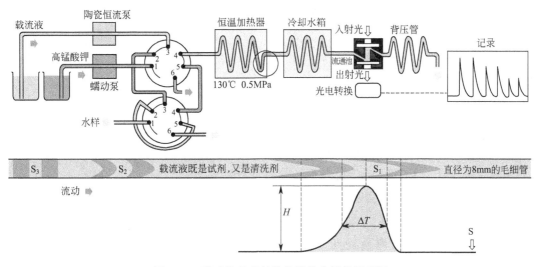

图 2-40　流动注射高锰酸盐指数分析仪原理图

2.13.2　仪器设备的操作

以流动注射式高锰酸盐指数全自动分析仪为例，仪器结构如图 2-41 所示。

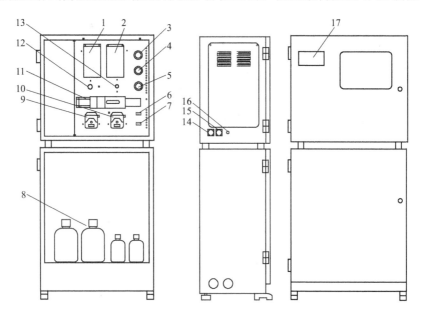

图 2-41　高锰酸盐指数全自动分析仪结构图

1—冷却器；2—加热器；3—V4 阀；4—V5 阀；5—V6 阀；6—三通电磁阀（V2）；7—三通电磁阀（V1）；
8—专用试剂瓶；9—蠕动泵（P3）；10—蠕动泵（P2）；11—陶瓷泵（P1）；12—流通池；13—压力传感器；
14—电源接口；15—水泵接口；16—通讯接口；17—触摸屏

操作高锰酸盐指数在线分析仪之前应认真阅读仪器的使用说明书，最好经过生产厂家的认真培训。高锰酸盐指数在线分析仪的操作内容主要包括仪器参数的设定、仪器的校准、仪器的维护和故障处理等。

2.13.2.1　开机前准备

① 检查仪器的下仓的载流液瓶内载流液是否能正常使用，有无过期变质现象，陶瓷注射泵的吸液管应插在瓶底。

② 葡萄糖标准液应是一星期内配制的，存量够用。

③ 上仓的冷却水箱内冷却水应够量，冷却管应全部浸在水里。

④ 水样取样毛细管应正确插在固液分离器斜端插口内。

⑤ 检查完上述内容，插接电源后，仪器即开启。

本仪器采用工业触摸屏技术，有最终用户、系统管理员、维护工程师等三级用户管理模式。最终用户既能查看当前测量结果，又能查寻历史测量数据。系统管理员能对仪器反应条件、测量周期、报警值、通道名称、通道单位等参数进行设定。维护工程师能对仪器的各部分进行手动操作、查看样本各种测量数据、修改仪器各种模式。

2.13.2.2　数据输入及屏幕变换方法

参数设定等数据需输入时，轻触此数据，屏幕会自动弹出一个输入键盘，用户可根据需要输入相应数字或字母，按回车键后，此数据即被设定。

按键背景黑色为开启状态，背景白色为关闭状态。按 上页 ，返回此页的前一页；按 下页 ，进入此页的下一页；按 返回 ，返回到进入此状态之前的状态。

2.13.2.3　修改密码方法

进入系统管理员、维护工程师等界面时，需输入密码。用户可修改此密码，方法为进入修改密码界面时，分别在密码处输入，当两次输入相同时，密码即被修改。

2.13.2.4　最终用户界面

仪器开机后，系统自动显示用户界面：水体 COD_{Mn} 值为此刻之前测量的水体 COD_{Mn} 值；当仪器发生异常时，原显示 正常 的按钮变为 异常 ，并按钮闪烁、报警。

按 历史数据 ，可查寻仪器历史数据。仪器显示采样时间及测量结果。

输入用户密码，通过密码后可选择手动操作或自动测样，进行各个泵阀的调试或自动测量水样。

输入系统管理员密码后，按菜单指示可设置标一及标二的值、整点时间、标定时间及测样时间间隔。

2.13.2.5　仪器的维护

高锰酸盐指数在线分析仪在使用中应严格按照说明书要求定期维护，以保证仪器正常工作，一般高锰酸盐指数在线分析仪需定期进行如下维护。

① 定期添加试剂，添加频次根据单次试剂用量、分析频次和试剂容器容量来确定。

② 定期更换泵管，防止泵管老化而损坏仪器；更换频次约每 3～6 个月一次，与分析频次有关，主要参照使用说明书。

③ 定期清洗采样头，防止采样头堵塞而采不上水，一般 2～4 周清洗一次，主要根据水质情况而定，水质越差清洗周期越短。

④ 故障处理。在高锰酸盐指数在线分析仪运营维护过程中，个别仪器可能要出现故障，对于一般的故障，运营人员应及时处理，快速恢复仪器运行；对于复杂的故障，运营人员应及时与生产厂家联系，及时修复仪器，如不能及时修复的，应提供备用机，保证系统连续运行。

2.14　六价铬在线分析仪

2.14.1　六价铬在线分析仪工作原理

在仪器控制下，水样中的六价铬离子与显色剂中的二苯碳酰二肼显色，生成紫红色的化合物，在波长 540nm 处有最大吸收，在此波长下测量吸光度 A，由 A 值查询标准工作曲线，计算出六价铬的浓度。

2.14.2 六价铬在线分析仪的操作

操作六价铬分析仪之前应认真阅读仪器的使用说明书，最好经过生产厂家的认真培训。六价铬分析仪的操作内容主要包括仪器参数的设定、仪器的校准、仪器的维护和故障处理等。以德林环保仪器公司六价铬全自动在线分析仪为例，仪器采用了流动注射分析方法，载流液为稀硫酸和稀磷酸的混合溶液，在毛细管路中由陶瓷恒流泵推动向前流动。水样和二苯碳酰二肼被注入流动注射系统后，在推进的过程中相互扩散混合，发生显色反应，最后进入流通池检测吸光度，由光电比色计测量并记录液流对 540nm 波长光吸收后透过光强度的变化值，获得有相应峰高和峰宽的响应曲线，用峰高经比较计算求得水样中六价铬的含量。如图 2-42 所示。

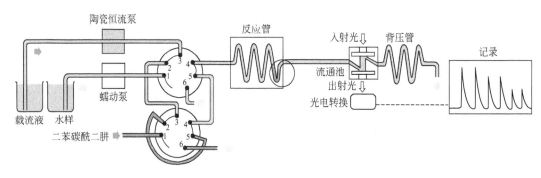

图 2-42 六价铬在线分析仪工作原理

（1）仪器参数的设定 设定参数主要有分析周期（或分析频次）、测量范围、报警限值、系统时间等参数。

（2）仪器的校准 六价铬分析仪在使用前需要对工作曲线进行校准，在使用中也需要定期校准。校准前应先配制不同浓度的标准溶液，可根据仪器的需要进行一点校准或多点校准，校准时将标准溶液从水样进样口导入，仪器自动进行标定。

（3）仪器的维护 六价铬分析仪在使用中应严格按照说明书要求定期维护，以保证仪器正常工作，一般六价铬分析仪需定期进行如下维护。

① 定期添加试剂，添加频次根据单次试剂用量、分析频次和试剂容器容量来确定。

② 定期更换泵管，防止泵管老化而损坏仪器；更换频次约每 3～6 个月一次，与分析频次有关，主要参照使用说明书。

③ 定期清洗采样头，防止采样头堵塞而采不上水，一般 2～4 周清洗一次，主要根据水质情况而定，水质越差清洗周期越短。

④ 定期校准工作曲线，以保证测量结果准确，一般每 3 个月或半年校准一次，

主要参照使用说明书和现场水质变化情况来定，对于水质变化大的地方，应相应缩短校准周期。

（4）故障处理 在六价铬分析仪运营维护过程中，个别仪器可能要出现故障，对于一般的故障，运营人员应及时处理，快速恢复仪器运行；对于复杂的故障，运营人员应及时与生产厂家联系，及时修复仪器，如不能及时修复的，应提供备用机，保证系统连续运行。

2.15 硫化物在线分析仪

2.15.1 硫化物在线分析仪工作原理

在仪器控制下，水样中的硫化物在酸性条件下与氢离子反应生成硫化氢，由净化的空气携出至吸收液，硫化氢与吸收液生成黄色络合物，在 420nm 的波长下测吸光度 A，由 A 值查询标准工作曲线，得出水样中硫化物的浓度。硫化物在线分析仪工作流程如图 2-43 所示。

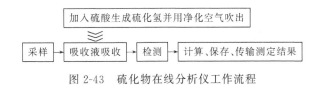

图 2-43 硫化物在线分析仪工作流程

2.15.2 仪器设备的操作

操作硫化物分析仪之前应认真阅读仪器的使用说明书，最好经过生产厂家的认真培训。硫化物分析仪的操作内容主要包括仪器参数的设定、仪器的校准、仪器的维护和故障处理等。

（1）仪器参数的设定 设定参数主要有分析周期（或分析频次）、测量范围、报警限值、系统时间等参数，设定方法参照说明书。

（2）仪器的校准 硫化物分析仪在使用前需要对工作曲线进行校准，在使用中也需要定期校准。校准前应先配制不同浓度的标准溶液，可根据仪器的需要进行一点校准或多点校准，校准时将标准溶液从水样进样口导入，并按照说明书逐点进行校准。

（3）仪器的维护 硫化物分析仪在使用中应严格按照说明书要求定期维护，以保证仪器正常工作，一般硫化物分析仪需定期进行如下维护。

① 定期添加试剂，添加频次根据单次试剂用量、分析频次和试剂容器容量来确定。

② 定期更换泵管，防止泵管老化而损坏仪器；更换频次约每 3～6 个月一次，与分析频次有关，主要参照使用说明书。

③ 定期清洗采样头，防止采样头堵塞而采不上水，一般 2～4 周清洗一次，主要根据水质情况而定，水质越差清洗周期越短。

④ 定期校准工作曲线，以保证测量结果准确，一般每 3 个月或半年校准一次，主要参照使用说明书和现场水质变化情况来定，对于水质变化大的地方，应相应缩短校准周期。

（4）故障处理　在硫化物分析仪运营维护过程中，个别仪器可能要出现故障，对于一般的故障，运营人员应及时处理，快速恢复仪器运行；对于复杂的故障，运营人员应及时与生产厂家联系，及时修复仪器，如不能及时修复的，应提供备用机，保证系统连续运行。

2.16　砷在线分析仪

2.16.1　砷在线分析仪原理

仪器将水样导入反应池，加入硼氢化钾，硼氢化钾与反应体系不断反应生成新生态的氢，水样中的砷在酸性条件下与新生态氢键反应生成砷化氢，由净化空气将产生的砷化氢气体吹出并经纯化（脱水脱硫）后送入含有硝酸银的吸收液，银离子被砷化氢生成新生态的胶态银，称为新银盐，在 420nm 的波长下测量吸光度 A，由 A 值查询标准工作曲线，得出水样中砷化物的浓度。具体流程如图 2-44 所示。

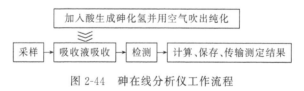

图 2-44　砷在线分析仪工作流程

2.16.2　仪器设备的操作

操作砷在线分析仪之前应认真阅读仪器的使用说明书，最好经过生产厂家的认真培训。砷在线分析仪的操作内容主要包括仪器参数的设定、仪器的校准、仪器的维护和故障处理等。

（1）仪器参数的设定　设定参数主要有分析周期（或分析频次）、测量范围、报警限值、系统时间等参数，设定方法参照说明书。

（2）仪器的校准　砷在线分析仪在使用前需要对工作曲线进行校准，在使用中也需要定期校准。校准前应先配制不同浓度的标准溶液，可根据仪器的需要进行一点校准或多点校准，校准时将标准溶液从水样进样口导入，并按照说明书逐点进行校准。

（3）仪器的维护　砷在线分析仪在使用中应严格按照说明书要求定期维护，以保证仪器正常工作，一般砷在线分析仪需定期进行如下维护。

① 定期添加试剂，添加频次根据单次试剂用量、分析频次和试剂容器容量来确定。

② 定期更换泵管，防止泵管老化而损坏仪器；更换频次约每 3～6 个月一次，与分析频次有关，主要参照使用说明书。

③ 定期清洗采样头，防止采样头堵塞而采不上水，一般 2～4 周清洗一次，主要根据水质情况而定，水质越差清洗周期越短。

④ 定期校准工作曲线，以保证测量结果准确，一般每 3 个月或半年校准一次，主要参照使用说明书和现场水质变化情况来定，对于水质变化大的地方，应相应缩短校准周期。

（4）故障处理　在砷在线分析仪运营维护过程中，个别仪器可能要出现故障，对于一般的故障，运营人员应及时处理，快速恢复仪器运行；对于复杂的故障，运营人员应及时与生产厂家联系，及时修复仪器，如不能及时修复的，应提供备用机，保证系统连续运行。

2.17　亚硝酸盐氮在线分析仪

2.17.1　光度法

水样中的亚硝酸根离子与磺胺生成重氮盐，再与 N-（1-萘基）-乙二胺二盐酸盐偶联生成红色染料，在波长 540nm 处测定吸光度 A，由 A 值查询标准工作曲线，计算亚硝酸盐氮的浓度。

2.17.2　仪器设备的操作

操作亚硝酸盐氮在线分析仪之前应认真阅读仪器的使用说明书，最好经过生产厂家的认真培训。亚硝酸盐氮在线分析仪的操作内容主要包括仪器参数的设定、仪器的校准、仪器的维护和故障处理等。

（1）仪器参数的设定　设定参数主要有分析周期（或分析频次）、测量范围、报警限值、系统时间等参数，设定方法参照说明书。

（2）仪器的校准　亚硝酸盐氮在线分析仪在使用前需要对工作曲线进行校准，在使用中也需要定期校准。校准前应先配制不同浓度的标准溶液，可根据仪器的需要进行一点校准或多点校准，校准时将标准溶液从水样进样口导入，并按照说明书逐点进行校准。

（3）仪器的维护　亚硝酸盐氮在线分析仪在使用中应严格按照说明书要求定期维护，以保证仪器正常工作，一般亚硝酸盐氮在线分析仪需定期进行如下维护。

① 定期添加试剂，添加频次根据单次试剂用量、分析频次和试剂容器容量来确定。

② 定期更换泵管，防止泵管老化而损坏仪器；更换频次约每 3～6 个月一次，与分析频次有关，主要参照使用说明书。

③ 定期清洗采样头，防止采样头堵塞而采不上水，一般 2～4 周清洗一次，主要根据水质情况而定，水质越差清洗周期越短。

④ 定期校准工作曲线，以保证测量结果准确，一般每 3 个月或半年校准一次，主要参照使用说明书和现场水质变化情况来定，对于水质变化大的地方，应相应缩短校准周期。

（4）故障处理　在亚硝酸盐氮在线分析仪运营维护过程中，个别仪器可能要出现故障，对于一般的故障，运营人员应及时处理，快速恢复仪器运行；对于复杂的故障，运营人员应及时与生产厂家联系，及时修复仪器，如不能及时修复的，应提供备用机，保证系统连续运行。

2.18　水中油在线分析仪

2.18.1　水中油在线分析仪工作原理

有紫外分光光度法、荧光法以及非分散红外光度法。

紫外光度法是借助于油品中含有在紫外区有特征吸收的共轭双键有机化合物，例如芳烃化合物，通过测定芳烃的含量来确定相应的油含量。荧光法原理上是通过用特征紫外照射水样，然后油分中的分子会产生荧光，荧光强度与相应的油分有线性关系。

非分散红外光度法是利用石油烃中的甲基、次甲基在近红外波长区的特征吸收，作为测量污水中油含量的基础。采用四氯化碳（或三氟三氯乙烷）为溶剂，从水样中富集提取石油烃，并调整油品在四氯化碳中的浓度范围，令它符合比耳定律，然后进行定量测定。水中油在线分析仪的电极原理如图 2-45 所示。

以美国 ISI 公司 BA-200 型水中油分析仪为例，仪器采用红外光度法和红外光散射法相结合实现水中油的测定，可以有效消除浊度影响。仪器能自动清洗光学部件。

仪器主要新能指标：

① 测量范围 2～500mg/L；

② 测量精度 $\leqslant 100 \times 10^{-6}$，$\pm 2 \times 10^{-6}$；$> 100 \times 10^{-6}$，$\pm 10 \times 10^{-6}$；

③ 重复性 $\pm 2 \times 10^{-6}$；

④ 重复频率 7 次/min；

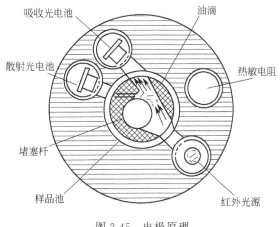

图 2-45 电极原理

⑤ 样品流速 0～11.4m³/h。

2.18.2 仪器设备的操作

操作水中油在线分析仪之前应认真阅读仪器的使用说明书，最好经过生产厂家的认真培训。水中油在线分析仪的操作内容主要包括仪器参数的设定、仪器的校准、仪器的维护和故障处理等。

(1) 仪器参数的设定 设定参数主要有分析周期（或分析频次）、测量范围、报警限值、系统时间等参数，设定方法参照说明书。

(2) 仪器的校准 水中油在线分析仪在使用前需要对工作曲线进行校准，在使用中也需要定期校准。校准前应先配制不同浓度的标准溶液，可根据仪器的需要进行一点校准或多点校准，校准时将标准溶液从水样进样口导入，并按照说明书逐点进行校准。

(3) 仪器的维护 水中油在线分析仪在使用中应严格按照说明书要求定期维护，以保证仪器正常工作，一般水中油在线分析仪需定期进行如下维护。

① 定期添加试剂，添加频次根据单次试剂用量、分析频次和试剂容器容量来确定。

② 定期更换泵管，防止泵管老化而损坏仪器；更换频次约每 3～6 个月一次，与分析频次有关，主要参照使用说明书。

③ 定期清洗采样头，防止采样头堵塞而采不上水，一般 2～4 周清洗一次，主要根据水质情况而定，水质越差清洗周期越短。

④ 定期校准工作曲线，以保证测量结果准确，一般每 3 个月或半年校准一次，主要参照使用说明书和现场水质变化情况来定，对于水质变化大的地方，应相应缩短校准周期。

(4) 故障处理 在水中油在线分析仪运营维护过程中，个别仪器可能要出现故障，对于一般的故障，运营人员应及时处理，快速恢复仪器运行；对于复杂的故障，运营人员应及时与生产厂家联系，及时修复仪器，如不能及时修复的，应提供备用机，保证系统连续运行。

2.19　氰化物在线分析仪

2.19.1　氰化物在线分析仪工作原理

向水样中加入酒石酸和硝酸锌在 pH 等于 4 的条件下加热蒸馏，水样中的简单氰化物（碱金属氰化物）和部分络合氰化物（如锌氰络合物等）以氰化氢形式被蒸馏出，用氢氧化钠吸收后与氯胺 T 反应生成氯化氰，然后与异烟酸反应，经水解而生成戊烯二醛，最后再与巴比妥酸作用生成一种蓝色化合物，一定浓度范围在波长 600nm 处有最大吸收，并且在一定时间内稳定。在 600nm 处测定吸光度 A，由 A 值查询标准工作曲线，计算氰化物的浓度。具体流程如图 2-46 所示。

图 2-46　氰化物在线分析仪工作流程

2.19.2　仪器设备的操作

操作氰化物在线分析仪之前应认真阅读仪器的使用说明书，最好经过生产厂家的认真培训。氰化物在线分析仪的操作内容主要包括仪器参数的设定、仪器的校准、仪器的维护和故障处理等。

（1）仪器参数的设定　设定参数主要有分析周期（或分析频次）、测量范围、报警限值、系统时间等参数，设定方法参照说明书。

（2）仪器的校准　氰化物在线分析仪在使用前需要对工作曲线进行校准，在使用中也需要定期校准。校准前应先配制不同浓度的标准溶液，可根据仪器的需要进行一点校准或多点校准，校准时将标准溶液从水样进样口导入，并按照说明书逐点进行校准。

（3）仪器的维护　氰化物在线分析仪在使用中应严格按照说明书要求定期维护，以保证仪器正常工作，一般水中油在线分析仪需定期进行如下维护。

① 定期添加试剂，添加频次根据单次试剂用量、分析频次和试剂容器容量来确定。

② 定期更换泵管，防止泵管老化而损坏仪器；更换频次约每 3～6 个月一次，与分析频次有关，主要参照使用说明书。

③ 定期清洗采样头，防止采样头堵塞而采不上水，一般 2～4 周清洗一次，主要根据水质情况而定，水质越差清洗周期越短。

④ 定期校准工作曲线，以保证测量结果准确，一般每 3 个月或半年校准一次，主要参照使用说明书和现场水质变化情况来定，对于水质变化大的地方，应相应缩短校准周期。

（4）故障处理　在氰化物在线分析仪运营维护过程中，个别仪器可能要出现故障，对于一般的故障，运营人员应及时处理，快速恢复仪器运行；对于复杂的故障，运营人员应及时与生产厂家联系，及时修复仪器，如不能及时修复的，应提供备用机，保证系统连续运行。

2.20　水质采样器

2.20.1　水质采样器工作原理

在仪器控制下，水样经过蠕动泵按设定程序定量采入指定的采样瓶中，并完成低温冷藏，以供实验室分析使用。按照采样功能可分为流量等比例采样、定时采样和远程控制采样等，按照样品是否分瓶存储可分为分瓶采样器和混合采样器。

在控制器的控制下，采用计量蠕动泵将水样采入仪器，通过仪器分配系统将水样送入指定的采样瓶中，通过恒温系统将水样温度恒定在 5℃，从而完成水样的自动采集、自动分配和恒温保存过程。

如北京环科环保公司水质自动采样器，采用单片控制技术，可实现按周期、流量、脉冲、指定时间等多种方式采样，并可实现远程控制采样、远程修改参数、远程获取采样记录等功能。还具有密码保护、断电保护、缺水保护等保护功能。

2.20.2　仪器设备的操作

水质采样器功能比较简单，操作比较简单，主要包括仪器的安装、设定和定期维护。仪器操作如下：

（1）操作示意图　仪器主要有参数设置、手动控制、自动采样、查询和密码修改功能。如图 2-47 所示。

（2）参数设置　仪器的工作参数是指运行过程中所涉及的参数，通过修改工作参数可以实现不同的工作模式，达到不同的控制目的。仪器的工作参数主要分为校准参数、主参数、辅参数和定时表 4 类，见表 2-11。

（3）日常维护

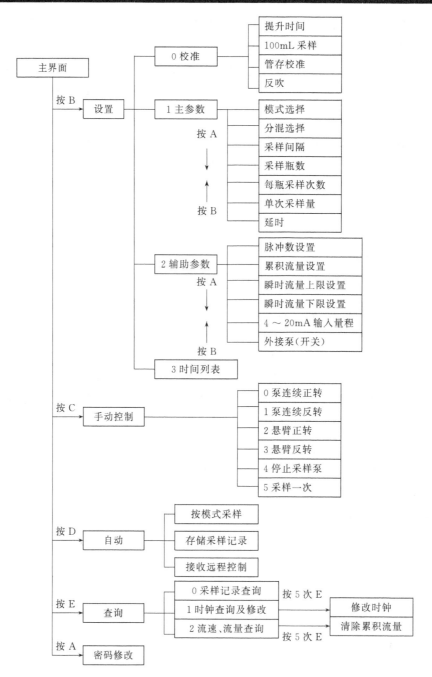

图 2-47 水质采样器操作示意图

① 定期检查并清洗采样头，防止采样头被堵死，检查周期根据实际水样情况定。

② 定期检查分配悬臂是否在零位，若发现不在零位，应在手动操作中将悬臂回到零位；运行中频繁断电会产生分配悬臂旋转误差，导致水样不能准确导入指定的采样瓶中。

③ 定期更换采样泵管，采样泵管老化速度与使用频率有关，原则上至少半年更换一次。

表 2-11 水质采样器参数设置

参数分类	参数名称	参数说明
校准参数	提升时间	水样从排污口至采样器所需的时间(秒)
	管存时间	水样从换向阀到样品瓶的时间(秒)
	100mL 时间	采集 100mL 水样所需的时间(秒)
	反吹时间	把水样从采样器全部反吹至排口所需时间(秒)
主参数	模式选择	采样器采样触发模式,共支持 7 种
	分混选择	"混合分瓶采样"或"分瓶混合采样"选择
	采样间隔	前一次采样到下一次采样的时间间隔(分)
	采样瓶数	设置采样瓶数
	采样次数	设置采样次数
	单次采样量	设置一次采样的采样量
	延时	设置从进入自动方式到执行周期采样所等待的时间
辅参数	脉冲数	设置触发一次采样所需的脉冲数
	累积流量	设置触发一次采样所需的累积流量
	瞬时流量上限	设置触发采样的流量上限,当瞬时流量大于'瞬时流量上限'时启动采样
	瞬时流量下限	设置缺水保护下限,当瞬时流量低于"瞬时流量下限"时进入缺水保护,直到瞬时流量大于"瞬时流量下限"时再执行采样
	4～20mA 输入量程	设置 4～20mA 与瞬时流量的换算比例(量程),单位 m^3/h。
	外接泵控制	当采样距离大于内置采样泵的距离范围时需外接采样泵,当"外接泵"参数设为"1"时启用外接泵控制
定时表	第 1 点定时	第 1 个定时时间
	…	…
	第 24 点定时	第 24 个定时时间

2.21 流量计

2.21.1 超声波明渠流量计原理

采用超声波通过空气,以非接触的方式测量明渠内堰槽前指定位置的水位高度,再根据标准规定的液位-流量换算公式计算水的流量。适用于水利、水电、环保以及其他各种明渠条件下的流量测量,尤其适用于有黏污、腐蚀性污水的流量测量。

超声波传感器自带校准棒,传感器发出的超声波遇到校正棒和水面反射分别返回,两个返回时间分别为 t_1、t_2,超声波发射面到校准棒的距离 H_1 是已知的,所以发射面到液面的距离 $H_2 = H_1 t_2 / t_1$，$h = L - H_2$，从而得到液位高度 h。如图 2-48 所示。由于采用了校正棒，所以测量计算与超声波传输速度无关，避免了湿度、风速对超声波速度的影响，保证了准确性。

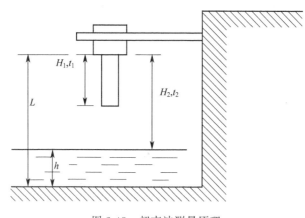

图 2-48　超声波测量原理

仪器通过固化在存储器的液位-流量换算公式，根据所测液位计算流量。流量计可与标准的巴歇尔槽、三角堰、矩形堰等堰板堰槽配用，实现流量计量。

主要性能指标：

测量范围　$0.36 \sim 104 \mathrm{m}^3 / \mathrm{h}$，与三角堰配用 $1\% \sim 3\%$；

流量精度　与矩形堰配用 $1\% \sim 5\%$，与巴歇尔槽配用 $3\% \sim 4\%$；

超声波最大测距　2m；

传感器盲区　0.4m(注：盲区是指水面距传感器反射碗的距离)；

测距误差　$< 0.4\%$；

水位分辨力　1mm；

响应时间 6s。

2.21.2　仪器的操作使用

一般仪器的操作使用包括安装、设置、查询和维护等。

(1) 安装　流量计的安装包括堰槽的安装和仪器安装两部分，堰槽的设计、加工和安装应该严格按照《中华人民共和国国家计量检定规程　明渠堰槽流量计》规定进行，应委托专业公司实施；仪器安装分探头安装和显示表安装两部分，超声波探头应安装在《中华人民共和国国家计量检定规程　明渠堰槽流量计》规定的位置，显示表安装在远离电磁干扰源、温湿度符合要求的地方，可以挂在墙上或安装于仪表柜内。

(2) 设置　仪器安装完毕后，应按照实际情况进行堰槽类型、堰槽规格、报警参数、系统时间、模拟输出等进行设置，然后校准液位。

(3) 查询　利用仪器上的 4 个按键，可以对瞬时流量、累积流量、运行时间、瞬时液位等进行查看、查询，还可以对 3 年内每一天、每一月和每一年的流量进行查询。

（4）液位校准　校准液位时用测量尺量取探头测量点的实际液位，然后在液位校准界面输入实际液位即可。

（5）维护保养　流量计的维护主要是定期检查探头下方是否有杂物，如果有则清理掉。

定期校准液位，每季度或半年校准一次。

3 环境水质监测实验室质量控制

3.1 水质监测采样质量保证与质量控制

3.1.1 水质监测频率和监测项目

3.1.1.1 地面水监测频率和监测项目

水样的采集要有代表性，应能反映出时间和空间上的变化规律。为了掌握时间上的周期性变化，必须确定合理的监测频率。监测项目的选择也应做到能正确反映水体污染状况。

（1）监测频率的确定 地面水环境是一个开放性系统，其物质交换、能量变化既存在时间和空间上的周期性变化规律，也存在突变性（水灾和污染）。因而，确定的监测频率应能最大把握地捕捉这种规律和突变性。为此，有两种确定方法。

① 根据实际情况确定。目前，根据我国水质监测的手段和力度，每年至少应在丰、枯、平水期各采样两次。北方有冰封期和南方有洪水期的省（区）、市要分别增加相应水期的采样，即一年内采样不应少于6～8次。对于一般地面水的常规监测，为了掌握水质的季节变化，最好每月采样一次。对某些重要的控制断面，为能了解一日及数日内的水质变化，也可以在一日（24 小时）内按一定时间间隔或三日内按不同等分时间进行采样监测。如有自动采样器，则可进行连续自动采样和监测。

沿海受潮汐影响的河流，应在退潮和涨潮时增加采样。

城市主要受纳污水或废水的小河渠，每年至少应在丰、枯水期各采样一次。

如遇特殊情况或发生污染事故，应随时增加采样次数。

② 理论计算。用理论计算法确定监测频率，其结果常常偏高。据此实施水质监测有一定的难度。较好的方法是将理论计算结果与实际情况相结合以确定监测频率。

有些环境学者认为，在采样经费和样品量都固定的情况下，适当增加采样频率比增设断面更有意义。

下面介绍两种监测频率的计算方法。

a. 根据水体流量变化确定采样频率。

$$f = \frac{t_a^2 C_v^2}{E^2}$$

式中　　f——频率；

　　　　C_v——流量变异系数；

　　　　t_a——给定显著水平 α 下的 t 值；

　　　　E——规定的准确度，%。

b. 根据所设置信水平下的精确度确定采样频率。

$$n_i = \frac{\sigma_{x_i}^2}{\sum \sigma_{x_i}^2} T$$

式中　　n_i——采样频率；

　　　　T——样品总数；

　　　　$\sigma_{x_i}^2$——断面特定监测项目的方差。

此外，还有根据去除周期性和趋势等确定性因素后的残余方差，以及用超标检出的统计量来确定采样频率的方法等，在此不一一列举。

（2）监测项目的确定　选测项目过多会造成人力和物力的浪费，过少则不能准确反映水体污染状况。所以，必须合理地确定监测项目，使之能比较准确地反映水质污染状况。通常按以下原则确定监测项目。

① 毒性大、稳定性高、易于在生物体中积累和有"三致"作用（致癌、致畸、致突变）的污染物应优先监测。

② 根据监测目的，选择国家和地方颁布的相应标准中所要求控制的污染物。

③ 有分析方法和相应手段进行分析的项目。

④ 监测中经常检出或超标的项目。

我国《环境监测技术规范》、《环境质量报告书编写技术规定》中对地面水必测和选测项目的规定见表 3-1。

表 3-1　地面水监测项目

项目	必 测 项 目	选 测 项 目
河流	水温、pH、悬浮物、总硬度、电导率、溶解氧化学需氧量、五日生化需氧量、氨氮、亚硝酸盐氮、硝酸盐氮、挥发性酚、氰化物、砷、汞、六价铬、铅、镉、石油类等	硫化物、氟化物、氯化物、有机氯农药、有机磷农药、总铬、铜、锌、大肠菌群、总 α、总 β、铀、镭、钍等。
饮用水源地	水温、pH、浑浊度、总硬度、溶解氧、化学需氧量、五日生化需氧量、氨氮、亚硝酸盐氮、硝酸盐氮、挥发性酚、氰化物、砷、汞、六价铬、铅、镉、氟化物、细菌总数、大肠菌群等	锰、铜、锌、阴离子洗涤剂、硒、石油类、有机氯农药、有机磷农药、硫酸盐、碳酸根等
湖泊、水库	水温、pH、悬浮物、总硬度、溶解氧、透明度、总氮、总磷、化学需氧量、五日生化需氧量、挥发性酚、氰化物、砷、汞、六价铬、铅、镉等	钾、钠、藻类（优势种）、浮游藻、可溶性固体总量、铜、大肠菌群等
排污河（渠）	根据纳污情况定	

3.1.1.2 地下水监测频率和监测项目

(1) 监测频率的确定 确定方法与地面水的相同，根据实际情况确定，以理论计算为辅。

① 根据实际情况确定。按照我国目前的环境管理要求与技术和装备状况等各方面的条件，提出下述各项内容。

a. 每年应按丰水期和枯水期分别采样。各地水期不同，则应按当地情况确定采样月份。采样期确定后，不得随意变更。

b. 有条件的地方，按地区特点分四季采样。已建立长期观测点的地方，各观测点可按月采样。

c. 每一采样期至少采样一次。对有异常情况的井位应适当增加采样次数。

d. 作为饮用水的地下水采样点，每期应采样两次，间隔时间至少 10 天。

② 理论计算。可参照推荐的地面水监测频率确定。

(2) 监测项目的确定 主要根据地下水在本地区的天然污染、工业与生活排污状况和环境管理的需要确定。

① 常规监测项目的确定。根据国家《环境质量报告书编写技术规定》，地下水必测项目有总硬度、氨氮、硝酸盐氮、亚硝酸盐氮、挥发性酚、氰化物、砷、汞、六价铬、镉、氟化物、细菌总数和大肠菌群，选测项目有 pH、总矿化度、高锰酸盐指数、钙、铁、锰、钾、钠、硫酸盐、碳酸氢盐和石油类等。

② 特殊项目选测

a. 生活饮用水。按国标 GB 5749—85《生活饮用水卫生标准》中规定的项目进行监测。此外，根据不同地区的特殊情况，还应选测特殊项目，如某些地方病流行地区应选测钼、碘和氟等。

b. 工业用水。工业上用作冷却、冲洗和锅炉用水的地下水，可增加侵蚀性二氧化碳、氯化物、磷酸盐、硅酸盐、总可溶性固体等监测项目。

c. 城郊、农村地下水。考虑到施用农药和化肥的影响，可增加有机磷、有机氯和总有机氮等监测项目。

d. 污染源和被污染地区的地下水。这些地区应根据污染物的种类和浓度，适当增减监测项目。如采样点位于重金属污染严重的地面水流域，监测项目应增加重金属；在受采矿和选矿尾水影响的地方，可按矿物成分和丰度来确定监测项目；处于北方盐碱区和沿海受潮汐影响的地区，可增加溴和碘等监测项目。

3.1.1.3 废水和污水监测频率和监测项目

(1) 监测频率的确定 为了获得具有代表性的废水样品，需要根据废水排出情况、废水性质（成分及浓度）和监测的要求确定采样频率和采样方法。

① 车间排污口

a. 连续稳定生产车间的排污口。应在一个生产周期内采集水样，根据监测需要可以采两种水样。

（a）平均水样。在一个生产周期内（可以是 8h、12h 或 24h）按等时间间隔采样数次，混合均匀后用于测定平均浓度。这种水样不适于测 pH 值。每次采样时，必须单独采样测 pH 值。

也可以用连续自动采水器，取一个生产周期的水样进行分析。

（b）定时（或称瞬时）水样。每半小时或一小时取一个水样，找出污染物排放高峰，然后求采样周期内各水样测定结果的平均值，作为一个生产周期的平均值。采样频率为每月一次，每个周期为 24h。

b. 连续不稳定生产车间的排污口

（a）混合水样根据排污量大小，在一个生产周期内按比例采样，混合均匀后测定平均浓度。每月至少测一次。

（b）定时水样根据排放规律，在一个生产周期内每小时采样一次，找出废水量最大、污染物浓度最高、危害最强的排放高峰。每个水样应分别测定。每月至少测两次。

c. 间断排污车间的排污口。对这类车间排污口要特别注意调查其排污规律和排污量，根据实际情况，在生产时进行采样。每个生产周期至少采样 8～10 次，每月监测一次。

d. 无规律生产车间的排污口。对于无规律生产车间的排污口，必须调查清楚其生产情况和排污的具体时间，每个周期为 24h。根据排污的实际情况采样，一个生产周期内采样不少于 8～10 次。

对于上述 b、c、d 类车间排污口排放的废水，如果工厂筑有废水池（均衡池），则可在该池的排水口采样，采样频率为每月一次。

② 工厂排污口。首先，要安排一个周期的连续定时采样，对水样做单独分析，以便找出污染浓度高峰。以后每季度测一次废水排放量，每月测两次水质情况。

根据"谁污染谁监测"的原则，上述（一）车间排污口和（二）工厂排污口的废水均由工厂自行监测。环保监测部门可进行不定期的抽样监测，对重点污染源应进行必要的监督和检查。

③ 城市主要入江排污口。结合对江河水质的例行监测，按丰、枯、平水期每年测 3 次，每次进行一昼夜或 8h 连续定时采样或用连续自动采水器采样，分析水样的平均浓度。

④ 确定采样频率和采样方法的注意事项。

a. 对于性质稳定的污染物，可将分别采集的样品混合后一次测定。对于不稳定的污染物，可在分别采样和分别测定后以平均值表示污染物浓度。

b. 测定 pH 值、溶解氧、硫化物、COD、BOD、有机物、大肠菌群、余氯和可溶性气体等的废水样，只能单独采样，不能组成混合样品，并要尽快分析。废水中无机物、氟化物、氯化物、砷、农药和重金属等应每隔半小时采集一个样品（最长不能超过 1 小时），时间不能少于一个生产周期（最好是 24h 或更长）。在 8h 内（一个生产周期），每隔 2h 采集一次的混合废水样往往缺乏代表性。

c. 对于排污情况复杂、浓度变化很大的废水，采样时间间隔要适当短些，有时需要 5～10min 采一个废水样。

d. 废水中某些组分的分布很不均匀，如油和悬浮物，某些组分在分析中很易变化，如溶解氧和硫化物等。如果从全分析采样瓶中取出一份废水子样进行这些项目的分析，必将产生错误的结果。因此，这类监测项目的水样应单独采集，有的还应在现场作固定，分别进行分析。

（2）监测项目的确定　　不同类型企业的产品不同，工艺路线不同，排放废水中的污染物也不同。废水监测项目应能反映不同类型点源排放的废水特征，开展废水特征因子监测。

确定监测项目的原则是：

① 考虑排放废水的工厂、车间的行业性质和废水中污染物的类型；

② 优先考虑国家和地方颁布的相应标准中要求控制的污染物；

③ 有相应分析方法的污染物；

④ 对超标的污染物需进行重点监测。

监测项目按《污水综合排放标准》（GB 8978—88）和地方标准中的控制项目分配到不同类型点源。地方各级环境监测站据此对重点污染源实施废水多因子监测（一般控制 3～5 个主要因子），参见表 3-2 和《环境监测技术规范》中有关内容。

表 3-2　工业废水监测项目

类　　别	必测项目[①]	选测项目[①]
黑色金属矿山(包括磷铁矿、赤铁矿、锰矿等)	SS、pH、重金属[②]	S^{2-}
黑色冶金(包括选矿、烧结、炼焦、炼钢、轧钢等)	SS、COD、挥发酚、CN^-、重金属	石油类、S^{2-}、F^-
选矿药剂	COD、SS、S^{2-}、重金属	黄药
有色金属矿山及冶炼(包括选矿、烧结、电解、精炼等)	pH、COD、SS、CN^-、重金属	S^{2-}、铍
火力发电(热电)	pH、SS	石油类、S^{2-}
煤矿(包括洗煤)	pH、SS、S^{2-}	As、石油类
焦化	COD、挥发酚、CN^-、石油类、SS	苯并芘、氨氮
石油开采	石油类、COD、SS、S^{2-}	挥发酚、总 Cr
石油炼制	石油类、COD、SS、挥发酚、S^{2-}	苯系物、苯并芘

续表

类　　别		必测项目[①]	选测项目[①]
化学矿开采	硫铁矿	pH、S^{2-}、SS、重金属、As	
	磷矿	pH、PO_4^{3-}、(P)、F^-、SS	S^{2-}、As
	汞矿	pH、Hg、SS	S^{2-}、As
无机原料	硫酸	pH、S^{2-}、重金属、SS	As、F^-
	氯碱	pH、COD、SS	Hg
	铬盐	pH、Cr(Ⅵ)、总 Cr、SS	
有机原料		COD、挥发酚、CN^-、SS	
塑料		COD、石油类、S^{2-}、SS	苯系物、硝基苯类、有机氯类
			苯系物、苯并芘、F^-、CN^-
化纤		COD、pH、SS、石油类、色度	
橡胶		COD、石油类、S^{2-}、Cr(Ⅵ)	苯系物、苯并芘、重金属
制药		COD、石油类、SS、挥发酚	苯胺类、硝基苯类
染料		COD、苯胺类、挥发酚色度、SS	硝基苯类、S^{2-}、TOC
颜料		COD、S^{2-}、SS、Hg、Cr(Ⅵ)	色度、重金属
油漆		COD、挥发酚、石油类、Cr(Ⅵ)、Pb	苯系物、硝基苯类
合成洗涤剂		COD、阴离子合成洗涤剂、石油类	
合成脂肪酸		COD、SS、动植物油、pH	苯系物、动植物油、PO_4^{3-}
感光材料		COD、SS、挥发酚、S^{2-}、CN^-	Ag、显影剂及其氧化物
其他有机化工		COD、石油类、挥发酚、CN^-、SS	pH、硝基苯类
化肥	磷肥	COD、PO_4^{3-}、pH、SS、F^-	P、As
	氮肥	COD、氨氮、挥发酚、SS	As、Cu、CN^-
农药	有机磷	COD、挥发酚、S^{2-}、SS	有机磷、P
	有机氯	COD、SS、S^{2-}、挥发酚	有机氯
电镀		pH、重金属、CN^-	
机械制造		COD、石油类、重金属、SS	CN^-
电子仪器、仪表		pH、COD、CN^-、重金属	F^-
造纸		COD、pH、挥发酚、SS	色度、S^{2-}
纺织印染		COD、SS、pH、色度	S^{2-}、Cr(Ⅵ)
皮革		COD、pH、S^{2-}、SS、总 Cr	动植物油、Cr(Ⅵ)
水泥		pH、SS	
油毡		COD、石油类、挥发酚、SS	S^{2-}、苯并芘
玻璃、玻璃纤维		SS、COD、CN^-、挥发酚	Pb、F^-
陶瓷制造		COD、pH、SS、重金属	
石棉(开采与加工)		pH、SS	石棉、挥发酚
木材加工		COD、挥发酚、pH、甲醛、SS	S^{2-}
食品		COD、pH、SS	氨氮、硝酸盐氮、动植物油、BOD_5
火工		COD、硝基苯类、S^{2-}、重金属	
电池		pH、重金属、SS	
绝缘材料		pH、COD、挥发酚、SS	甲醛

① 表中必测项目、选测项目的增减，可由企业和地方环境监测站共同协商并经地方环保行政主管部门认定。

② 重金属（heavy metal）系指 Hg、Cr、Cd、Pb、Cu、Zn、Mn、Ni 及 Cr（Ⅵ）等，各行业具体测定项目由企业和地方环境监测站协商确定，并经地方环保行政主管部门认定。

注：本表摘自《重点工业污染源监测暂行技术要求（废水部分）》（国家环保局 1991 年）。

城市生活污水监测项目为 COD、BOD$_5$、氨氮、总氮、总磷、表面活性剂、磷酸盐、水温、细菌总数和大肠菌群等。

根据高功能高保护的原则，必须从严控制向饮用水源保护区排放剧毒或"三致"有毒化学物质，对废水污染物实施优先监测。

剧毒化学物质有氰化物、汞、砷、六价铬、镉和有机磷农药等。

"三致"有毒化学物质包括石棉、苯系物、挥发性卤代烃（如氯仿、溴仿、四氯化碳、三氯乙烯、四氯乙烯等）、有机氯农药（如五氯酚、六氯苯和双氯醚等）、氯代苯类（如氯苯、三氯苯和五氯苯等）、苯胺类、硝基苯类、苯酚类（如苯酚、间甲酚、2,4-二氯酚和 2,4,6-三氯酚等）、萘类（如萘和 α-萘胺等）、多环芳烃（如苯并芘等）。

对以上污染物的评价与控制，凡是没有国家标准的，地方环保行政主管部门可以结合当地污染实际参照国外饮用水标准的 100 倍制定工业废水排放控制限。

各地环保行政主管部门和环境监测站要着眼于技术进步，结合本地区污染源排放实际，创造条件确定本辖区内优先控制的废水污染物，逐步增加监测项目。

3.1.1.4　水体沉积物监测频率和监测项目

（1）监测频率的确定　一般来说，沉积物的变化远比水质变化小，而且很少有突变性。枯水期采集水体沉积物比较方便。为此，一年内在枯水期采集一次即可。如果需要在一年内采两次，应分别在丰水期和枯水期采样。

（2）监测项目的确定　国家《环境质量报告书编写技术规定》提出的监测项目可供参考。

必测项目：砷、汞、铬、铅、镉、铜等。

选测项目：锌、硫化物、有机氯农药、有机磷农药、有机物等。

为积累必要的资料，采样时应在现场测定沉积物的 pH 和氧化还原电位（E_h）值。

3.1.2　水样的采集和保护

水分析的目的，在于获取所研究水体水质的数据，为各种目的（如水文地质、工程地质及环境质量评价等）提供资料。这不仅要求有灵敏性高、精密度好的分析方法，而且要根据使用目的，正确选定采样时间、地点、取样深度、取样方法以及样品的保存技术等，同时还需要科学而严谨的质量管理制度，像其他物质分析一样，水分析应注意控制分析误差，而往往采样环境、装样容器、采样技术以及采样人员，都有可能污染样品，这常常是误差的一个重要来源，必须注意工作的各个环节，以保证分析结果准确地反映水体的真实情况。

3.1.2.1　采样容器的选择与洗涤

水样除必须现场分析外，从采取到分析，总要经过一段时间。这就提出了一个如何保持水样在保存期间的稳定性的问题。影响样品中组分稳定性的因素很多，例如，样品的组成及性质、容器的材料与制造工艺以及保存样品的方法等。对于痕量元素的测定，这种影响更为明显。本节仅就容器的问题做些讨论。

理想的采样容器，应当不玷污样品，也不吸附样品中的组分。然而，即使材料的化学性质是最惰性的，也难免影响样品中某些组分的浓度。例如，氧、二氧化碳及水蒸气可透过容器壁的微小间隙，器壁的微小孔穴常是吸附的活泼据点；玻璃中的金属离子，是不规则地分布在硅酸根网格之间，其中个别具有不同强度的键，可以吸附溶液中的离子；塑料既能微溶于水，也可吸附某些物质。

溶液中离子的化学性质与其稳定性密切相关。已经证明：聚乙烯强烈吸附海水中磷酸根，而硬质玻璃却只有轻微吸附现象；贮于聚乙烯瓶中的海水，三周后金、铀损失达 75% 以上；钪、银、钴、铈、锌、铬、锑贮于硬质玻璃瓶中半年而未见显著丢失。容器的透光性也有影响，例如，用棕色瓶采集测定溶解氧的专门样品比用无色瓶采集的分析结果要可靠些，后者的结果常显著偏高。目前认为，硼硅玻璃容器或聚乙烯瓶均可使用，而软质玻璃、胶塞或胶垫，容易引起金属元素的玷污，均不宜使用；对检测有机成分的样品，只能用玻璃容器，用聚乙烯瓶显然是不合适的。实验室习惯用铬酸洗液洗涤器皿，由于铬极易吸附在玻璃上，所以测铬时，铬酸洗液不能用来洗涤盛装含铬水样的器皿。塑料器皿也不应用铬酸洗涤，因它会腐蚀塑料表面，使吸附金属离子的作用加强。

洗涤时，可先用自来水将容器表面灰尘洗净，然后用高级清洁剂将内外油污洗净，用水冲洗干净，再用（1+1）盐酸溶液装满容器，浸泡一昼夜，倒出盐酸溶液[若用来测定痕量组分，再用（1+1）硝酸溶液浸泡一昼夜后，倒尽硝酸溶液]，最后用去离子水洗刷，至洗出波呈中性（用精密 pH 试纸检查）。

容器洗净以后，都应检查洗涤质量。为此，将超纯水装满洗净的容器，放置 48h，然后用测定样品相同的方法，测定水中的杂质。对用作采集测定一般项目水样的容器可检测其 pH、Cl^- 及 NO_3^- 情况，对供取测定痕量金属元素用的水样瓶，应要求更严。洗净的采样容器，在干净房间晾干后，用纱布裹好瓶口，装于洗净的聚乙烯袋或清洁箱子内备用。

3.1.2.2 采样的基本要求

（1）采样前都要用欲采集的水样洗涮容器至少三次，然后正式取样。

（2）取样时使水缓缓流入容器，并从瓶口溢出，直至塞瓶塞为止。避免搅动水源，勿使泥沙、植物或浮游生物等进入瓶内。

（3）水样不要装满水样瓶，应留 10～20mL 空间，以防温度变化时，瓶塞被挤掉。

（4）取好水样、盖严瓶塞，确保瓶口不漏水后用石蜡或火漆封好瓶口。如样品运送较远，则应先用纱布或细绳将瓶口缠紧，再用石蜡或火漆封住。

（5）当从一个取样点采集多瓶样品时，则应先将水样注入一个大的容器中，再从大容器迅速分装到各个瓶中。

（6）采集高温热水样时，水样注满后，在瓶塞上插入一内径极细的玻璃管，待冷却至常温，拔去玻璃管，再密封瓶口。

（7）水样取好后，立即贴上标签，标签上应写明：水温、气温、取样地点、取样深度、取样时间、要求分析的项目名称以及其他地质描述。如样品经过化学处理，则应注明加入化学试剂的名称、浓度和体积。

（8）尽量避免过滤样品，但当水样混浊时，金属元素可能被悬浮微粒吸附，也可能在酸化后从悬浮微粒中溶出。因此，应在采样时立即用 $0.45\mu m$ 滤器过滤，若条件不具备，也可以采取其他适当方法处理。

3.1.2.3　各种水源采样方法

（1）从地表水源（泉、河流、湖泊）采取水样时，如水深不越过1m，可直接使水缓缓流入容器。注意防止砂粒、植物及浮游生物等进入瓶内。对流动泉水，应从泉水流出的地方或水流最汇集的地方取样。取样前如需清理水泉，则应待水流澄清、流量稳定后再取样。在水流湍急地点取样时，可用漏斗接上塑料管，使水经漏斗缓慢流入瓶内。

从水源一定深度取样时，应用深水取样器。要求取样器应耐腐蚀，不吸附也不玷污样品，能快速为水充满并能与周围水快速交换。在将水装入水样瓶以前，要保持水质稳定。

（2）在沼泽地取样时，最好在地下水流量大、水深及贮水多而又荫蔽的地点采取，并注意防止污泥、浮游生物及水面薄膜带入瓶内。

（3）从装有抽水机的水瓶取样时，应先开启抽水机，抽水 $10\sim15min$，以抽出管道中的积水并清洗管道几次，然后将胶管的一端接在水龙头上，胶管的另一端插入瓶内，打开水龙头，使水缓慢沿瓶壁流入瓶内，且不使发出水流声，至水从瓶口溢出并使瓶内的水更换几次为止。

（4）从竖井、水井或非自喷井、非生产井取样时，取样前尽可能从井中抽出 $1\sim2$ 倍水柱体积的水，待水位稳定以后，用取水器从水柱中部取样。

（5）从自喷井取样，须直接从喷出的水流采取，并尽可能距井口近些。如从装有水龙头的自喷井取样，取样前须将滞留在水管的水放掉并更换几次后再取样。

（6）为取样而专门开凿钻井时，钻孔尽量不要用水冲洗或泥浆钻进，待停钻且水位稳定以后再取样。如果钻孔用水冲洗成泥浆钻进，则在取样前必须先抽水，直到水的化学成分稳定后才能取样（可在抽水过程中定时取样，测定氯离子的含量，以判断水化学成分是否已经稳定）。

3.1.2.4　专门水样的采集与保存

天然水样在贮存时组分的稳定性，同水的化学成分、pH值、离子的性质及浓度、容器材料与加工工艺以及贮存条件等密切相关。这是一个复杂的问题，目前尚无理想的办法可以使天然水中的组分不发生变化，但可以采取一些措施控制或减缓这种变化。例如，选择合适材料制作的容器；加酸或碱调整溶液的 pH 值，以控制溶液的物理或化学变化；加入化学试剂以抑制生物化学作用；冷冻贮存等。在对样品进行处理时，应当注意：样品必须透明、无混浊，否则应过滤后再加化学试剂；所用化学试剂，必须有一定纯度，以免由于试剂不纯而玷污样品。因此，对使用的试剂应先进行检查，如纯度达不到要求，则应改用更高级别的试剂或预先将试剂纯化。

(1) 水样中需要现场测定的项目　水的 pH、游离二氧化碳等，极易发生变化，应在现场测定。对碳酸、重碳酸型泉水中的游离二氧化碳、重碳酸根、pH、钙、铁等项目，更应现场测定，以保证所得结果如实反映水质情况。

(2) 测定主要组分钾、钠、钙、镁、氯离子、硫酸根等的水样，取样后不需处理，直接送实验室进行分析。

(3) 测定痕量元素铜、铅、锌、镉、锰、镍等及特殊元素铀、铁等的水样在取样时应用硝酸将样品酸化至 pH≤2，以防止样品因环境条件的改变而引起组分变化。为此可事先按使用的容器容积，计算出应加入的酸量〔1L 样品一般加（1＋1）硝酸溶液 5mL〕，预先注入水样瓶内，转动样瓶，使酸润湿容器内壁，然后取样。

(4) 测定酚、氰类的水样　在取样时应加氢氧化钠碱化至 pH＞12，以防止微生物等的作用而造成损失。按 1L 样品加 1g 氢氧化钠即可，容器应用硬质玻璃瓶，不能用塑料瓶。

(5) 测定侵蚀性二氧化碳的水样　取容积 250～300mL 具塞干净玻璃瓶，用水冲洗 3 次，再注水样至瓶口溢出，加入 2～3g 化学纯碳酸钙粉末（或经处理过的大理石粉末），塞紧瓶塞，用石蜡或火漆封好，在标签上注明加入碳酸钙或大理石的量。与此同时，采取简分析或全分析样品，或另取一份不加碳酸钙的样品。

碳酸钙的制备：将化学纯碳酸钙研细（大理石粉研细过 0.2mm 筛孔），取 100g 置 1L 量筒中，加入煮沸过的冷蒸馏水，搅拌数分钟，静置过夜。第二天，弃去上层清液再加入煮沸过的冷蒸馏水，搅拌数分钟并放置过夜，如此反复处理 4～5 次。将所得固体置于滤纸上，于通风处晾干，保存于玻璃瓶备用。

(6) 测定溶解氧的水样　先用欲取水样涮洗溶解氧瓶，然后用倾注法或虹吸法沿瓶壁加入水样，使水溢出约一倍的容积为止。特别注意，不要使水样暴露在空气中或在样瓶内留有气泡。采样后最好在现场立即测定。如不能现场测定而需要储存、运输时，则应在取样后立即用移液管取 1.00mL 碱性碘化钾溶液（如水样硬度大于 35mg $CaCO_3/L$，则加 3.00mL），将移液管插至瓶底，放出溶液；再如前操作，加入 3.00mL 二氯化锰溶液，迅速盖好摇匀，注意勿使空气进入瓶内（瓶内不留空间）。在标签上注明加入试剂的总体积。

如没有溶解氧瓶，可用一般具塞玻璃瓶代替。为此，取 200～300mL 具塞玻璃瓶，先称空瓶重（准确至 0.1g），盛满蒸馏水后，再次称重，根据称重时温度，查出水的相对密度，计算玻璃瓶的容量，即可使用。

二氯化锰溶液的配制：80g 二氯化锰（$MnCl_2 \cdot H_2O$）溶于 100mL 蒸馏水中。

碱性碘化钾溶液的配制：40g 氢氧化钠液于 100mL 蒸馏水中，加入 20g 碘化钾（配好的溶液用硫酸酸化后，加淀粉溶液不应呈现蓝色）。

（7）测定硫化物的水样　取 500mL 干净的硬质玻璃瓶，加入 10mL 20% 醋酸锌溶液，1mL 1mol/L 氢氧化钠溶液，然后注入水样，盖好瓶塞，充分摇匀。标签上应注明外加试剂的准确体积。

（8）测定铁的水样　要求对三价铁和二价铁分别测定时，则应单独取样，并加入适当保护剂，以防止铁离子价态的变化或沉淀。取 250mL 玻璃瓶或聚乙烯塑料瓶，注入水样后，加 2.5mL 硫酸溶液（1+1）和 0.5g 硫酸铵，充分摇匀，密封。

（9）测定有机农药残留量的水样　取 3～5L 水样于硬质玻璃瓶中（不能用塑料瓶），加硫酸酸化至 $pH \leqslant 2$，密封，低温保存。

3.1.3　测定前的准备

3.1.3.1　试剂、溶剂和器皿

（1）试剂　用于水分析的化学试剂，除特别注明试剂的规格外，一般均用分析纯试剂，或经过提纯的试剂。

（2）溶剂　水分析所用的溶剂主要是水。金属蒸馏器和全玻璃蒸馏器制备的蒸馏水，因含有痕量金属杂质和微量玻璃溶出物，因此，这种蒸馏水只适用于配制一般定量分析试液，不宜用其配制分析重金属及痕量非金属的试液。对微量或痕量元素的分析，则要求用高纯水。高纯水可采用石英蒸馏器进行二次或三次再蒸馏而得到（为消除可能随水蒸气而挥发的杂质，还可采用亚沸石英蒸馏器）。也可以通过离子交换树脂精制为去离子水。表 3-3 中列出了对溶剂水纯度的质量要求和检验方法。

表 3-3　对溶剂水纯度的质量要求

检测项目	质 量 要 求
电阻率	一次蒸馏水：大于 $3.5 \times 10^5 (\Omega \cdot cm)$ 高纯水：大于 $1 \times 10^6 (\Omega \cdot cm)$
pH 值	用 pH 试纸、酸碱指示剂或酸度计进行测定。pH 应该在 5.5～7.5 之间
氯离子	取 100mL 水，用加硝酸酸化加 1% 硝酸银溶液 2～3 滴，摇匀应无沉淀
硫酸根离子	取 100mL 水，加 1% 氯化钡溶液 1mL，应无沉淀生成
金属离子	取 50mL 水，加入经纯化的氨缓冲溶液（pH=10）1mL，铬黑 T 指示剂两滴，摇匀应显纯蓝色
重金属离子	取 100mL 水，加入分液漏斗中，用纯化的氨水调 pH=9，加入 0.001% 双硫腙-四氯化碳溶液 2mL 振摇 2min，有机相应仍是绿色
有机质	取 100mL 水，加硫酸溶液（1+1）2mL，煮沸后加高锰酸钾溶液两滴，煮 10min，显色不应消失

此外还要根据不同测定项目的具体要求，制备和检验无二氧化碳水，无氨水，无砷水，无汞金属水和无酚水等。

配制试剂溶液时，应严格按操作规程要求，对不稳定的试剂应现用现配；对见光易分解的溶液应贮存于棕色瓶内。标准溶液贮存期，浓度可能产生变化，应定期进行标定和检查。溶液配好后，应在瓶上写好标签，注明名称、浓度和配制日期。所有配制溶液的资料，如名称、数量和有关计算，都应记在原始记录上。

（3）器皿

① 容量器皿。滴定管、量瓶和吸管是化学分析过程中准确度量溶液体积的三种基本容量器皿。它们的精度如何，直接影响分析结果。

对于水中一般化学组分的常规分析，使用国产一级或二级容量器皿，其准确度已能满足要求。在进行准确度要求较高的分析工作时，应对所使用的容器进行校准。

② 滤器。滤纸，有关资料见表 3-4 及表 3-5。

表 3-4 国产定量滤纸的类型

类型	色带标志	性能和使用范围
快速(201)	白	纸张组织松软,滤速快,适于过滤粗粒结晶及胶状沉淀物
中速(202)	蓝	纸张组织紧密,滤速适中,适于过滤中等粒的结晶
慢速(203)	红	纸张组织致密,滤速慢,适于过滤细粒度沉淀物

表 3-5 国产定量滤纸的规格

圆形直径/cm	7	9	11	12.5	15	18
灰分每张含量/g	3.5×10^{-5}	3.5×10^{-5}	8.5×10^{-5}	1.0×10^{-4}	1.5×10^{-4}	2.2×10^{-4}

定性滤纸的类型与定量滤纸相同（无色带标志）。

对中性、弱酸性和弱碱性溶液，可以用滤纸过滤。强酸、强碱和强氧化性溶液不能用滤纸过滤。

玻璃滤器是利用玻璃粉末烧结制成的多孔性滤片，再焊接在膨胀系数相近的玻壳上，按滤片的平均孔径大小分成六个号，用以过滤不同的沉淀物（详见表 3-6）。

表 3-6 滤片规格

滤片编号	滤片平均直径/μm	适用范围	滤片编号	滤片平均直径/μm	适用范围
1	80～120	过滤粗颗粒沉淀	4	5～15	过滤细颗粒沉淀
2	40～80	过滤粗颗粒沉淀	5	2～5	过滤极细颗粒沉淀
3	15～40	过滤一般结晶沉淀	6	<2	滤出细菌

实验室常用的有坩埚式滤器和漏斗式滤器。玻璃滤器不能过滤对滤片有侵蚀的溶液，如氢氟酸、热浓磷酸及浓碱液等，也不能过滤加活性炭的溶液。玻璃滤器切忌骤冷骤热，每次使用后，应根据所滤物质的性质及时进行有效的洗涤。

滤膜是利用有机高分子（塑料、纤维素）制成的一种具有无数微孔的过滤器。由于孔径约占滤膜容量的80%左右，因而过滤速度很快，使用也较方便。

天然水中可溶性物质和非可溶性残渣的测定，一般用450nm孔径的滤膜过滤。未通过滤膜的为非滤性残渣，通过滤膜的水用以测定可溶性物质总量。

此外，还可用离心机进行离心分离。

3.1.3.2 水样的预处理

（1）悬浮物的除去 在水分析中，常常需要将待测成分中溶解的和悬浮状态的含量区分开。可选用高速离心机离心分离，使悬浮物沉聚。也可用红带定量滤纸或G_4烧结玻璃滤器过滤。一般采用450nm孔径的薄膜滤器过滤。能通过450nm滤器的部分为溶解状态，被滤器保留的部分为悬浮状态。过滤操作应在取样过程中或在取样之后立即进行，以免待测成分的溶解状态和悬浮状态的浓度发生变化。有些测量技术，例如离子选择性电极对不溶解的物质不发生响应，因而可不经分离而测定溶解状态的待测成分。

（2）有机干扰物的消除 当水样中含有有机物时，会对某些元素的测定带来干扰，视不同情况可采用以下处理方法。

① 硝酸-硫酸分解。硝酸氧化性强，但沸点低（86℃），硫酸沸点高（340℃），故二者混合使用效果较好，取适当不含悬浮物的水样，在电热板上低温蒸发浓缩至小体积，加硝酸2～5mL，低温蒸发至试液为10mL左右，再加硝酸2～5mL和硫酸1～2mL，在电热板上加热至冒白烟，室温冷却，加蒸馏水溶解并转移到容量瓶中，用蒸馏水稀释至刻度。该法不适于处理含铅和含汞的水样。

② 硝酸-高氯酸分解。高氯酸的沸点较高，且氧化电位随温度升高而增大。所以高氯酸对有机物的破坏是有效的。为防止其爆炸，可先加硝酸氧化处理，一般100mL水加1mL硝酸和数滴高氯酸，蒸发至冒白烟，冷至室温，用蒸馏水溶解并转入容量瓶中稀释至刻度。

③ 加碱分解。某些测定成分在酸性条件下加热消解易挥发，这时可采用加碱分解有机物。一般是往水样中加入氢氧化钠和过氧化氢水溶液或氨水和过氧化氢水溶液（100m水样，加约2g氢氧化钠或约8mL氨水），在电热板上低温加热蒸干。加少量盐酸浸溶转入容量瓶，再用蒸馏水稀释至刻度。

④ 高温灰化分解。对某些有机物含量很高的水样，可采用此法，这种方法适用于在500～550℃的灰化温度下欲测组分不发生蒸发或升华的试样。取一定量的水样放入瓷蒸发皿中，在电热板上低温蒸发，蒸干后放入电炉中，升温至550℃使有机物燃烧灰化。冷至室温，加10mL盐酸溶液按（1＋1），在电热板上加热促使残渣溶解，再加入20mL蒸馏水溶解残渣，转入容量瓶并稀释至刻度。

用于消解的各种酸、碱试剂，应有较高的纯度，否则将引入较多的金属杂质。

（3）分离、隐蔽和预富集 分离、隐蔽或预富集是水分析中经常采用的方法。虽然有的项目可不经分离或隐蔽而直接进行测定，但许多样品的测定常因有其他组分的干扰，需要先分离或隐蔽。有时由于待测组分的含量低于测定方法的检测下限，则需要预先富集才能进行测定。

① 挥发、蒸馏与蒸发浓缩法。挥发与蒸馏是利用某些组分固有的挥发性，或加入某些试剂，使原来在体系内的一些化合物、元素或离子转化为另一种易挥发的物质从而达到分离或预富集的目的。例如，利用砷化氢易挥发的特性，可将含砷试样酸化并加入锌片（或硼氢化钾），反应后生成易挥发的砷化氢，既可与干扰物分离，本身又得到富集。同样，利用苯酚、氢氟酸能随水蒸气一起蒸馏的性质和氢氰酸、氨易挥发的特性，经过蒸馏可达到消除干扰或富集的目的。再如，金属汞在常温下即能挥发，因而可将含汞化合物样品，经过还原处理生成汞蒸气，而达到分离富集的目的。

蒸发浓缩也是常用的一种富集方法。但只能富集而起不到消除干扰的作用，因为在待测组分浓度增高的同时，干扰组分的浓度一般也会相应的增高。

② 沉淀分离法。沉淀分离法是利用被测组分和干扰组分与某种沉淀反应生成的产物溶解度的不同，进行分离或富集的一种手段。为了提高沉淀分离的选择性有时还结合使用掩蔽剂。

由于一般天然水的总矿化度不太高，因而通常不需要利用沉淀反应进行分离。但像含铁量很大的矿区酸性水，由于铁对很多元素的测定有干扰，常采用加缓冲溶液，将铁沉淀为氢氧化铁而除去。滤液可进行钙、镁以及能形成可溶性氨络合物的金属元素的测定。用二磺酸酚比色法测定硝酸盐氮时，高含量的氯离子干扰此反应，常预先加入银盐以生成氯化银沉淀除去氯离子。也可利用沉淀反应将干扰离子以沉淀形式隐蔽。如乙二胺四乙酸络合滴定法测定钙，干扰此反应的镁离子以氢氧化镁沉淀形式隐蔽。4-氨基安替比林比色法测定挥发性酚，硫化物常预先加入铜盐，使其生成硫化铜沉淀而不随水蒸气蒸出而消除其干扰。在痕量元素的分析中常利用共沉淀富集某些被测元素。例如，天然水中铝的含量不高，测定时常用硫酸钡作为共沉淀剂，使镭从大体积水中分离并得到富集。

③ 溶剂萃取法。试样中的待测物质与试剂反应生成不带电荷的络合物，用一种与水不相混溶的有机溶剂与之共振荡，静置分层后，某些组分进入有机溶剂，另一些组分则仍留在水相，从而达到分离富集，这种方法称为萃取分离。

这种能与亲水性物质发生化学反应，生成可被萃取的疏水性物质的试剂称为萃取剂，萃取剂一般是有机试剂。主要有两类：

（a）螯合萃取剂，如二硫腙、铜试剂等，它们与金属离子反应可形成不带电荷的螯合物，利用螯合反应进行萃取的体系称为螯合萃取体系；

（b）离子缔合萃取剂，如有些醇、醚、酮、脂等含氧活性溶剂，它们能和金属络阴离子形成离子缔合物而被萃取，这类萃取体系称为离子缔合体系。

萃取溶剂是与水不相混溶的有机溶剂。按其是否参与萃取反应，又可分为惰性溶剂（如三氯甲烷、四氯化碳、苯等）和活性溶剂（如磷酸三丁酯、甲基异丁酮等）。

　　a. 萃取实验条件的选择。

　　（a）酸度的控制。当萃取剂浓度一定时，影响萃取效率的主要因素是溶液的酸度。所以必须控制一定的酸度。如汞离子的二硫腙萃取比色测定，就是严格控制pH＝1的条件下，进行选择性萃取分离的。

　　对于弱酸性螯合萃取体系来讲，在一定条件下，提高水相的pH值，有利于提高萃取比率（但要注意金属离子的水解及萃取的选择性），至于离子缔合体系，pH值对许多镁盐类型的离子缔合反应有很大影响，如乙醚萃取分离氯化铁，必须在6mol/L盐酸中才能取得最大的萃取比率。

　　（b）干扰离子的消除。控制酸度：根据被萃取的离子与萃取剂在不同pH值下形成的化合物稳定性不同，控制适当的酸度，同时可以进行选择性萃取使相互干扰的离子彼此分离。

　　使用隐蔽剂：当调节溶液的pH值不能完全消除干扰时，常用络合隐蔽或氧化还原隐蔽的方法，采用的隐蔽剂有EDTA、CYDTA、氰化物、酒石酸盐，柠檬酸盐，氟化物等。例如，用二硫腙-四氯化碳萃取镉离子，在强碱性溶液中，有氰化钾存在时，一些重金属离子将生成氰络合物而留在水相中，从而使镉离子得到分离。在金属离子的萃取比色分析中，三价铁离子常干扰测定，一般是采取加入EDTA等络合剂进行络合隐蔽，或用盐酸羟胺等还原剂将三价铁离子还原为二价铁离子，而消除其干扰。

　　（c）整合剂和萃取溶剂的选择。为了提高效率，一定要选择那些能与金属离子形成稳定整合物且在结构上含疏水基团多、亲水基团少的整合剂。萃取溶液则应首先满足金属螯合物在其中有较大的溶解度，同时还要求萃取溶剂具有在水中的溶解度要小、和水相的分配比相差较大、同水相不生成乳浊液、不易燃烧、毒性小等特点。为此，可根据金属螯合物的结构，选择结构相似的溶剂。在实际应用中，整合萃取体系尽量选用惰性溶剂。如含烷基的整合物应选用卤代烷烃（如三氯甲烷等）作萃取溶剂。含芳香基的整合物可用芳香烃（如苯等）作萃取溶剂。而对镁盐类型的离子缔合体系，则要选择含氧活性溶剂，这些含氧活性溶剂形成镁盐的能力，一般按醚、醇、酯、酮的顺序加强。常用的醚类有乙醚、异丙醚；醇类有异戊醇；酯类有乙酸乙酯；磷酸三丁酯；酮类有甲基异丁酮等。

　　试验证明，在一定条件下，选用合适的萃取剂可使某些离子形成更稳定的三元络合物，从而提高了萃取效率。

　　（d）盐析剂的加入。在离子缔合萃取体系中，如果加入与萃取的化合物具有相同阴离子的盐类，可明显地提高萃取率，这种作用称为"盐析作用"。加入的盐类称作"盐析剂"，例如，在铀的测定中，磷酸三丁酯-四氯化碳混合溶剂萃取硝酸铀醚时，常加入大量的硝酸铵以提高铀离子在有机相的分配比。这种效应可以粗略地用阳离子效应和降低水的溶剂效应来解释。一般讲，离子半径小、价电荷高的阳离子，盐析作用强，但应注意加入的高价离子对下一步分析的干扰。

（e）萃取溶剂的体积及萃取次数。同样量的萃取溶剂，分几次重复萃取比全部一次萃取，效率要高得多。例如，当 $D=10$ 时，每次用与水样相同体积的有机溶剂萃取，只需要三次即能基本萃取完全。计算表明，分三次萃取后，被萃取离子的剩余浓度为原浓度的 1/1331。若全部一次萃取，被萃取离子的剩余浓度为原浓度的 1/30，可见一次萃取效果要差得多。

采用连续萃取法，实际上就是用少量有机溶剂的多次萃取。在实际分析中，如果萃取的目的不是为了分离某些干扰离子，而是在于萃取富集后直接进行测定，一般只进行一次萃取即可。因为标准系列也在相同条件下，进行一次萃取，对待测组分的萃取率是相同的，不影响最终的测定结果。凡以分离或富集为目的，需要进行多次萃取时，有机溶剂的相对密度最好大于水。

b. 溶剂萃取操作方法。在化学分析中常用的萃取方法有间歇萃取法和连续萃取法。一般实验室多采用间歇萃取法。主要操作分以下几个步骤。

（a）分液漏斗的准备。分液漏斗的活塞和顶塞应严密。根据溶剂的性质，在活塞上涂以合适的润滑剂，使其转动灵活，不漏水。使用时，应根据被处理溶液的体积选择适当容积，并应按照实验的具体要求进行必要的净化处理。分液漏斗除用硝酸溶液（1+1）洗涤，用蒸馏水冲洗干净外，还应该用所使用的试剂溶液和萃取溶剂进行洗涤。

（b）萃取振荡。一般用手工操作，分析大批样品时，可使用振荡器。萃取振荡的时间必须严格遵守实验项目操作步骤中所规定的时间。如果萃取的目的是直接用有机相测定吸光度或进行系列比色，则标准系列和试样的体积分别加入的有机溶剂的体积一定要准确一致。

（c）静置分层。萃取振荡后，将分液漏斗放在台架上静置。有时可轻轻碰一下分液漏斗的侧壁，使附着在两层界面或器壁上的有机溶剂微粒聚积合并而易于分层，待完全分层后即可进行分离。

（d）分离。打开分液漏斗顶塞，用滤纸卷成小卷吸去下管内壁上附着的水珠，慢慢转动活塞，将两相分离。

在水分析中溶剂萃取法经常应用于痕量金属元素或痕量有机组分的富集和测定，干扰物质的分离以及试剂的提纯等方面。

④ 离子交换法。离子交换方法可分静态交换和动态交换。一般选用动态交换，在装有树脂的特制的交换柱中进行，具体操作有以下几个步骤。

a. 树脂的准备。根据分析的需要，选择好树脂的类型和量。首先用 2mol/L 盐酸浸泡树脂，此时阳离子交换树脂呈 H-型，阴离子交换树脂呈 Cl^- 型。用盐酸浸泡后，再用蒸馏水冲洗树脂至流出液无 Cl^-，并将其浸泡在蒸馏水中备用。如果需要特殊的型式，可以用相应的盐或碱溶液进行处理。如需要 Na-型，OH-型时，可用氯化钠或氢氧化钠溶液浸泡。

上柱前树脂必须用水浸泡使其膨胀，以免在交换柱中吸收水分后发生膨胀将交换柱堵塞。

b. 装柱。在交换柱的下端放一些润湿的玻璃棉，防止树脂流失。在交换柱中装一些蒸馏水，然后将处理好的树脂搅起连水倒入柱中，装柱时，树脂始终都要浸没在水中，并不得有气泡混入（如有气泡可用一细的玻璃棒插入柱中，轻轻搅动使气泡排出）。最后在树脂上面盖一层玻璃棉，以防加入溶液时冲动树脂层。

c. 交换。将试液从柱的顶部注入，调节适当流速流出。

d. 洗涤。交换完毕后，用洗涤液（可以是水、稀酸或"试剂空白"溶液或残留的试液）将已被交换下来的离子洗掉。

e. 洗涤。用适当的洗脱剂溶液，将树脂吸着的离子洗脱下来。

f. 再生。用适当的再生溶液，使树脂恢复交换前的形式。再生剂一般为稀盐酸、氯化钠或氢氧化钠溶液。有时洗脱与再生同时完成。

3.2 质监测实验室基础

3.2.1 分析仪器

目前的分析仪器种类有很多，如天平、pH 计、电导仪、冷原子荧光测汞仪、紫外可见分光光度计等。

3.2.1.1 天平

天平是化学分析实验室最重要的一次计量基准。近年来随着科学技术的发展，称量技术，包括称量速度和精度，都有新的进展。其一是在天平上引入了现代电子控制技术，使用位移传感器把感到的横梁偏移转化为电信号，经放大器放大、反馈到自动补偿器中，产生平衡力矩，使由质量差引起偏转的横梁恢复平衡。其二，在称量技术方面除了传统的"杠杆加切口"式原理之外，还出现了一些新的衡量原理。目前已得到应用的有磁悬原理和石英振荡原理，而在宇宙航行方面，则已设想在物体失重条件下，使用质量运动的质量原理来进行称量，如惯性平衡等。这里介绍的主要是实验室最普遍的架盘天平，即新制造的，使用中和修复后的单杠杆天平和双盘、单杠杆、等臂式架盘天平。

① 检验条件

a. 检验用的天平工作台应为水平、结实的水泥台，远离振源，不受空气对流影响。

b. 检定架盘天平所用砝码为 4 等砝码和等量砝码。

c. 1～3 级微分标牌天平如果换过刀刃，则须停放 48h 后方可进行检验，4 级以上天平调修后，停放时间可以大大缩减。使用中的天平应当按使用频繁的程度制定检验周期，一般不超过一年。

② 外观。天平放在水泥台上应平稳、不摇动，不偏斜，外形光洁整齐，无毛刺、裂纹和明显的砂眼，天平外框应严密，前门、边门启闭灵活轻便。

③ 码脑刀刃和刀承检验。刀刃应垂直地紧固在杠杆上，三把刀刃相互平行，工作部位的刀刃平直，两端面与刀刃成 70°～80°夹角。光洁度不小于 6 级，刀刃和刀承的接触部位不少于刀承全长的 2/3。

④ 平衡螺杆。平衡螺杆应紧固在杠杆上，螺母应松紧适宜，当天平平衡时，平衡螺母位于螺杆中部位置，并能调节松紧。

⑤ 制动机构。制动机构动作应平稳，升起制动器时，托盘举升高度应适当，勿使吊耳与称盘弓梁倾倒，制动中的天平，在空载与全载时，各刀刃和刀承间应保持一定宽度。开启天平时，不得有横梁扭动、摇摆、带针及持续的秤盘摇荡现象。新购或修理后的阻尼天平，升起制动器开始摆动到静止，摆动次数不得超过 4 次（即 2 个周期）。

⑥ 分度标牌。分度标牌的刻线应均匀清晰，指针与分度线重合部分不应超过分度线的宽度，天平指针的摆动应能超过分度标牌两侧最末分度线，并应有限位装置，指针应深入最短分度线的 3/5～4/5，并使其与分度标牌的间距小于 1.5mm。微分标牌天平的读数光源，应在刀与刀承接触前接通，标牌零点调节器的动作应流利灵活，但不得有自动位移现象。

⑦ 检验结果的处理。天平经检验合格，即可继续使用。对于经检验确认不符合原精度级别要求的天平，则应给出其实际分度值（空载和全载）；示值变动性及横梁不等比性的实际值。当天平不能满足使用要求时，应进行检修，并力求修复到原水平。无法修复的天平可当作低精度的衡量使用，也可以按示值变动性误差与最大载荷之比套级（降级使用）。

3.2.1.2 pH 计

本检验程序适用于新生产、使用中和修理后的实验室 pH 计。便携式 pH 计和可作为 pH 计使用的实验室通用离子计的检验。

pH 在化学上的定义为水溶液中氢离子浓度的负对数，在离子强度极小的溶液中，活度系数接近于 1。此时 pH 值可以表示为氢离子摩尔浓度的负对数。

① 检验条件

a. 对环境的要求：pH 检验对环境有一定要求，主要是温度、湿度、标准液和电极系统的温度恒定系数与干扰因素，详见表 3-7。

b. pH 标准溶液：仪器配套使用的标准溶液应选用经检定合格的 pH 标准物质配制。检验 0.001 级 pH 计应使用国家计量局（国家技术监督局）规定的一级 pH 标准

表 3-7　检定 pH 计的环境条件

仪器级别	室温/℃	相对湿度/%	标准溶液温度恒定系数/℃	干　扰
0.001	17~23	50~85	±0.2	周围附近无强机械震动电磁干扰
0.01	10~30	50~85	±0.2	
0.02	10~30	50~85	±0.2	
0.1	5~40	50~85	±0.5	
0.2	5~40	50~85	±1.0	

物，其他级别的仪器使用二级 pH 标准物质。

c. 电位差计：供检验用的标准直流电位差计（量程不小于 1V）其准确度应高于被检电位差计测量准确度的 5 倍，按电位差计的要求配备标准电池和检流计。

② 外观检验

a. 仪器各调节器应能正常调节，所有各紧固件无松动。

b. 玻璃电极完好无裂纹，内参比电极应浸入内充溶液中，电极插头应清洁，干燥。

c. 甘汞电极内应充满 KCl 饱和液，内参比电极应浸入内充溶液中，盐桥孔隙内无吸附固体杂质，电解质溶液缓缓渗出（可用干滤纸测试或观察一定时间内出口处有无结晶）。

③ 电位计检验

a. 电位计示值误差检验：按图 3-1 接好线路，调节电位差计使其示值为零。用电位调节器将仪器调节到 pH 7（或仪器说明书提供的等电位 pH 值），温度补偿器放到 25℃或补偿器中间位置，再调节"定位"旋钮至 pH＝7，用电位差计向被检电位计输入各标称 pH 值相应的电位值，分别记下电位计示值，重复测定两次（输入增加和减少各一次）取平均值，用下式计算：

$$\Delta pH_{示值}＝pH_{示值}－pH_{实际}$$

式中　$\Delta pH_{示值}$——电位计示值误差；

　　　$pH_{示值}$——两次测量的电位计示值平均值；

　　　$pH_{实际}$——相应于输入电位 $E_{实际}$ 并包括电位计等电位 pH 值的电位计实际 pH 值，这里 $pH_{实际}＝pH_{标称}$。

实际测量时，对 0.1 级仪器，应每 1pH 间隔检定一点、对 0.02 级以上 pH 计则每 0.2pH 间隔检定一点。对多量程仪器，各量程按相应的仪器级别要求间隔检定。级别相同时，对同一量值，在不同量程下检定的示值误差的变化应不大于该级别电位计的重复性。

b. 电位计输入电流的检定：按图 3-1 接好线路，电阻只取 1000MΩ±10%，调节电位差计使其示值为零。仪器的温度补偿放至 25℃位置，调节"定位"旋钮，使电位计示值为 pH 7（或仪器的零电位 pH 值），观察开关在接通与断开的情况下电位计示值的变化，重复测定三次取平均值，按下式计算输入电流：

$$Z = \frac{|\Delta \mathrm{pH}_{电流}| \cdot K}{R} \times 10^{-3}$$

式中　$\Delta \mathrm{pH}_{电流}$——3 次电位计示值变化的均值；

　　　K——25℃时玻璃电极的理论斜率；

　　　R——串联电阻阻值，Ω。

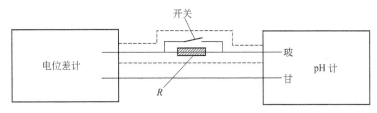

图 3-1　pH 计电位示值误差检验线路

3.2.1.3　电导仪

　　电导仪是电化学测量仪器，它用于测量电解质溶液的电导率。实验室常用的电导仪是电极电导测量仪。这类仪器的准确度优于 1% 的惠斯登电桥和金属材料制成的电导池所组成的仪器。电导池常用铂黑电极，也可以用其他耐腐蚀材料如不锈钢、石墨、镍等制作。除此之外，还有无电极电导法，如利用电磁感应原理的电磁浓度计。本节主要介绍用铂黑电极的电极仪测定水溶液电导率的有关问题和检定方法。

　　（1）检验项目与方法

　　① 电计性能检验

　　a. 电计误差：按图 3-2 接通线路，导线电阻值不超过 0.1Ω，调节电导仪和标准交流电阻箱在相应的位置。放置常数调节器至 1.00（0 位）。对应于所接入的标准电导，分别读出电计示值。每个标准电导重复测量 3 次，其取平均值，与接入的标准电导 $G_{标}$ 之差为 ΔG 再按下式计算电计误差：

$$电计误差 = \frac{\Delta G}{G_{满}} = \frac{\overline{G}_{检} - G_{标}}{G_{满}} \times 100$$

式中　$G_{满}$——满量程电导值。

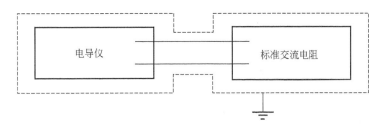

图 3-2　电导仪电计误差检验线路

b. 电计重复性：电计重复性的检验方法与以上基本相同，按图接通电路后，置常数调节于 1.00（0 位）、按标准电池 $G_标$ 值选择相应的量程挡，同时读出电计示值，每个检验点重复测量 3～5 次。几次测量的电计示值的分散范围占满量程的百分数即为电计重复性。

c. 常数调节器检验：按图接通线路后，先将常数调节器置于 $J_1 = 1.00$（0 挡），接入标准电导 $G_{1标}$，电计示值为 G_1。然后将常数调节器由 J_1 变换至 J，重新测定仪器零点，而标准电导 $G_{1标}$ 不变，测得的电计示值为 $K_检$，再根据 $K_计 = JG_{1标}$ 按下式计算常数调节器的误差：

$$常数调节器误差 = \frac{\Delta K}{K_满} = \frac{K_计 - K_检}{K_满} \times 100$$

式中　$K_满$——电导仪被检挡的满量程值，分别在高常数和底常数两个点上进行检定。

② 电导仪的整机检验

a. 电导池与相对应的标准溶液的选择。电导池常数为 0.1 的电导池适用于测量电导率较小（电阻率较大）的溶液。电导池常数为 10 的电导池适用于测量海水一类高电导率的溶液。测量一般电导池用的是电导池常数为 1～2 的电导池。测定电导率常数用的是标准 KCl 溶液。

b. 电导池常数测定。电导池的电极通常是面积相等的两个平行金属片组成，两金属片之间有一定的距离。电导池常数 Q 是电极距离 L 与面积 S 的比值，即 $Q = L/S$ 单位为 cm^{-1}。由于仪器制作和使用要求等原因，电导池常数并不都等于 1.0，而且在使用过程中亦会发生变化，因此电导池常数要经常测定。电导池常数的测定方法可以用测量已知电导率的溶液的电导值来计算，也可以用比较法测量，分述如下。

（a）已知溶液法。已知溶液法是基于各种不同浓度的 KCl 溶液在 25℃时的电导率值是已知的，用 KCl 的标准溶液可以校正电导率常数，例如在进行电导池常数为 1～2 的测定时，可称取 745.6mg KCl 溶于新煮沸冷却的二次蒸馏水中（蒸馏水的电导率至少应小于 $1\mu S/cm$），并在 25℃时稀释到 1L，此溶液的浓度为 0.01mol/L，在 25℃的电导率为 $1408\mu S/cm$。将上述标准溶液分别倒入 4 个烧杯中，放入 25℃的恒温水浴内，待温度平衡后，用 3 个烧杯的溶液清洗电导池，第 4 个烧杯用于测定溶液的电阻值 R_{KCl} 或电导值 L_{KCl}，电导池常数用下式计算：

$$Q = R_{KCl} \times 0.001408 - 1408/L_{KCl}$$

（b）比较法。比较法是用常数待测的电导池与常数已知的电导池测定同一溶液的电导值，然后用下式来计算出待测电导池的常数值 Q_2。即：

$$Q_2 = L_1 Q_1 / L_2$$

式中　Q_1——已知电导池的常数值；

　　　L_1——已知电导池测得的电导值；

　　　L_2——用待测电导池测得的电导值。

　　c. 电导值刻度的校准。用电导仪测定在 25℃温度下不同浓度 KCl 标准溶液的电导率，再根据电导池常数换算出应在电导仪上显示的电导值，与标准电导率对照，即可校准仪器各量程的刻度。

　　(2) 检定注意事项

　　a. 测定时要注意温度控制，用足够大的水浴将水样温度控制在 (25±0.5)℃ 范围内，否则应测量水溶液的温度进行校正。

　　b. 测量电导率时电极表面不得有气泡，测量不同水样时，每测一个水样之后都要充分冲洗电导池，特别是溶液电导率差别较大时更需注意冲洗。

　　c. 电导仪的电器部分的维护和其他电化学仪器一样要防潮、防尘、保持绝缘性能良好。要防止震动冲击，以免发生线路接触不良或短路。

　　d. 使用前要检验铂黑是否脱落、破损。否则要重镀铂黑，方法是将 1g 氯铂酸 $(PtCl_3)$ 和 12mL HAc 溶于水中，将清洗的电极浸入，两个电极都接在 1.5kV 干电池的负极上，电极的正极与一段铂丝相连，并将铂丝也浸入镀液中。适当控制电流，以刚刚产生少量气泡为限，直到两片电极被镀满铂黑为止。

3.2.1.4　冷原子荧光测汞仪

　　冷原子荧光测汞仪属原子荧光光谱仪类的测汞专用仪器，环保部门所用测汞仪大多属此类。仪器主要由激光源、聚光系统、原子光电检测器等组成。

　　仪器的原理为低压汞灯发出的 253.7nm 波长的激发光，通过光透镜聚焦照射在所产生的汞蒸气上，当基态汞原子被激发到高能态再返回基态时辐射出荧光，经透镜聚焦于光电倍增管，光电流经放大，其模拟信号可用记录器记录峰值，或由微机处理成数字数据。当汞浓度很低时，荧光强度与汞浓度呈线性关系。

　　① 绝缘电阻。用 500V 兆欧姆表，在环境温度为 15～20℃，相对湿度不大于 80% 时进行检验，阻值应不得小于 20MΩ 为合格。

　　② 噪声。仪器外接 220V 交流稳压电源，输出端接 2mV 记录器，仪器预热 0.5h 后，用最高灵敏挡记录。连续运转 1h，仪器波动的最大峰值应小于 0.2mV。

　　③ 零点漂移。按检测噪声的操作条件，零点漂移 (1h) 值应小于 ±1mV。

　　④ 重复性

　　a. 操作：仪器稳定后，在 10mL 带有侧管的圆柱形还原瓶内，加入 4.0mL 5% (V/V) 硝酸，1.0mL 10% (W/V) 氯化亚锡，紧盖瓶塞，通氮，使仪器的指针回到零，停止通氮。用微量注射器分别注入汞浓度为 $5.0×10^7$ g/mL，工作标准溶液 0.0、10.0μL、20.0μL、30.0μL、40.0μL，紧按瓶盖、振摇 30s，静止 5s，通 N_2 用 5mV 记录器记录峰高，各浓度取两次平行样测定数据。用最小二乘法对数据进行回归，要求相关系数 $r>0.995$，工作曲线上第一个汞标准的峰高应 >25mm（约 0.5mV）。同上操作注入汞浓度为 $1×10^{-6}$ g/mL 汞标准物质 10μL，平行操作 10 次，所得峰高为 Y_1 按如下公式计算仪器重复性。

b. 计算：仪器的重复性用 Y_1 的标准偏差和相对偏差来表示，要求仪器重复性的置信区间在 95～105 范围以内，即变异系数＜5％。计算公式为：

$$\bar{Y} = \sum_{i=1}^{10} Y_1 / 10$$

$$S_r = \sqrt{\frac{\sum_{i=1}^{n} (Y_1 - \bar{Y})^2}{n-1}}$$

$$CV = S_r / Y_1 \times 100$$

式中　$\bar{Y}$——汞标准 10 次峰高的均值，mm；

　　　Y_1——汞标准的一次测定峰高，mm；

　　　n——进样次数；

　　　S_r——标准差；

　　　CV——变异系数，％。

3.2.1.5　紫外、可见分光光度计

紫外、可见分光光度计由光源、单色器、样品室和光测量部分组成。可根据使用的波长范围、光路的构造、单色器的结构、扫描系统分为不同的类型。

紫外、可见外光光度法的基本原理是根据物质的分子在紫外与可见光区的吸收光谱特征和朗伯-比尔定律来进行定量分析的，溶液的吸光度与其浓度的关系如下：

$$A = \lg \frac{I_0}{I} = -\lg t = a \cdot L \cdot C$$

式中　A——物质的吸收比；

　　　I_0——入射单色光强度；

　　　I——透射单色光强度；

　　　t——物质的透射比或透光率；

　　　a——物质的吸收系数；

　　　L——液层的厚度；

　　　C——物质的浓度。

（1）外观与初步检验

① 新购仪器下列标志必须齐全：仪器名称型号、制造厂、出厂时间与编号。

② 仪器应能平稳地放在工作台上。各紧固件均应紧固良好，调节旋钮、按键和开关均能正常工作，无松动现象；电缆线的接插件均应配合紧密，接触良好，样品架拉杆无松动或卡住现象，并能正确定位；各透光孔的透光量应一致。

③ 仪器处于工作状态时，电源稳定，光源无抖动闪耀现象，氢灯或氘灯起辉正常。仪器波长置于 580nm 时，在样品室内能看到亮度均匀边界清晰的橙色光斑，光斑随狭缝宽度增大而增强。

④ 配套的吸收池透明光洁，无划痕斑点、裂纹，石英吸收池应有标志。

（2）波长准确性的调整 用石英汞灯的光谱线作参考波长时，狭缝宽度选用 0.02mm，从短波向长波方向对汞谱线进行测量。氢灯用 486.13nm 谱线，氘灯用 486.00 谱线，钨灯用镨铷滤光片 528.7nm 和 808nm 吸收峰作参考波长，连续测量三次然后按下式计算：

$$\Delta\lambda = \frac{1}{n}\sum_{i=1}^{n}\lambda_m - \lambda_r$$

式中　$\Delta\lambda$——波长的准确度，nm；

　　　λ_m——波长的测量位，nm；

　　　λ_r——波长的参考值，nm；

　　　n——测量次数。

对不带汞灯或无法安装笔形汞灯的仪器允许用钬玻璃或氧化钬的高氯酸溶液的吸收峰作参考波长。

3.2.2　化学试剂与试液

3.2.2.1　试剂的质量规格和用途

我国化学试剂属于国家标准的标有 GB 代号，属于化工部标准的标有 HG 或 HGB（暂行）代号。常见试剂的质量分四种规格。

优级纯为一级品，又称保证试剂，主成分含量高，杂质少。用于精确分析和研究工作，有的还可作基准物质。

分析纯为二级品，质量略低于优级纯。用于一般分析和科研。

化学纯：为三级品，质量较分析纯差，但高于实验试剂。用于工业分析及教学实验。

实验试剂：为四级品，杂质含量更多，但比工业品纯度高。主要用于一般化学实验。

在环境样品分析中一级品可用于配制标准溶液，二级品用于配制定量分析中的普通试液，三级品只能用于配制半定量或定性分析中的普通试液或清洁剂。

3.2.2.2　试剂的使用和保存

使用化学试剂必须遵守以下原则。

① 取用固体试剂，"只出不进，量用为出"，多余的试剂不允许再放回原试剂瓶。用清洁的牛角匙从试剂瓶中取用试剂，严禁用手抓取。

② 取用液体试剂，"只准倾出，不准吸出"，即先倾出适量液体试剂至洁净干燥的容器内，再用吸管吸取，而不准直接从原试剂瓶中吸取液体。倒出的试剂也不准再放回原试剂瓶。

③ 取用化学试剂前，还应检查试剂的外观，注意其生产日期，不能用失效的试

剂。如果怀疑有变质可能，应经检验合格后再使用。使用中，要注意保护试剂瓶的标签，万一失掉应照原样补写并贴牢。倾倒液体试剂时，瓶签朝上，以免试剂淌下腐蚀标签。

保存化学试剂的一般原则是：

① 分类摆放，化学试剂较多时，应根据阳离子或阴离子等方法分类，分开摆放，取用后放回原处。

② 剧毒试剂如氰化钠（钾）、氧化砷、汞盐等应储存于保险柜中，并有专人保管。

③ 易挥发试剂应储放在有通风设备的房间内。

④ 易燃、易爆试剂应储存于铁皮柜或砂箱中。

剧毒与易燃易爆试剂的储存还必须遵守关于防火、防爆、防中毒的有关规定。所有的试剂瓶外面应擦干净，储存在干燥洁净的药柜内，最好置于阴暗避光的房间，有些试剂保存不当，非但危险且易变质，因此必须注意影响试剂变质的有关因素。

① 空气影响：空气中的氧、二氧化碳、水分、纤维和尘埃都可能使某些试剂变质。化学试剂必须密封储于容器内，开启取用后立即盖严，必要时应加蜡封。

② 温度影响：试剂变质的速度与温度有密切的关系，必须根据试剂的性质选择保存环境的温度。

③ 光的影响：日光中的紫外光能使某些试剂变质。这些试剂中属于一般要求避光的，可装在棕色瓶内，属于必须避光的，在棕色瓶外还要包一层黑纸。

④ 杂质影响：不稳定试剂的纯净与否对其变质情况的影响不容忽视，贮存和取用这类试剂时应特别注意防止杂质污染。

3.2.2.3 水

我国国家标准 GB 6682—86 "实验室用水规格" 规定了实验室用三个等级净化水的规格和相应的质量检验方法，应根据实验工作的不同要求选用不同等级的水。

（1）外观 实验室用水的外观应为无色透明的液体。

（2）等级 实验室用水分为以下三个等级。

一级水基本上不含有溶解或胶态离子杂质及有机物。它可用二级水经进一步处理而制得，例如可用二级水经过蒸馏、离子交换混合床和 $0.2\mu m$ 的过滤膜的方法，或者用石英装置经进一步蒸馏而制得。一级水用于制备标准水样或分析超痕量物质的实验。

二级水可含有微量的无机、有机或胶态杂质。可采用蒸馏、反渗透或去离子后再行蒸馏等方法制备。用于精确分析和研究工作。

三级水适用于一般实验室试验工作。它可以采用蒸馏、反渗透或去离子等方法制备。实验室用水的原料水应当是饮用水或比较纯净的水（如有污染，则必须进行预处理）。

（3）贮存　在贮存期间，水样玷污的主要原因是由于聚乙烯容器可溶成分的溶解或水吸收了空气中的二氧化碳和其他杂质。所以，一级水尽可能用前制备，不贮存。二级水适量制备后，可贮存在预先经过处理并用二级水充分清洗过的、密闭的聚乙烯容器中。三级水的贮存容器和条件应类似于二级水。

3.2.2.4　试液

（1）普通试液　溶质以分子、原子或离子状态分散于溶剂中构成的均匀而又稳定的体系叫试液，未规定精确浓度只用于一般实验的试液称普通试液。

① 水和溶剂

a. 水：配制普通试液的实验用水必须符合 GB 6682—86"实验室用水规格"中三级水的质量要求。

b. 溶剂：溶剂与所用溶质的纯度应相当，若其纯度偏低，需经蒸馏或分馏，收集规定沸程内的馏出瓶必要时应进行检验质量合格后再使用。

② 溶质　配制普通试液所用的试剂纯度应满足试验准确度的需要，一般均为分析纯以上。若未作明确规定，则表示试剂纯度为"分析纯"。

③ 容器　一般应用聚乙烯瓶或硬质玻璃试剂瓶盛放试液。玻璃容器耐碱性较差，腐蚀后溶出物将污染试液，故必须用聚乙烯瓶贮存碱性试液。软质玻璃耐酸性和耐水性也比较差，故不许用此种玻璃容器长期盛装试液。

聚乙烯瓶必须具有内盖，玻璃试剂瓶的磨口必须能与瓶口密合，以防杂质侵入和溶剂或溶质挥发逸出。

需避光的试液应用棕色瓶盛装试液，必要时可用黑纸包裹试剂瓶。

（2）试液的使用和保存

① 吸取试液的吸管应预先洗净、晾干。多次或连续使用时，每次用后应妥善存放避免污染，不允许裸露平放在桌面或插在试液瓶内。

② 同时取用相同容器盛装的几种试液，特别是当两人以上在同一台面上操作时，应注意勿将瓶塞盖错，以避免造成交叉污染。

③ 试液瓶内液面以上的内壁，常有水汽凝成的成片水珠，用前应振摇以混匀水珠和试液。

④ 每次取用试液后应随即盖好瓶塞，不能为了省事而让试液瓶口在整个分析操作过程中长时间敞开。

⑤ 已经变质、污染或失效的试液应随即处理，以免与新配试液混淆而被误用。

⑥ 使用或保存过程中，试液瓶附近不许放置加热设备以防试液温升变质。

⑦ 贮有试液的容器应放在试液橱内或无阳光直射的试液架上，试液架应安装玻璃拉门，以免灰尘聚在瓶口上而导致在倒取试液时引进污染。必要时可在瓶口罩上烧杯防尘。

（3）缓冲液　缓冲溶液是一种能对溶液的酸度起稳定作用的试液。它能耐受进入其溶液中的少量强酸强碱性物质或将溶液稍加稀释而保持溶液 pH 值不变。

① 配制缓冲溶液的实验用水必须是新鲜蒸馏水，并达到 GB 6682—86 中三级水的要求。配制 pH 值 6 以上的缓冲溶液时，还必须赶除二氧化碳并避免其侵入。

② 所用试剂纯度应在分析纯以上。

③ 所有缓冲溶液都应避开酸性或碱性物质的蒸气，保存期不得超过三个月。出现浑浊、发霉、沉淀等现象，即应弃去重配。

(4) 标准溶液　由所使用的试剂配制的各种元素、离子、化合物或基团的已知准确浓度的溶液称标准溶液。其中，用于滴定分析叫标准滴定溶液，用于标定其他溶液的叫标准参考溶液。标准溶液可由基准物质直接配成，或用其他方法进行标定。

① 所需实验用水至少应符合 GB 6682—86 中二级水的要求。

② 配制或标定标准溶液的试剂必须是基准试剂或纯度至少要求在优级纯以上。

③ 仪器工作中所使用的分析天平的砝码、滴定管、容量瓶及移液管均需校正。

④ 标准溶液的浓度单位一般使用 mol/L。通常所说的标准溶液的浓度即 20℃时的浓度，否则应予以校正。

⑤ 配制 0.02mol/L 或更稀的标准溶液时，应于临用前将浓度较高的标准溶液用煮沸并冷却的水稀释，必要时重新标定。

(5) 废液　在监测分析过程中，也会产生废液，其中还有些是剧毒物质和致癌物质，如果直接排放，就会污染环境，损害人体健康，所以尽管实验过程中所产生的废液最少，也必须处理。

① 废液的贮存。实验室废液种类很多，但量不大，通常监测分析过程产生的废液在贮存到一定数量时才集中处理。贮存废液要求做到：

a. 用于回收的废液分别用洁净的容器盛装，以免交叉或引进污染。

b. 根据"治污分置"的原则，浓度高的废液应集中贮存，浓度低的经适当处理后至排放标准即可排出。

c. 废液禁止混合贮存，以免发生剧烈化学反应而造成事故。

d. 废液应用密闭容器贮存。防止挥发性气体逐出而污染实验环境。

e. 贮有废液的容器必须贴上明显的标签，注明是废液，并标以种类、贮存时间等。

f. 废液也应避光、远离热源，以免加速废液的化学反应。贮存时间不宜过长。

g. 剧毒、易燃、易爆药品的废液，其贮存也应按照相应的规定执行。

② 废液的处理。含酚、氰、汞、铬、砷的废液必须经过处理且合格后才能排放。

a. 酚：高浓度的酚可用乙酸丁酯萃取、重蒸馏回收。低浓度的含酚废液可加入次氯酸钠或漂白粉使酚氧化为二氯化碳和水。

b. 氰化物：浓度较稀的废液可加入氢氧化钠等调 pH 10 以上，再加入高锰酸钾（3%）使氰化物氧化分解。如果含量较高，可用碱氯法处理，先以碱调至 pH 10 以上，再加入次氯酸钠使氰化物氧化分解。

c. 铬：铬酸洗液如失效变绿，可浓缩冷却后加高锰酸钾粉末氧化，用砂芯漏斗滤去二氧化锰沉淀后再用。失效的废洗液可用废铁屑还原残留的六价铬到三价铬，再用废碱液或石灰中和使其生成低毒和氢氧化铬沉淀。

d. 砷：在含砷废液中加入氧化钙，调节并控制 pH 为 8，生成砷酸钙和亚砷酸钙。也可将废液 pH 调至 10 以上，加入硫化钠，与砷反应生成难溶、低毒的硫化物沉淀。

e. 铅、镉等重金属：用硝石灰将废液 pH 调至 8～10，使废液中的铅、镉等重金属离子生成金属氢氧化物沉淀。

3.2.3 实验室操作技术

3.2.3.1 重量分析操作技术

将被测组分以微溶化合物的形式沉淀出来再经过滤、洗涤、烘干或灼烧，最后称重的分析技术称为重量分析技术。

（1）沉淀 加入适当的沉淀剂，将溶液中某种可溶性离子转化为固体形式称为"沉淀操作"。沉淀操作是重量分析的重要步骤。

（2）过滤 利用滤纸、滤膜或滤器将沉淀物与溶液获得良好分离的操作称过滤。在监测分析过程中为了进行沉淀分离和重量测定，有时也为了分别研究溶液样品中某些组分的过滤态和颗粒态，都要进行过滤操作。过滤操作的关键除必须选择合适的滤器和滤材外，掌握正确的操作方法同样十分重要。

① 严禁用不适当的办法帮助加快过滤速度；

② 必须选用合格的夹角为 60°的漏斗进行过滤操作；

③ 不论用滤器、滤纸或滤膜进行沉淀分离，均须先转移溶液，后转移沉淀物；

④ 每次转移到滤器中的溶液量不得超过滤器高度的 2/3。用滤纸过滤时，溶液高度应低于滤纸边缘约 1cm。

（3）干燥 除去沉淀物、试样或试剂中水分或溶剂的过程称为干燥。使用升温烘烤、化学结合、吸附、冷冻等操作方法都能达到干燥的目的。但必须根据被干燥物质的物质状态，热稳定性以及水与该物质的结合形式和强度来选择不同的干燥方法。以不同干燥操作的一般原则与要求，包括常压加热干燥、减压加热干燥、化学结合干燥、吸附干燥等。

（4）灼烧 把固体物质或经定量滤纸过滤并洗净后的沉淀物加热至高温（一般为 1000℃左右）以达到脱水、除去挥发性杂质、除去有机物等的操作称灼烧。灼烧的效果主要决定于灼烧温度与选择适当的灼烧手段，灼烧是否达到要求，一般以被灼烧物质是否很快达到恒重为标准。灼烧容器的选择原则要按下述规定，灼烧容器的灼烧条件要与灼烧物料的条件一致。

（5）称重　重量分析法直接用分析天平称量而获得分析结果，不需要标准试样或基准物质进行比较，故重量分析结果的准确性主要决定于称量，即称重的计量精度。称重的工具是天平，根据 JJG 156—83 检验规定，在天平精度固定的条件下提高分析准确度的关键是要选择合适的称样量和选择正确的称量方法。

3.2.3.2　容量分析操作技术

容量分析是将一种已知准确浓度的试剂溶液（标准溶液）加到被测物质的溶液中，直到所加的试剂与被测物质按化学计量定量反应为止，然后根据试剂溶液的浓度和用量，计算被测物质的含量。

在容量分析中，最重要的操作是滴定和移液。

（1）滴定　容量分析所用的已知准确浓度的试剂溶液叫作"滴定剂"。将滴定剂从滴定管加到被测物质的溶液中，用以求出被测物质含量的过程叫"滴定"。

滴定分析通常用于测定常量组分，即被测组分含量一般在 1％以上。有时也可以测定微量组分。滴定分析比较准确，当"等当点"（标准溶液与被测物质定量反应的终点）确定以后，在一般情况下，测定的相对误差为 0.2％左右。滴定操作除了必须选用合适的滴定工具——滴定管之外，还必须掌握适当的滴定量。

（2）移液　用标准量器准确定量地移取一部分液体试样或溶液的方法叫移液。用于移液的标准量器叫移液管或吸管。移液管广泛应用于分取，并稀释标准贮备溶液和定量地分取液体试样，也用于定量地添加试剂与试液。总之，需要准确定量分取溶液的操作第一步必须移液。移液管是一种精确的量出式量器，分为有分度和无分度两个大类。移液管的精度表示方法与滴定管相似，也分为 A、A1 和 B 三级。分度移液管的检验规定与滴定管相向，无分度移液管只需校准其总容量即可。

3.2.3.3　分光光度分析操作技术

在试样溶液中加入适当试剂使其呈色（通称显色剂），然后通过测定吸光度，最后求出待测组分浓度的方法叫分光光度分析法。本方法的其他操作要求与重量、容量分析方法相同。分光光度法的测定准确度决定于光度计装置的正确性和选择合适的操作条件。

（1）波长的校正　波长校正的目的是为了检验仪器的波长刻度与实际波长的符合程度，通过适当的方法进行修正，以消除因波长刻度造成的误差，提高测定的准确性。

波长校正一般使用分光光度计光源中稳定的线光谱，也可使用有稳定亮线的外部光源把光束导入光路进行校正，或者与标准已知光谱进行对照来校正。本规定适用于波长为 200～1200nm 的所有光度计。

（2）吸光度的校正

① 碱性重铬酸钾标准溶液校正法：仪器单色性差，谱带过宽和杂散光的存在都会使所测吸光度出现负误差。因此吸光度的准确性是仪器性能的标志之一。

② 标准光谱法：利用钬玻璃吸收光谱进行自动记录式分光光度计的波长校正较为方便，将扫描所得的实测波长与钬玻璃的吸收光谱进行对比，可以求出波长的误差，然后进行相应的调整。在进行波长校正时，扫描速度过大，吸收峰的波长将偏离正常位置，故需用适当的速度进行扫描。

3.2.3.4 样品前处理操作

（1）干燥　驱除固体、液体、气体样品中少量水分或溶剂的前处理过程称为干燥。

（2）消化　将固体样品转变为适于操作的溶液，或将液体样品中对测定有干扰的有机物和悬浮颗粒物分解掉，使待测组分以离子形式进入溶液中，这一过程称为消化。

（3）萃取　利用物质在不同溶剂中的溶解度不同这一性质，将待测组分从有干扰的基体中分离出来的操作称为萃取。萃取也可用于待测组分的富集，以提高方法灵敏度。

（4）蒸馏　蒸馏是利用液体混合物在相同温度下，各组分蒸气压的不同而进行分离液体物质的方法，是环境监测分析中分离待测组分的重要操作之一。

3.3　水质监测实验室质量保证与质量控制

3.3.1　标准分析方法与分析方法的标准化

3.3.1.1 标准分析方法

ISO 对标准的定义是：经公认的权威机构批准的一项特定的标准化工作成果，它可以采用如下的表现形式：

（1）一项文件，规定一整套必须满足的条件；

（2）一个基本单位或物理常数，如安培，绝对零度开尔文；

（3）可用作实体比较的物体，如米。

标准分析方法也称分析方法标准，是技术标准的一种。标准分析方法是一项文件，是权威机构对某项分析所做的统一规定的技术准则和必须共同遵守的技术依据。它必须满足以下条件：

（1）按照规定的程序编写；

（2）按照规定的格式编写；

（3）方法的成熟性得到公认，通过协作试验确定了误差范围；

（4）由权威机构审批和公布。

编制和推行标准方法的目的是为了保证分析结果良好的重复性、再现性和准确性。不但要求同一实验室的分析人员分析同一样品的结果要一致，而且要求不同实验室的分析人员分析同一样品的结果也要一致。

在标准分析方法这项文件中，要用规范化的术语和准确的文字对分析程序的各个环节进行描述并做出规定。分析方法学是以实验为基础的，因此，必须对实验条件做出明确的规定，同时还要规定结果的计算方法和表达方式（包括基本单位）以及结果好坏的判断准则（如规定平行测定和重复测定的允许误差）。

标准分析方法按标准制定的级别，一般分为五级。

（1）国际级：如国际标准化组织（ISO）颁发的标准。WHO 或（和）FAO 标准等。

（2）国家级：如中国标准（GB）、美国标准（ANSI）、前苏联标准（FOCT）、英国标准（BS）、德国标准（DIN）、日本工业标准（JIS）和法国标准（NF）。

（3）行业（专业）或协会级，如我国的部颁标准（Q9）、美国材料与试验协会标地（ASTM）。

（4）公司（企业）或地方级标准。

（5）个别或特殊级标准：我国的标准分国家标堆、部（专业）和企业标准三个级别。

3.3.1.2 分析方法标准化

ISO 的国家级标准制订工作是由其技术委员会（Technical Committee，简称 TC）及其分委员会（Subcommittee，简称 SC）和下作组（Working Group，简称 WP）来承担进行的，其制订程序包括新标准的提出和审议、精密度试验的组织、实验室间的协作试验、数据的统计分析和公布等。如 1971 年成立的 TC146 空气质量技术委员会从事研究的大气分析方法标准化共 59 项，其中已公布的 ISO 标准为 26 项。水质技术委员会 TC147 从事研究的水质分析标准化项目 83 项，已公布的国际标准 52 项。

我国的分析方法标准化工作的组织和程序基本上是按 ISO 的规定进行的，其中的主要环节"精密度试验的组织"和"实验室间协作试验"的来源均取材于 ISO 5725—81 测试方法的精密度——通过实验室间试验确定标准测试方法的重复性和再现性，详见 GB 6379—86，分述如下。

3.3.1.3 标准项目建议的提出

标准项目草案由一个专家委员会根据需要提出，当方法的准确度、精密度和检出限指标确定以后，可以从国际、国内文献中选择已有的分析方法，也可以进行新项目的开发研究。

根据 ISO 的规定，新项目建议者可以是 ISO 的一个成员团体、一个分委员会、一个技术处、一个理事委员会、秘书长或 ISO 以外的某个组织。技术委员会秘书处将此建议文件分发给技术委员会 P 成员（participating menber，愿意积极参加工作的成品）进行通信表决，当半数 P 成员投了票并取得 5 票以上赞成票时，建议即被通过。有关技术委员会秘书处即可列项，并建立工作组，指定一名召集人，以后的一切技术研究工作全部由工作组负责，并向技术委员会汇报工作。工作组一直工作到这项建议被批准为国际标准，然后宣布解散。

3.3.1.4 工作方案编写

工作方案是制订标准的原始文件，由指定负责研究工作的工作组起草。由技术委员会、分委员会秘书处或工作组召集人分发给各成员征求意见。工作方案中除了必须有详细的实验程序、制备和分发实验室样品和标准物质的计划以外，满足下述条件即可进入下一阶段工作，这些条件是：

(1) 文件中已有完整的基本原理；

(2) 已具备了设想的国际级（或其他级别的）标准形式；

(3) 对理事会（或专家委员会）规定的必须遵守事项，做了特殊考虑；

(4) 由技术委员会或工作组至少征求过一次意见；

(5) 经投票表决通过，并经登记注册为正式建议，并给以 D. P. 编号（draft proposal）。

3.3.1.5 精密度试验的组织

按 GB 6379—86 参照 ISO 5725—81 的要求，精密度试验的组织分以下 6 步进行。

(1) 试验机构与人员　由经批准的标准技术研究组的归属单位或起草单位负责组织领导小组，请有关单位参加。领导小组的成员必须熟悉该测试方法及其应用情况，其中至少有一名成员有数理统计的试验设计和数据分析的知识。

试验的具体组织工作应委托给一个实验室，该实验室应指定一名成员作为执行负责人，负责实验室间精密度试验的全部组织工作。各参与试验单位均应指定一名成员作为测试负责人，具体负责本单位的测试工作。各参与试验的实验室均应指定一名能按正规操作进行测试的成员作为操作员。

(2) 试验水平个数、实验室个数和重复次数

① 试验水平个数。在精密度试验中所取的水平个数 q，应考虑适用的水平范围和完成试验所需的费用，如果水平范围很宽，则重复性 r 和再现性 R 可能与水平值 m 有关，此时至少选用 6 个水平，以便能较好地确定重复性 r 和（或）再现性 R 与水平值 m 之间的关系。如果水平范围较窄，且需确定 r 和 R 之间的关系时，则至少选用 4 个水平。

② 实验室个数。实验室个数 P 与水平数 q 有关，对于单水平试验，实验室个数应不少于 15 个。对于多水平试验，实验室个数应不少于 8 个。

③ 重复次数。对于重复次数 n，除了习惯上要进行多次重复的情况以外，建议取值为 2。

(3) 对参与试验的实验室的选择及要求

① 参与精密度试验的实验室，应尽可能从应用该试验方法的实验室中随机选取，并考虑到参与试验的实验室在不同气候区域的分布。

② 对参与试验的实验室的要求是：必须具备测试所用的仪器设备、试剂及其他实验室条件。能严格按测试规程的要求组织操作，严格按指令处理试样。由合格的操作人员进行测试，保证测试质量。严格按计划规定时间和步骤完成测试。

（4）对式样的要求　根据重复性和再现性的定义，在精密度试验中各实验必须用相同试样进行测量，在试样的制备、分发、运输、储存和测试等方面必须确保试样的均匀性。

① 必须按照标准测试方法的规定制备和分发试样，对每一水平应从一批物料中制备样，并保证试样的数量足够完成整个试验并有所储备。液体与微粒粉状料应搅拌均匀，对不稳定的物科，必须规定特别的保存方法。对所有试样均应在标签上写明名称、日期及试样的文字标记。在分发试样时必须注明试样名称、含量范围及有关运输、储存和抽取的详细说明。

② 对某些不可运输的试样，可将各参与实验室的操作人员及其设备，集中到试验地点进行测试。

③ 当被测参数是短暂的或可变的时候（如流动水体），应注意在尽可能接近相同的条件下进行测试。

④ 对均匀性差的试样，试样的不均匀性将反映在重复性 r 和再现性 R 之中，这些值使用于特定的材料并且应予以注明。

（5）试验工作的具体组织

① 每个实验室必须对 q 个水平各作 n 次测试，共需进行 $q \times n$ 次测试。

全部 $q \times n$ 次测试应由同一操作员使用同一设备进行。对同一水平的 n 次测试，必须在重复性定义中规定的条件下进行，即在短时间内由同一操作员测试，而且设备没有任何中间性的再校准（但这种中间性的再校准是测试的一个必要组成部分时例外）。

如在测试过程中确有必要更换操作员时，不能在同一水平的 n 次测试之间更换，只能在某一水平的 n 次测试完成之后更换，并且把更换情况和测试结果一起报告。

② 如果担心操作员的第二次测试会受到第一次测试结果的影响，在 $n=2$ 时，可采用分割水平试验。即制备出水平略有不同的两个系列试样 m_A 和 m_B（$m_A - m_B$ 很小），P 个实验室中每个实验室都对 A、B 两个系列的试样各进行一次测试，从分割水平试验得到的重复性 r 和再现性 R 的数值对应于平均水平 $m = \dfrac{1}{2}(m_A + m_B)$。

③ 必须限定自收到试样之时起到测试结束时为止所允许的时间。

④ 应事先按检验规程的规定对设备进行检验。

⑤ 对操作员的要求：在进行测试前，操作员不应得到测试方法和标准以外的附加指令。操作员应对测试标准提问题，特别是标准的规定中是否明确清楚，切实可行。操作员首次或间隔一段时间后，可能达不到正常的精确度，这时可允许操作员进

行少量练习，以便在正式测试前熟练掌握测试方法，但这种练习不得在正式试样上进行。操作员还应报告一切不能遵守指令或遵守指令而偶然失误的情况。

⑥ 参与试验的实验室所报数据，应根据 GB 8170—81《数值修约规则》的规定，进行统一有效位数。在精密度试验中，宜比通常测试方法规定多取一位小数。当重复性 r 或再现性 R 与水平值 m 有关时，对不同的水平值可做不同的修约规定。

（6）试验结果的报告

① 最终试验结果，要特别防止抄写或打印中的错误，可采用操作员所得结果的复制件。

② 用来计算最终试验结果的原始观测值，应尽可能复制操作员的工作记录。

③ 结果报告应包括操作员对测试方法标准的意见。

④ 除报告测试中发生的异常和干扰外，还应包括可能变更操作员及哪些测试由哪些操作员进行的说明。

⑤ 报告中还应包括收样日期、测试时间、与测试有关的设备情况及其他有关资料。

3.3.2 数据处理与检验

3.3.2.1 基本名词的定义

（1）误差

测量值（x）和真值（μ）的差数（ε）

① 绝对误差＝测量值－真值：

$$\varepsilon = x - \mu$$

② 相对误差＝$\dfrac{测量值－真值}{真值} \times 100\%$：

$$R \cdot E = \frac{x - \mu}{\mu} \times 100\%$$

③ 偏差：测量值与多次测量均值之差。偏差＝测量值－平均值。

$$d = x - \bar{x}$$

偏差与真值无关，有别于误差。

④ 极差：一组测量数据中最大值 x_{max} 与最小值 x_{min} 之差。

$$R = x_{max} - x_{min}$$

⑤ 标准偏差：无偏估计统计量、方差的正平方根，用于表达精密度。

$$s = \sqrt{\frac{\sum (x_i - \bar{x})}{n - 1}}$$

式中　x_i——各次测定值；

　　　$\bar{x}$——测定平均值；

n——重复测定次数。

⑥ 相对标准偏差：是标准偏差与多次测量均值的比值，通称变异系数。

$$CV = \frac{s}{\bar{x}} \times 100\%$$

（2）精密度　在规定的分析条件下，该测试方法对同一样品实施多次测定所得结果之间的一致程度。它综合反映了分析过程中随机因素的作用，表现为平行性、重复性和再现性的水平。

精密度常用标准偏差或相对标准偏差来表示。

① 重复性　同一实验室、同一操作者，同一分析方法对同一样品在短暂的时间间隔进行多次重复测定时，各次测定结果间的符合程度。

② 再现性　不同实验室、不同操作者、不同设备，在不同或相同时间，用同一分析方法对同一样品单个测定结果间的符合程度。

（3）准确度　测量值（或均值）与真值（名义值）之间的符合程度。

准确度是系统因素和随机因素的综合反映，样本量足够大且操作无误时，准确度由系统因素而定。

偏倚：
$$E = \bar{x} - \mu$$

相对偏倚：
$$R \cdot E = \frac{\bar{x} - \mu}{\mu} \times 100\%$$

（4）真值和单位　误差的定义为测量值与真值的差数。实际上真值大多是不可知的，日常工作中使用的真值和有关单位如下。

① 真值的分类

a. 理论真值：由理论上定义的数据，例如，三角形三内角之和定为 180°。即为理论真值。

b. 约定真值：国际计量大会定义的单位是约定真值，此类单位目前有七个，即长度（m）、质量（kg）、时间（s）、电流（A）、热力学单位（K）、物质的量（mol）和光强度（cd）。

c. 相对真值：标准参考物质的给定值为相对真值。

由此可见作为监测分析工作来说，经常使用到的只是标准参考物质的相对真值。

② 我国的计量单位。国家以法令的形式规定允许使用的计量单位称法定计量单位。1984 年 1 月 20 日国务院第二次常务会议通过了《中华人民共和国法定计量单位》，1984 年 2 月 27 日国务院发布命令执行。

我国的法定计量单位由国际单位制单位、国家选定的非国际单位制单位和由上述两种单位构成的单位等三部分组成。与监测分析工作密切相关的为质量单位和物质的量的单位。

a. 质量（kg）单位：1878 年国际米制委员会向英国一个公司定购了三个铂铱合

金圆柱体（铝 90%、铱 10%，纯度 99.99%，直径和高均为 39mm），标记为 KⅠ，KⅡ 和 KⅢ，直到 1883 年 10 月 3 日确定 KⅢ 为国际公斤原器。

此后又加工了 No.1～40 共 40 个这样的原器。1889 年第一届国际计量大会后，定 KⅢ 为国际公斤原器，9 号和 31 号为国际计量局的"公斤工作原器"，KⅠ 和 KⅡ 为"国际公斤作证原器"，7 号、8 号、29 号、32 号存留国际计量局备用。其余 34 个用抽签分配的办法归有关国家使用。

我国的公斤原器编号为 60 号、61 号 1965 年经国际计量局检定，其中 60 号为我国的国家公斤原器，其质量为 $1kg + 0.271mg$。

b. 物质的量（mol）单位：1971 年第十四届国际计量大会决定，摩尔（mol）是一系统的物质的量。该系统所包含的基本单元粒子数与 0.012kg 碳 12（C^{12}）的原于数相等。此处所指基本单元可以是原子、分子、离子、电子或其他粒子，或是这些粒子的组合体。因此我们在使用时应特别注意其基本单元。例如，Na_2SO_4、$1/2H_2SO_4$、HNO_3、$1/5(KMnO_4)$、$1/6(K_2Cr_2O_7)$、H^+ 以及 OH^- 等。

实验室所配制的试剂均应用 mol/L、mg/L 或百分浓度等来表示其浓度，不允许出现已废除的 M 或 N 等符号。

3.3.2.2　误差的来源和分类

对环境监测数据的基本要求是具有代表性、精密性、准确性、完整性和可比性。就实验室分析工作来说，准确性是最重要的因素。"一个错误的数据比没有数据更坏"已经成为广大监测分析工作者的信条。但是，误差分析结果与真实性之间的差异总是客观地存在一切分析测试的结果中，在任何测量和分析过程中，误差是不可避免的，按其来源可分为二类。

（1）系统误差　分析测试条件中，有一个或几个固定因素不能满足规定的要求而引起的误差，此类误差往往有一定的方向性，非正即负，其大小也往往是固定的，因此可以估算出来并加以修正。其产生的根源举例如下。

① 标准溶液浓度配制错误。标准错了，样品分析不可能得到正确的结果。例如，有人在配制硫酸根标准溶液时，把硫酸钾错当成硫酸钠来称量，这样配制出来的标准溶液的浓度只有规定浓度的 81.61%，因此计算出来的样品浓度会高出原有浓度的 22.53%。

② 计量仪器未经校正。计量仪器本身也是有误差的，使用前应按有关规定进行校正并应用校正值。例如，大气采样器的流量计要定期进行流量校正。如果某台采样器的流量有较大误差，使用时未经校正，使用该台仪器采样的所有数据将会存在系统的或正或负的误差。

③ 试剂和水的质量不合乎要求。含有某种干扰测定的杂质成分，大多情况下会带来正向的导致分析结果偏高的系统误差。

（2）随机误差　随机误差亦称偶然误差。同一个样品进行数个试份平行测定时，其结果往往不是完全相同的，彼此间总是有些差异。此类误差是出于测定时的条件不可能完全等同而产生。主要来源于下列原因。

① 各次称量、吸取、读数的误差不可能完全相同。量器的误差不可能完全一致。

② 消解、分离、富集等各种操作步骤中的损失量或玷污程度不尽相同。

③ 滴定终点的色调判断不可能完全一致。

④ 测量仪器受外界条件的限制，在使用过程中不可能是恒定不变的。

总的说来，随机误差没有一定的方向性，其大小也不是固定值，但与分析方法、性能、实验室条件和操作人员的技巧密切相关。

(3) 过失误差　完全是一些意外的因素所造成，无任何规律可言，此类误差往往导致一些离群数据的出现。常见的意外因素，举例如下。

① 看错取样量：称样时看错了砝码从而引进了错误的称样量；用错了移液管，例如。有人错把 20mL 移液管当成 25mL 移液管来使用而导致分析结果偏低 20%。

② 样品在加热消解过程中有大量的迸溅损失；萃取分离富集有大量泄漏。

③ 大批样品分析时，某个程序发生错号，简单情况下只影响到两份结果，复杂情况下将会造成众多样品的结果异常。

④ 算错了富集或稀释倍数：例如，某实验室在国家考核中把六价铬 0.50mg/L 的浓度错报为 0.25mg/L，此类误差可诊断为明显的过失误差。

⑤ 使用的计算器有误又未经审核复算，报出了不正确的数据。

在上述三类误差中。系统误差可通过量器校正、标准溶液比对、空白试验、方法验证等一系列措施使之减少。过失误差主要是加强分析人员的责任心和基本操作技巧的训练，健全实验室的规章制度、严格遵守操作规程等方法来减少其发生的概率。随机误差客观上是不可避免的，其大小因室因人而异，但可利用统计方法来加以估算和处理。

3.3.2.3　有效数字及其计算规则

例如，称量某物 1.2503g；移取摇瓶 0.50mL；吸光度 0.345 度。

上述三种测量数据小，3、0 和 5 均为不确定数字。

关于零是否属于有效数字的问题要根据具体情况分别对待。

① 数据中无整数，直接跟在小数点后的零无效。例如吸光度 0.005，为一位有效数字。

② 数据中有整数，小数点后的零有效。例如称某物 1.000g，为四位有效数字。

③ 整数后面的零为不确定数，需视其单位和测量精度而定。例如 250000，不能一律定为 6 位有效数字，应根据其测量精度用指数形式表示。如 25×10^4，为二位有效数字；250×10^3，为三位有效数字。

(1) 修约规则

① 运算中如需除去多余数字时，一律以"四舍六入五单双"原则，即除去数字

第一位为 4 以下数字时，4（或其他数）及其以后数字全部舍去，除去数字第一位为 6 以上数时，在除去 6（或其他数）及其后数字的同时，其前面的一位数上要再加上 1。

② "五单双"有三种情况：

a. 除去的数字第一位为 5，其后仍跟有数字时，此时应按"六入"规则处理，即 5 及其后数字除去的同时，其的面的一位数上要加上 1；

b. 除去的数字为 5，其后没有其他数字时，若 5 的前面是偶数（包括 0），则 5 舍去；5 的前面为奇数时，在舍去 5 的同时，其前面的一位数上要加 1；

c. 数据修约应一次完成，不得连续进行。

(2) 计算规则

① 小数的加减运算：当参与加减运算的数不超过 10 个时，小数点位数较多的测得数值的小数点位数比小数点位数最少的测得值的位数可多留一位，其余的均舍去（即先大体修约，再行计算），计算结果的位数应和原来测得值中的小数位数最少的那个相同。

例：20.411、25.4、80.80 三数相加，20.411＋25.4＋80.80＝？

20.411＋25.4＋80.80＝125.611；

最后结果修约成 125.6。

应注意加减法系同单位量值运算，整数部分全有效，只考虑小数后位数，不存在结果的有效数字位数的问题。

② 小数的乘除运算：乘除运算时，有效位数较多的数字应比有效数字最少的那个多保留一位（先适当修约再进行计算），计算结果保留的有效数字位数与原来数值中有效位数最少的那个相同。

例：以 0.5L/min 的流量采样 30min，测得 SO_2 1.25/μg，计算 SO_2 的浓度。

$$\frac{1.25\mu g}{0.5L/min \times 30min} = \frac{1.2}{0.5 \times 30} = 0.080 = 0.08/m^3$$

由此可见，监测分析中的每个环节，必须注意其测量精度，上例流量精度如较高，读取到 0.02L/min 的话，则流量值可能取 0.48L/min、0.50L/min 或 0.52L/min 参加计算，最终浓度方可保留两位有效数字。

③ 作乘方、开方运算时，计算结果有效数字的位数与原数相同。

例：$6.25^2 = 39.0625$，修约后得 3.91。

④ 算式中有常数 π，e 等数值或冠以 2、1/2 等系数时，其有效数字的位数不受限制，需要几位，就可以取几位。

⑤ 使用对数时，其对数位数应与真数的有效数字位数相等。

例：pH 12.25 对应为 $[H^+] = 5.6 \times 10^{-13}$。

对数小的整数部分为定位数，不是有效数字。

3.3.2.4 异常值的舍去

在一组分析数据中（某样品的多次测定值），有时个别数据与其他数据相差较大称为离群值，在报告结果时，这个可疑的离群值要不要参加平均，能否将其舍去？离群值的去留往往会显著地影响到平均值及精密度，离群值的处理可采取下述两步骤。

首先要仔细回顾和检查实验过程，如果存在某种可能导致结果异常的技术上的原因，即有明显的过失误差的存在，即可舍去此值。

如不存在上述因素，须进行检验后方能决定该数据的去留。

（1）Dixon 检验

① 适用范围　本法适用于异常值检出的重复使用。

② 检验程序　将一组测定结果由小到大排队：

x_1，x_2，$x_3 \cdots x_n$ 检验最小值是否离群时计算：

$$Q = \frac{x_2 - x_1}{x_n - x_1}$$

检验最大值是否离群时计算：

$$Q = \frac{x_n - x_{n-1}}{x_n - x_1}$$

③ 取舍原则　计算值与不同显著性水平的查表所得 Q 值相比较，取舍原则如下：

$Q > Q_{0.01}$ 检验数据位偏离值，舍去；

$Q_{0.05} < Q < Q_{0.01}$ 检验数据为偏离值，可保留；

$Q < Q_{0.05}$ 检验数据为正常值。

例：某组分某人 6 次测定结果按大小顺序为 14.56、14.90、14.90、14.92、14.95、14.96，检验中最小值 14.56 是否离群。

解：$Q = \frac{x_2 - x_1}{x_n - x_1} = \frac{14.90 - 14.56}{14.96 - 14.56} = \frac{0.34}{0.40} = 0.85$

查表 $n = 6$，$Q = 0.01$，$Q_{0.01} = 0.698$

$0.85 > 0.698$，因此该最小值为离群值，应舍去。

④ 使用说明　一般说来，同一实验室对某样品重复测定的次数达 5～6 次足够，测定次数在 4～7 次间时，用 Diixon 检验临界值 Q_a 表检验。超出时，参看有关手册。

（2）Grubbs 检验

① 使用范围　本法使用于至多只有一个异常均值的检验。

② 检验程序　将多个数据由小到大排队：

$\bar{x}_1$、$\bar{x}_2$、$\bar{x}_3$、$\cdots$、$\bar{x}_{n-1}$、$\bar{x}_n$，计算出 $\bar{\bar{x}}$ 和 s 的值。

检验最小均值是否离群的计算：$T = \frac{\bar{\bar{x}} - \bar{x}_{min}}{s}$

检验最大值是否离群时的计算：$T = \frac{\bar{x}_{max} - \bar{\bar{x}}}{s}$

③ 取舍原则

$T > T_{0.01}$检验数据为偏离值，舍去；

$T_{0.05} < T \leqslant T_{0.01}$检验数据为偏离值，可保留；

$T \leqslant T_{0.05}$检验数据为正常值。

例：某浓度硫酸根考核五个实验室测定硫酸根均值由小到大为 12.0mg/L、12.1mg/L、12.2mg/L、12.5mg/L 和 13.4mg/L，检验最大值13.4是否离群。

解：
$$\bar{x} = 12.4 \quad s = 0.57$$

$$T = \frac{\bar{x}_{max} - \bar{x}}{s} = \frac{13.4 - 12.4}{0.57} = 1.754$$

查表：实验室数 $L = 5$，$a = 0.01$ 时；

$$T_{5,0.01} = 1.749$$

因此报出 13.4mg/L 的实验均值结果判断为是离群值，应通知其查找原因。

（3）Cochran 检验

① 适用范围　用于多个实验室中对同一样品测定的一组数据的精密度检验。各个实验室的均值虽为合格，但如果实验室的精密度很差时，该实验室的均值数据仍不得采用。本检验多用于标准参考物质定值等特殊领域。

② 检验程序　将 L 个实验室对同一样品几次测定的标准偏差依大小排列为：s_1、s_2、s_3、…、s_L，$s_L = s_{max}$。计算统计量 C：

$$C = \frac{s_{max}^2}{\sum\limits_{i=1}^{L} s_i^2}$$

当 $n = 2$ 时，列出各实验室的极差值 R，排列为：R_1、R_2、R_3、…、R_L，$R_L = R_{max}$

$$C = \frac{R_{max}^2}{\sum\limits_{i=1}^{L} R_i^2}$$

③ 取舍原则　计算值与不同显著性水平的查表所得值进行比较，取舍原则如下：

$C > C_{0.01}$该组数据精密度过低，应剔除；

$C_{0.05} < C \leqslant C_{0.01}$该组数据精密度为偏离值，但仍可保留；

$C \leqslant C_{0.05}$该组检验数据精密度正常。

④ 使用说明　Cochran 方差检验是针对一组数据的精密度而言的，只用于特定的情况而不能扩大使用范围。在有些协作试验的结果中，各实验室的精密度不尽一致。孰优孰劣，一方面取决于各实验室的操作水平，另一方面也取决于方法的本身。特别是有些分析人员未正确理解协作试验验证的目的，有意识地把精密度做得好一些（任意挑选数据）。这样，采用本检验就要慎重。例如，在某组分 1mg/L 浓度水平的方法验证中，八个实验室中四个的标准偏差为 0.005mg/L，另四个则为 0.015mg/L，就后者而言，其相对标准偏差也只有 15%，应当说是正常的水平。而前者的相对标准

偏差仅为 0.5%，反而是偏小了。

统计检验是一种数学方法，而监测分析却有着自身的特点，因此不能一味死搬硬套数学方法来让监测分析数据全部"就范"。

3.3.3 实验室质量控制

3.3.3.1 质量保证机构和职责

根据国家环境保护局 1991 年发布的《环境监测质量保证管理规定（暂行）》的要求，质量保证工作实行分级管理。国家和省、自治区、直辖市环境保护行政主管部门分别组织国家和省质量保证管理小组，各地、市环境保护行政主管部门也可根据情况组织质量保证管理小组。

（1）质量保证管理小组　省级质量保证管理小组一般由省环境保护局主管监测工作的部门会同省环境监测中心站的质量保证专业人员组成，并应吸收下属地（市）监测站的有关专业人员参加，人数约为 15～20 人。

普遍建有县级监测站的地（市）也应根据各自条件，建立相应的地（市）级质量保证管理小组。

各级质量保证管理小组的主要职责是：

① 负责所辖地区环境监测人员合格证考核认证工作；

② 负责所辖地区环境监测优质实验室评比工作；

③ 审定有关质量保证的规章制度和工作计划；

④ 指导有关环境监测分析方法、规范、手册等的编写工作；

⑤ 组织仲裁环境监测数据质量方面的争议。

（2）质量保证管理机构　省级及规模较大的地（市）级监测站应设置质量保证专门机构，并配备专用实验室，其他监测站根据情况设置专门机构或专职人员。质量保证机构或人员由业务站长直接领导。

各级监测站质量保证机构和人员的主要职责是：

① 全面负责本站的质量保证工作，制定质量保证技术方案并组织实施，审查上报的质控数据；

② 制定质量保证工作计划和规章制度并组织落实，定期向本站领导和上级站汇报工作；

③ 指导下级站开展质量保证工作，组织有关的技术培训和质量考核；

④ 负责监测人员考核认证和优质实验室评比的日常工作。

3.3.3.2 环境监测人员合格证制度

为提高环境监测人员的业务素质和工作质量，根据《环境监测质量保证管理规定》的有关条款，各级环境监测人员必须进行承担项目的考核，考核合格人员方能上岗操作，单独报出监测数据。

新调入人员、工作岗位变动人员等，在未取得合格证之前，可在持证人员指导下工作，其监测数据质量由持证者负责。

（1）考核内容　合格证考核由基本理论、基本操作技能和实际样品分析三部分组成。

① 基本理论包括分析化学基本理论，实验室基础知识，数理统计基础知识，质量保证和质量控制基础知识，环境监测分析方法原理、操作、计算，干扰物质排除及有关注意事项。

② 基本操作技能包括现场采样测试技术、玻璃器皿的正确使用、分析仪器的规范化操作等。

③ 实际样品分析是指按照规定的操作程序对发放的考核样品进行分析测试。

（2）考核方式　根据不同的考核内容，考核方式分为三种。

① 基本理论考试采取试卷评分法，统一命题，集中笔试，在全国统一的试题库建立起以前，各省、自治区、直辖市的中心站负责拟定本地区的理论考试题。又有大学本科以上（含大学本科）学历且所学专业与所在工作岗位基本相同者可以免试。

② 基本操作技能考核采用评估法，由被考者进行操作演示，考核人员现场观察，综合评分。

③ 实际样品分析采取随机加入或单独测定两种方式。随机加入是指在进行例行监测时将考核样品作为密码样加入，考查其测定结果的准确度和精密度；单独测定是指未结合例行监测任务对考核样品进行专门分析测定，某些不适合用实际样品测定的项目，可不作实际样品测定。

（3）考核的实施与发证　合格证考核工作的组织实施各地可根据具体情况，采取统一和分级两种方式。

统一系指地、市级和区、县级站的监测人员考核均由其所属省、自治区、直辖市的中心站负责进行，合格证书由相应的省、自治区、直辖市环境保护局颁发。分级系指省级中心站负责组织所属地、市级站的监测人员的考核，合格证书由省级环境保护局颁发。地、市级监测站负责组织所属区、县级站的监测人员的考核，合格证书由地、市级环境保护局颁发。

省级中心站监测人员的考核由国家总站负责进行，合格证书由内国家环境保护局颁发。

合格证书有效期为五年，期满后持证人员应进行该项目实际样品分析复查，复查合格者可换发新证。对连续从事某些项目监测且质控数据合格率合乎规定要求者，可直接换发新证。

为配合新增的监测项目和为使实习人员、工作岗位变动人员及考核不合格人员尽早取得合格证，考核组织单位应根据情况适时组织新项目考核和补考。

（4）奖惩规定

① 监测人员的考核项目和成绩，记入本人技术档案，优秀者在奖金发放、工资晋升、职称评定、转正提干及评选先进等方面予以优先考虑。

② 监测人员取得合格证后，如发现有下列情况之一者，即收回合格证并在一定范围内给予批评。

a. 违反操作规程，造成重大安全和质量事故；

b. 工作不负责任，弄虚作假；

c. 全年质控数据合格率低于80％。

3.3.3.3 实验室内质量控制

实验室内的分析测试是监测过程中的一个主要组成部分，在实验室基础条件均已得到保证并能满足要求后，方可进行实验室分析。实验室内质量控制的目的是取得准确可靠的监测数据，其过程包括验证检验、样品分析、数据处理、结果填报等环节。显然，在实施中缺少任何一个环节或是某个环节失控，都将使其他环节的努力变为无效之劳。

编制本程序的前提是假定样品已正确地采集、合理地保存，其他各环节也已处于受控状态中。

（1）分析方法验证　《统一方法》中多数方法是经过多个实验室验证，已得出检出限、精密度、准确度等具体指标；但各指标常因分析条件的改变而变化，而且用于验证的标准物质代表范围有限，当遇有特殊组分的样品，可能受干扰。为此，每个实验室或分析人员在启用各方法和遇有特殊样品时都应进行方法验证，并做出肯定的评价，方可用于样品测定。

（2）标准曲线的统计检验　《统一方法》中的分析方法多数为间接的相对测定，即被测物的含量，跟已知浓度的标准系列进行比对而求得，这种比对又常常是通过中间信号转换而实现的。为此，被测物的量（自变量 X）跟信号（因变量 Y）两个变量必须密切相关。反映二者相关程度的系数 r，当浓度点 4～6 个时，不小于 0.99。

① 校准曲线　校准曲线包括标准曲线和工作曲线。

a. 工作曲线是指制备标准系列的步骤与样品分析步骤完全一致的条件下产生的，它综合容纳了分析全过程的一切影响因素而形成的曲线。它更能反映分析条件、操作水平、分析方法本身的现实状况，并且用于计算检出限、测定限、灵敏度等参数。

b. 标准曲线是指标准系列制备步骤较之样品的分析步骤有所省略，因而零浓度信号值 A_0 与分析空白信号值 A_b 不相等。此时必须分别扣除各自的空白值来计算统计量，绘制校准曲线和根据曲线计算含量或浓度。

若以验证分析方法为目的，必须按工作曲线的程序制备标准系列。用于样品测定的校准曲线则按原方法中规定实施。

② 标准系列的制备与测定　在精密度较差的浓度段，适当增加点数。

用于光度法的参比液，以纯溶剂（包括水）调零点更稳定，且能减小低浓度段的读数误差。

③ 回归直线的统计检验

a. 标准系列各点测定值的离群检验：若相关系数 r 小于规定值或怀疑某一偏离较大浓度点是否为离群值，按下式计算容许值（A_V）：

$$A_V = \frac{d_i}{S_r}$$

式中　A_V——容许值；

　　　d_i——残差；

　　　S_r——剩余标准差。

容许值通常为 1.5；若大于 1.5 须补测该浓度点，直到满意。

当 $r > 0.999$ 时，通常不会出现离群值，因此不必进行检验。

b. 截距 a 是否通过原点的检验：理想的回归直线，截距 $a = 0$，曲线通过原点，由于存在难于控制的随机因素，多数直线在表现上 $a \neq 0$，不通过原点。遇此情况则要按统计程序验证是否通过原点（$a_0 = 0$）。

步骤（如下例）：

（a）计算统计量

$$t = \frac{a - a_0}{S_r \sqrt{\dfrac{1}{N} + \dfrac{\overline{X}^2}{S_r}}} = \frac{0.0049 - 0}{0.0164 \sqrt{\dfrac{1}{6} + \dfrac{0.408^2}{0.702}}} = 0.470$$

（b）查 t 值表　　　　$p_2, t_a(0.05, n-2) = 2.77$

（c）判定　　　　　　$|t|\ 0.470 < t_a(0.05)2.77$

$$a = a_0, \text{曲线通过原点。}$$

一般当 $a < 0.005$ 时，即不必进行检验，以 $a = a_0$ 处理。

④ 校准曲线的绘制和应用

a. 在重复性较好的测定中，各数据对的坐标点能很好地落在一条直线上，此时可直观地将各个标点连线，绘成校准曲线图。

当重复性较差时，各数据对的坐标点散落在直线两侧，此时画直线的任意性很大，对此则要按上述线性回归直线拟合，并按线性回归方程式 $Y = a + bx$，分别计算跟零浓度 X_0、平均浓度 $\overline{X}$ 相对应的信号值 Y_0 和 $\overline{Y}$。以浓度 X 为横坐标，信号值 Y（吸收值）为纵坐标，X_0 对 Y_0，$\overline{X}$ 对 $\overline{Y}$，将两个数据点入相应的坐标点，通过两点画出直线，此即校准曲线。

b. 合理做法是标准系列溶液与样品同步测定，同时绘制校准曲线，若分析条件和方法本身比较稳定，曲线最多延用一个监测期（一般不多十二周），并在分析样品时每次加测空白和两个浓度点的标准溶液以核对曲线。核对的吸光值应落入该浓度回归直线坐标点 Y_i 的置信区间：

$$\hat{Y} \pm VB_r = Y_i \pm S_r t \cdot \sqrt{\frac{1}{N} + \frac{1}{n} + \frac{(Y_t - \overline{Y})^2}{\sum (X_t - \overline{X})^2}}$$

$$\hat{Y}_i = a + bX$$

式中　　n——重复测定次数；

　　　N——浓度点数目；

　　　t——t 值表中临界值（$N=2$）；

　　　S_r——剩余标准差。

（3）检出限的确定　检出限的定义为：在概率为 0.95 时能定性地检出的最低浓度或量，此值和空白值有显著区别。

由多批次空白试验或校准曲线计算所获得的检出限，在实验室之间或同一实验室不同人员之间往往不尽相同，这样实际应用中会因其没有可比性而感到不方便。为此，在实际工作中检出限的取值做如下规定。

① 分光光度法（包括原子吸收分光光度法）以扣除空白值后的吸光度为 0.010 相对应的浓度值为检出限。

② 气相色谱规定，气相色谱的最小检出限系指检测器恰能产生与噪声相区别的响应信号时，所需进入色谱柱的物质最小量；通常认为恰能辨别的响应信号最小应为噪声的两倍。最小检出浓度系指最小检出量与进样量（体积）之比。

③ 离子选择电极法的规定：某些离子选择电极法规定，当某一方法的校准曲线的直线部分外延的延长线与通过空白电位且平行于浓度轴的直线相交，其交点所对应的浓度值即为这些离子选择电极法的检出限。

（4）空白试验测定方法与要求

① 水和废水的空白试验　水和废水的测定项目均须进行全程序空白试验，除用蒸馏水（去离子水）代替实际样品外，其他所加试剂、操作步骤和样品分析过程完全相同。根据不同的目的，按照如下的规定和要求进行。

a. 实验室空白：作为实验室日常分析中质量控制的手段之一，为检查水、试剂和其他条件是否正常，分析人员在进行样品分析的同时，应加带实验室空白，空白试验值正常，本批分析结果有效。如空白值偏高，应查清原因，排除后方能报出分析结果。同一分析人员连续多天分析同类水质样品中的同一项时，如使用的主要试剂为同一批号且其他条件无变更，不必每天加带该项目的空白试验。

b. 现场空白：为检查样品采集和运输过程中是否有意外玷污发生，在采集外环境水样中（包括污染源）样品的同时，将事先带到现场的实验室用水灌装到另一个采样瓶中，按待测组分相同的条件在现场加固定剂连同采集的样品一并送至实验室，其分析结果即为该组分的现场空白。

现场空白是样品采集、运输、保存过程中的质量检查手段，凡均匀性差或玷污机会较少的如石油类、六价格等项目也可不加带现场空白。

　　进行现场空白试验的同时要做实验室空白，不做实验室空白试验只做现场空白试验，其结果无评价和实用意义。如采样全过程未发生意外玷污或损失，则两种空白试验结果应无显著差异。如现场空白明显高于实验室空白，表明采样过程可能有意外玷污发生，在查清原因后方能做出本次采样是否有效以及分析数据能否接受的决定。

　　例如，某站供重金属分析用的采样瓶上贴有医用胶布，测定锌时其现场空白明显高于实验是室空白，表明样品把胶布中的氧化锌玷污了，分析结果不能接受。应禁止使用此类不合规范要求的容器采集样品。

　　② 大气常规监测的空白试验　　大气常规监测项目 SO_2 和 NO_x 的测定须进行空白试验，其他项目暂不进行。

　　a. 实验室空白：大气常规监测中 SO_2、NO_x 的样品系由采样泵采自于环境大气，制作校准曲线的标准溶液系由相当的化学试剂所配制，二者存有显著的差异。实验室的空白只相当于校准曲线的零浓度（零管）值，因此该两项目在实验室分析时不必另做实验室空白试验。

　　b. 现场空白：目前大气常规监测中 SO_2 和 NO_x 的采样仍以人工、间断方式为主，每个采样点在准备当天使用的采样吸收管时，应加带一个现场空白吸收管，和其他采样吸收管同时带到采样现场。该管不采集样品，采样结束后和其他采样吸收管一并送交实验室。此管即为该采样点当天该项目的静态现场空白管。

　　样品分析时测定现场空白值并与校准曲线的零浓度（零管）进行比较，如现场空白值明显高于或低于零浓度值且无解释依据时，应以该现场空白值为准，对该采样点当天的实测数据加以校正。当现场空白高于零浓度值时，分析结果应减去两者的差值，现场空白低于零浓度值时，分析结果应加上两者差值的绝对值。采用上述方法可消除某些样品测定值可能会低于校准曲线空白值的不合理现象。24h 连续采样和动态现场空白试验的问题比较复杂，暂时不作规定。

　　③ 土壤、底质、工业废渣等固体物料的空白试验

　　土壤、底质、工业废渣等固体物料的分析须经消解（溶解或熔融）步骤制备样品溶液，在样品分析前应先做不加样品的全程序空白试验，每次两份，连续做五次，以计算方法的检出限，并据此和待测组分的含量确定称样量。

　　此后，在实际样品分析时，每批样品均要带两份全程序空白。如样品分析结果不是以相应的标准样品的含量计算而是以纯标准溶液制作的校准曲线计算时，应使用上述全程序空白试验的溶液作参比或仪器调零之用。

　　例如，用 HNO_3-HF-$HClO_4$ 消解，原子吸收分光光度法测定土壤中重金属，用纯金属的标准溶液（未经与样品同样的消解步骤处理）制作校准曲线计算其含量，在制作校准曲线时可采用 1% HNO_3 溶液进行调零，但进行样品测定时则应用所带全程序空白试验溶液调零。

　　（5）精密度和准确度控制

① 精密度控制　凡可以进行平行双样分析的项目，在样品分析时，每批样品每个项目均须做10％～15％的平行双样，样品量不足5个时，应增加到30％～50％。

上述平行双样可根据具体情况，采取密码（质控员编入）或明码（分析者自行编入）两种方式，二者具有同等效果，不必重复。当平行双样超出允许偏差时，则最终结果以双样测试结果的平均值报出；当平行双样超过允许偏差时，在样品允许保存期内，再加测一次，取相对偏差符合允许偏差的两个测试结果的平均值报出。

a. 每批样品中，平行双样合格率在90％以上时，该批分析结果有效，超差部分的平行双样仍取二个结果的均值报出数据。

b. 平行双样合格率在70％～90％之间时，应随机抽取30％的样品进行复查（包括超差部分的平行双样），复查结果与原结果的总合格率达90％以上时，分析结果有效，超差复查的平行双样，此时已有3个数据，以不超过的一对数据的均值作为该样品的结果报出数据，如3个数据间互不超差，则取三者的均值报出。

c. 平行双样合格率在50％～70％之间时，应复查50％的样品（包括超差部分的平行双样），复查结果与原结果的合格率达90％以上时，分析结果有效，否则表明分析者的操作精度或实验室条件存在问题，需查清原因后加以纠正或重新取样。

d. 平行双样合格率小于50％时，该批样的分析结果不能接受，需重新取样分析。

② 准确度控制　环境例行监测中要采用标准样品或质控样作为准确度控制手段。

比色分析、原子吸收分光光度分析、气相色谱分析的项目，自检时每批样品至少要带一个已知浓度的质控样品，他检时质控样一般占样品量的5％～10％。选用的质控样应和分析样品具有相近的基体。

当质控样超出允许误差时，按如下原则进行数据取舍。

a. 质控样百分之百超出允许误差时，本批结果无效，需重新分取样品（或重新采样）再次分析。

b. 质控样部分超出允许误差时，应重新分析超差的质控样并随机抽取超差比例部分的样品进行复查，如复查的质控样合格且复变查样品的结果与原结果不超出平行双样允许偏差，则分析结果有效，如复查的质控结果仍不合格，表明本批分析结果准确度失控。不论复查样品的精密度如何，原结果与复查结果均不得接受，应找出失控原因并加以排除后才能再行分析，报出数据。

③ 加标回收　污染源监测中推荐以加标回收作为准确度控制手段，每批样品应随机抽取10％～20％的数量进行加标回收测定。样品数控少时适当加大加标比率，每批同类型样品中，加标试样不应少于一个。

3.3.3.4　实验室间质量控制

实验室间的质量控制，必须在具有完善的实验室内质量控制的基础上进行，由上一级监测站发放标准样品供所属监测站的实验室进行标准溶液比对，也可用质控样品采用随机考核的方式进行实际样品考核以检查各实验室的标准溶液是否存在系统误差，日常例行监测分析和污染源监测分析的质量是否受控有效。

（1）标准溶液的比对 监测分析过程中使用的各类标准溶液是保证监测数据准确可靠的物质基础。目前尚不能全部使用国家统一配制提供的标准溶液作为日常监测工作中的标准使用液，一是品种不全，不能满足工作的需要，二是所需数量巨大，研制单位不可能保证及时供应，三是所需费用相当可观，大多数基层监测站难于承受。

根据实际需要，各实验室可自行配制限于自用的标准溶液，为了检验基层站的标准溶液是否合乎要求，上级监测站应定期组织各实验室进行标准溶液的比对，进行量值追踪，以利于及时掌握质量情况，防止因标准溶液不准确而可能导致的系统误差。

① 组织实施。省中心站负责组织所属市（地）站的标准溶液比对，市（地）站负责组织所属县级站标准溶液比对。不具备条件的市（地）站也可委托省中心站对其所属县级站进行比对。

凡中国环境监测总站有标准溶液供应的常规监测项目，每项每年至少进行一次比对。所谓比对，是指用上级站下发的标准溶液与本实验室自行配制的同项同浓度（或相近浓度）的标准溶液进行比对。如本实验室不配制该项目的标准溶液，而直接使用总站的标准溶液时则不必参加该项目的比对。

② 比对方法。同时各取若干份（$n=3\sim6$）发放的供量值追踪用的标准溶液（A）与本实验室自行配置相同浓度的标准溶液（B）按规定方法进行分析，分别获得两组数据。

A_1、$A_2\cdots A_n$，平均值 $\bar{A}$，标准偏差 S_A；

B_1、$B_2\cdots B_n$，平均值 $\bar{B}$，标准偏差 S_B。

计算统计量：

$$t=\frac{|\bar{A}-\bar{B}|}{S_{A-B}}\cdot\sqrt{\frac{n}{2}}$$

$$\bar{S}_{A-B}=\sqrt{\frac{(N-1)(S_A^2-S_B^2)}{2n-2}}$$

式中的 $\bar{S}_{A-B}$ 为合并标准差。

当 $t\leqslant t_{(0.05)}(2n-2)$ 查表所得临界值时，二者无显著差异。

当 $t\geqslant t_{(0.05)}(2n-2)$ 临界值时，表明本实验室自行配置的标准溶液和上级下发的标准溶液存在误差，应找出原因加以纠正。

$t<t_{0.05}$ 表明自配制的标准溶液与标准溶液间无显著差异。

（2）实验室间的质量考核 实验室间的质量考核，是指上一级监测站定期或不定期对下属站用质控样品进行的考核以检查各实验室的实际质量水平和常规监测所报数据的可比性。

因为是随机抽查考核，考核期间该实验室做什么项目就考核什么项目。如分析项目太多，可用抽签方式确定，一般说来每次考核以 $3\sim5$ 项为宜。另一原则是考核由当日承担该项目分析任务的监测人员承担，不得随意挑选人员。考核工作根据分析对象采用下述两种方法。

① 常规例行监测　如当天实验室开展的项目是地面水等例行监测，可由考核主持人将考核样品进行适当稀释，使其浓度和当天分析的样品浓度相近。其意义在于由该考核样品的结果可直接判断出本批样品分析结果的可靠性，克服以往考核中样品浓度过高和实际样品脱节，从而无法由考核结果划定实际样品分析结果是否准确有效的困难。

例如：地面水中 Hg、Cd 等贵金属含量一般均在 10^{-9} 级以下，进行实验室间质量考核时，考核样品也应在此水平上，通过考核方能断定该实验室的分析结果是否准确可靠。

② 污染源监测　污染源监测的样品，组成复杂、干扰因素众多、含量变化范围也较大，污染源监测数据的可靠性更难于掌握。要考核该实验室污染源监测结果的质量，应采用加标回收的方法。即在分析人员进行样品分析时，由考核主持人用考核样品进行密码加标考核，加标量应符合规范规定，加标回收率在 $70\%\sim110\%$ 内即为合格，加标回收率过高或过低表明样品中含有某种干扰组分，应加以检查并排除，重新取样分析才能获得该组分正确结果。

4 水质在线自动监测仪器运营管理

4.1 概述

4.1.1 运营管理的意义

环保设施运营市场化，是彻底打破原有的计划经济管理模式，实现环保设施的社会化投资、专业化建设、市场化运营、规范化管理、规模化发展的目标。运营的市场化，可以加强对环境保护设施运行状况的监督，提高环境保护设施运行管理的水平，发挥环境保护投资效益，进而促进环境保护设施运营的市场化。

运营的市场化给环境保护行政主管部门、排污企业、监测仪器生产厂商以及环保运营公司都带来诸多益处。在排污企业中，由于环保专业人员较少，对在线监测仪器了解甚少，在运营质量上便大打折扣，试剂更换不及时，仪器故障无法修复，数据传输，不仅导致运营费用高，而且常常出现超标排污的现象。当专业运营公司接管了排污企业环保设施的运营后，首先要对排污企业负责，精心维护在线监测设备，它是排污企业监督污水处理效率的依据。其次，为环境保护行政主管部门服务，在线监测设备是环境保护行政主管部门征收排污费的依据。

市场化运营管理是趋势。运营公司不仅要受到环保部门的监督检查，也要接受排污企业的监管。作为专业化运营公司来说，要想在环保设施运营市场上有所作为，就必须深入了解在线监测设备的原理、方法，掌握相关的化学分析知识，把环保设施管理好，充分发挥好污染治理的投资效能。专业化的市场运营，维护维修效率高，服务相对周到，运营成本相对较少。运营市场化使得排污企业和环境保护行政主管部门真正实现了"双赢"。

4.1.2 环境保护设施专门运营单位资质认定

项目类型

前审后批。

审批内容

环境污染治理设施运营资质证书。

审批依据

《环境污染治理设施运营资质许可管理办法》（2004 年国家环境保护总局令第 23 号）

第四条　从事环境污染治理设施运营的单位，必须按照本办法的规定申请获得环境污染治理设施运营资质证书（以下简称资质证书），并按照资质证书的规定从事环境污染治理设施运营活动。

未获得资质证书的单位，不得从事环境污染治理设施运营活动。

《环境污染治理设施运营资质分级分类标准》

受理范围

（1）具有独立企业法人资格或者企业化管理事业单位法人资格；

（2）具有维护设施正常运转的专职运营人员；申请甲级资质的单位应具备不少于 10 名具有专业技术职称的技术人员，其中高级职称不少于 5 名；申请乙级资质的单位应具备不少于 6 名具有专业技术职称的技术人员，其中高级职称不少于 3 名。设施运营现场管理和操作人员应取得污染治理设施运营岗位培训证书；

（3）具有一年以上连续从事环境污染治理设施运营的实践，且运营的污染处理设施排放污染物稳定达到国家和地方的环境标准；

（4）具备与其运营活动相适应的环境污染治理设施运营资质证书分级分类标准规定的其他条件。

审批条件

（1）环境污染治理设施运营资质申请表（一式三份，含电子版），以下材料均提供一份；

（2）法人资格证明材料（复印件）；

（3）上一年度财务状况报告或者其他资信证明；

（4）技术人员专业资格证书、操作人员污染治理设施运营岗位培训证书和聘用合同（复印件）；

（5）实验室场所证明（或运营单位与专门检测机构签订有技术合作协议承担运营单位的检测任务的，可视为具备实验室条件）；

（6）预防和处理污染事故的方案；

（7）规范化运营质量保证体系有关管理制度；

（8）环境污染治理设施运营实例，包括运营项目简介、运营合同（BOT 协议可视为运营委托合同）、用户意见、环境保护监测机构出具的设施运行排放情况监测报告。申请临时资质证书的除外；

（9）申请增项和升级的单位，应提交上年度县级（或地、市）环保部门出具的守法证明。

审批程序

（1）申请资质证书的单位，向本单位所在地省级环境保护行政主管部门提出申请，填报资质证书申请表，并提交申报材料：

（2）省级环境保护部门自受理申请材料之日起 20 个工作日内进行审查，提出预审意见，对符合条件的，报国家环境保护总局。

（3）国家环境保护总局行政审批综合办公室受理经省级环保部门初审后的材料；

（4）国家环保总局科技司组织专家对企业申报材料进行审查；

（5）经过专家审查的企业在国家环保总局网站公示一周；

（6）国家环保总局科技司将经公示后的材料提出意见后，报经主管局长审批后办理公文。

审批流程如图 4-1 所示。

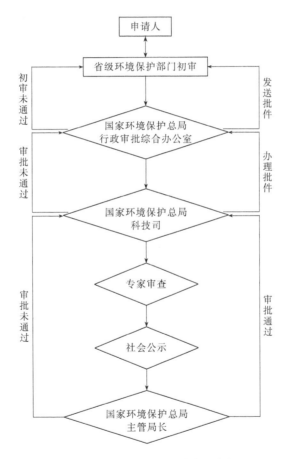

图 4-1 环境污染治理设施运营资质审批流程

4.1.3 常见运营模式与责任划分

4.1.3.1 各方责任与义务

（1）运营单位

① 承担委托责任，负责所辖区域污染源在线系统的日常运行、维护、检修、

换件、耗材更换等事项，保证污染源在线系统的正常运转，保证监测工作正常开展。

② 负责每天进行一次仪器运行状态检查，发现问题在第一时间内解决。

③ 定期进行仪器现场巡查，进行必要的校准、维护、维修、耗材更换工作。以保障仪器准确可靠运行。

④ 按仪器运行要求定期对系统进行校准，以保证仪器数据的准确有效。

⑤ 运行机构应对所有在线监测站一一对应建立专人负责制，制定操作及维修规程和日常保养制度，建立日常运行记录和设备台账，建立相应的质量保证体系，并接受环境保护管理部门的台账检查。

⑥ 运行机构应每月向有关环境保护管理部门作运行工作报告，陈述每个站点和在线监测系统的运行情况。

⑦ 应设立固定的运营维护站，并有相对固定人员负责运行维护工作。

⑧ 维护站应备有常用耗材与配件及必要的交通工具，以保障维修及时。

⑨ 运行机构必须接受环保局的监督、指导、考核，及时汇报重大事故或仪器严重故障的情况。

（2）环境保护行政主管部门

① 对运营商的运营维护工作进行监督、指导、考核。

② 定期对监测仪器进行年检、抽检，以保证数据的准确性。考核不合格，可对运营商进行相应程度的惩罚。

③ 协助运营商进行运营费的收缴或按合同拨付运营费。

（3）排污企业

① 为仪器的正常运转提供必要的条件保证（如正常供电、空调、防雷、防盗、防火等）。

② 负责提供仪器运转的场地场所，负责仪器的安全保护工作。

③ 按合同要求支付运营维护费。

4.1.3.2 运营承包方式

（1）部分托管 部分托管运营指运营商只负责用户仪器设备的日常维护、维修、校准、管理工作，确保用户仪器设备的正常运转，确保用户数据准确可靠。对于仪器运行过程中需要更换的耗材及配件由用户负责购买，运营商负责更换。对于由于用户购买耗材及配件不及时造成的仪器设备数据不准确或停止运行，运营商不承担任何责任。

部分托管运营收费组成：运营管理费和运营维护费。

（2）全面托管 全面托管运营指运营商全面负责用户仪器的日常维护、维修、校准、管理工作，负责仪器设备的耗材、配件供应及更换，用户只需调取数据，其他工作由运营商负责完成。运营商确保用户仪器设备的正常运转，确保用户数据及时、准确、可靠上报。

全面托管运营收费组成：年耗材费、年配件费、运营管理费、运营维护费。

4.2　运营公司的基本要素

4.2.1　人力资源

4.2.1.1　人员构成

运营公司一般由总经理、技术总监、质量总监、技术档案管理员、财务人员、司机、化验员、专业运营工程师组成。人员的数量可根据运营的规模、业务量的大小来确定，也可根据人员的素质情况一人兼多职。

运营工程师人员的数量可依据运营台套及仪器分布状况来确定。按每周巡查一次，每天巡查 2～3 台，每周工作 6 天进行计算，一般每 15～20 台仪器需要专业运营人员 2 名。

4.2.1.2　素质要求

（1）有强的敬业精神、科学的工作态度和相互配合的优良作风。

（2）自动监测的组织者应对整个系统具有全面的了解和较强的组织能力。

（3）各岗位人员对本专业应具有足够的技术知识和一定的实际工作能力。

（4）能正确和熟练掌握仪器设备的操作和使用，能迅速判断故障和及时排除故障。

（5）必须接受严格的技术培训和考核，获得相应的上岗证书。

4.2.2　物力资源

4.2.2.1　办公环境

运营公司应有固定的办公场所，场所内有办公桌、计算机、打印机、电话、网络等有必要的办公设施；有充足的照明、合适的空调、清洁的环境；有专门用于化验的实验室，实验室内有必要的实验设备、通风设备、实验工作台、试剂柜、自来水管等必要设施；技术文件、作业指导文件齐全；器件分类堆放整齐、标识；人员的劳动保护齐备。

4.2.2.2　交通工具

为了满足维修及时性及便利性的需求，运营公司需配备必要的交通工具，交通工具可依据具体情况配备轿车、面包车、客货车、电动自行车等。一般每 15～20 台仪器需配备一辆汽车。司机可以是专职的，也可由运营人员兼职。以能满足运营工作需要为准。

4.2.2.3　维修工具及实验室设备

"工欲善其事，必先利其器"，必要的工具及设备是保证运营工作正常顺利开展的必要条件。运营公司一般需配备以下工具及实验室设备（见表 4-1，表 4-2）。

表 4-1　工具类

类　　别	名　　　称	数　　量
便携 工具	2 寸十字、一字螺丝刀	各 1 把
	6 寸十字、一字螺丝刀	各 1 把
	钟表螺丝刀	1 套
	8～200mm 活口扳手	2 个
	尖嘴钳	1 把
	虎口钳	1 把
	斜口钳	1 把
	壁纸刀	1 个
	40W 电烙铁	1 把
	吸锡器	1 把
	数字万用表	1 块
	5m 盒尺	1 个
	镊子	1 把
	焊锡丝	
	热缩管	
	防水绝缘胶带	
	尼龙扎带	
固定 公用 工具	可调式直流稳压电源	
	笔记本电脑	
	交流精密稳压电源	选配
	示波器	选配
	高精度台式数字多用表	选配
	虎钳夹具	选配
	锉刀	选配
	钢锯	
	手电钻	
	冲击钻	

表 4-2 实验室设备

类 别	名 称	用 途
设备类	COD 测定装置	
	分光光度计	
	万分之一精密天平	
	托盘天平	
	pH 计	
	电导率仪	
	溶解氧测定仪	
	浊度分析仪	
	温度计	
	压力表	
	温湿度表	
	试剂低温保存箱(电冰箱)	
	废水低温保存箱	
	干燥箱	
	电磁搅拌器	
化玻类	容量瓶	
	三角瓶	
	细口瓶	
	洗瓶	
	移液管	
	移液管架	
	吸耳球	
	滴定台	
	滴定管	
	量筒	
试剂类	分析纯浓硫酸	铬法 COD 在线
	硫酸汞	铬法 COD 在线
	硫酸银	铬法 COD 在线
	重铬酸钾	铬法 COD 在线
	邻苯二甲酸氢钾	
	标物中心标准标品	
	氢氧化钠	氨氮在线
	EDTA 二钠盐	氨氮在线
	pH 标样	

4.2.2.4　备机备件

各运营商都应设有备件库，备有足够的备机、备件，均承诺能确保在线监测站的仪器设备正常运行。常备备件见表4-3。

表 4-3　常备备件

序号	名　　称	数量	序号	名　　称	数量
1	电磁阀	多量	8	保险管	大量
2	玻璃部件	多量	9	采样泵	少量
3	蠕动泵管	多量	10	电源线	多量
4	导管	多量	11	仪器耗材	大量
5	电极	少量	12	钢瓶气	少量
6	控制器	少量	13	温控仪	少量
7	显示器	少量			

4.2.3　财力资源

财力资源是保证运营公司正常运转的动力之源。

4.2.3.1　运营费用核算

一般运营费用的核算需考虑以下方面费用的支出：人员工资、差旅补助、人员福利津贴、车辆路桥费、油费、车辆保险保养费、设备折旧、房租水电费、通讯费、化验费、仪器运行消耗、验收比对费等。各费用的核算本着合情合理的原则，同时考虑公司的利润。

4.2.3.2　运营费收缴与使用

运营费用一般来源于两个渠道，一是政府拨款，此款项可靠性高、信誉度好，只要运营的好，政府一般都会按期拨付，但需注意此款必须专款专用，且每一笔都记录清楚；另一个渠道是用户支付，一般需要和用户签订《运营合同》，明确双方的责任与义务，使双方有法可依。但用户的运营费常常很难收缴，一般需要政府的政策支持。

收缴上来的运营款项，应在按预算严格控制，防止岁初大花特花，年底捉襟见肘。各项开支精打细算，节约为美，不做没必要的付出。运营款应专款专用，应预留部分应急款项。

4.2.4　知识资源

能解决实际问题才是硬道理，所以运营人员须掌握充足的基础知识，具有过硬的操作本领，才是做好运营工作的基础。

知识资源首先来源于技术资料的积累，一般技术资料来源于供应商设备资料、供应商培训资料、国家公布的法律法规、环保局文件、监测站技术培训、专业运营培训等。平时应注意搜集这些与运营紧密相关的资料，并对这个资料进行整理、分类、存档。

知识的传递与扩张最好的形式就是培训，运营公司应十分注重对员工的培训工作，培训应定期举行，连续不间断举行，形成制度、形成习惯。培训不限形式、不限地点、不限时间，可以是多种多样的。培训内容应包括专业技术培训、基础知识培训、运营制度培训、法律法规培训、维修技能培训、文明礼仪培训、服务技巧培训。

4.3　运营公司的日常管理

4.3.1　总体要求

4.3.1.1　职业守则

爱岗敬业，忠于职守。

按章操作，确保安全。

认真负责，诚实守信。

遵规守纪，着装规范。

团结协作，相互尊重。

保护环境，文明运营。

不断学习，努力创新。

反应迅速，合理收费。

4.3.1.2　质量保证与质量控制制度

（1）操作人员按国家相关规定，经培训考核合格，持证上岗。

（2）在线监测仪器应通过检定或校验，在有效使用期内。应具备运行过程中定期自动标定和人工标定功能，以保证在线监测系统监测结果的可靠性和准确性。

（3）建议采用有证标准样品，若考虑到运行成本采用自配标样，应用有证标准样品对自配标样进行验证，验证结果应在标准值不确定度范围内。标样浓度应与被测废水浓度相匹配。每周用国家认可的质控样（或按规定方法配制的标准溶液）对自动分析仪进行一次标样溶液核查，质控样（或标准溶液）测定的相对误差不大于标准值的±10％，若不符合，应重新绘制校准曲线，并记录结果。

（4）样品的测定值应在校准曲线的浓度范围内。

（5）按照国家规定的监测分析方法进行实际水样比对试验，比对试验时，实验室质量控制按照有关规定执行，比对试验实验室监测分析方法详见 HJ/T 355—2007 表 2，比对试验相对误差值应满足 HJ/T 355—2007 表 1 中规定的性能指标要求。

（6）样品采集和保存严格执行 HJ/T 91—2002 的有关规定，实施全过程质量控制和质量保证。

4.3.1.3 实验室管理

（1）仪器管理

① 实验室应正确配置进行检验的全部仪器设备。

② 应对所有仪器设备进行正常维护，并有维护程序。

③ 每一台仪器设备都应有明显的标识来表明其校准状态。

④ 应保存每一台仪器设备以及对检验有重要意义的标准物质的档案。

（2）试剂的管理

① 实验室内使用的化学试剂应有专人保管，分类存放，并定期检查使用及保管情况。

② 易燃、易爆物品要放在远离实验室的阴凉通风处，在实验室内保存的少量易燃、易爆试剂要严格管理。

③ 剧毒试剂应放在毒品柜内由专人保管。使用时要有审批手续，两人共同称量，登记用量。

④ 取用化学试剂的器皿应洗涤干净，分开使用。倒出的化学试剂不准倒回，以免污染。

⑤ 挥发性强的试剂必须在通风橱内取用。

⑥ 纯度不符合要求的试剂，必须提纯后再用。

⑦ 不得使用过期试剂。

（3）人员管理

① 实验室应有足够的人员。这些人员应经过与其承担的任务相适应的教育、培训，并有相应的技术知识和经验。

② 实验室应确保人员得到及时培训。检验人员应考核合格持证上岗。

③ 实验室应保持技术人员有关资格、培训、技能和经历等的技术业绩档案。

（4）安全管理

① 实验室需装设各种必备的安全设施。

② 对消防灭火器材应做到定期检查，不任意挪用，保证随时可取用。

③ 实验室内各种仪器设备应按要求放置在固定的场所，不得任意移动。各种标签要保证清晰完整，避免拿错用错造成事故。

④ 加强对剧毒、易燃易爆物品、放射源及贵重物品的管理。凡属危险品必须设专人保管。剧毒药品或试剂应贮于保险柜中，其内外门钥匙应由两人分别掌管。要严格领用手续。

⑤ 使用易燃易爆和剧毒化学试剂要首先了解其物理化学性质，遵守有关规定进行操作。

⑥ 使用各种仪器设备必须严格遵守安全使用规则和操作规程，认真填写使用登

记表，发现问题及时报告。

⑦ 剧毒试剂的废液，必须排入废水处理池进行转化处理。

⑧ 用电、用气、用火时，必须按有关规定操作以保证安全。

⑨ 实验室发生意外安全事故时，应迅速切断电源或气源、火源，立即采取有效措施及时处理，并上报有关领导。

⑩ 下班时，应有专人检查门、窗、水、电、气等，避免因疏忽大意造成损失。

（5）实验室事故预防管理措施

① 废水

a. 试验时不可避免地产生的废水，如分析 COD_{Cr} 务必将废水集中贮存在专用塑料桶内，送有关单位处理，并做好记录。

b. 对各部门送来化验的剩余废水，由各部门带回处理。

② 废气。使用有挥发性气体逸出的试剂如盐酸、氨水等必须在通风柜进行，极少量气体由专门设备高空排放。

③ 化学品泄漏。

a. 试验分析室工作人员思想上必须高度重视，态度上要严肃认真地对待本部门环境因素所造成的环境影响。做好预防工作，杜绝事故的发生。

b. 对有强腐蚀的酸性试剂，平时使用如有泄漏在工作台上，立即用抹布抹去并用水搓洗干净。

c. 如遇到试剂瓶损坏时，立即用水大面积进行冲洗，并及时打开通风柜或窗户，使影响减少到最低程度。

④ 火灾

a. 工作人员特别要重视对火灾事故的高度认识，遇到事故都要有责任挺身而出，临危不惧，冷静沉着，既要有勇敢精神更具有科学态度及时抢救。

b. 如由电源引起火灾时要紧急关闭电源总开关，并使用干粉灭火器进行初期灭火、报警，并立即通知总经理办公室和有关领导。

c. 如由低沸点试剂（如石油醚、酒精等）引起火灾立即用干粉灭火器进行灭火，或用大烧杯罩住起火源隔绝空气，使可能发生的火灾消灭在初始状态。

4.3.1.4　监测子站

（1）管理制度

① 必须保持清洁、整齐、安静，与监测分析无关的人和物品不得进入监测子站。

② 无关人员未经批准不得随意进入监测子站，外来人员进入监测子站须经有关负责人许可，并由相关人员陪同。

③ 监测子站各种仪器、设备和工具应分类放置，妥善保管。

④ 监测过程中产生的"三废"，必须按规定进行处理，不得随意排放、丢弃。有毒、有害化学物品的使用发布严格遵守《化学试剂管理制度》。

⑤ 管理人员必须每天打扫卫生，使用完毕后的仪器设备清理、清洁并恢复到原位。

⑥ 监测子站发生意外事故时，应迅速切断电源、水源等。立即采取有效措施，及时处理，并报告单位领导。

⑦ 使用各种仪器及电、水、火等设施等，应按使用规则进行操作，保证安全。

⑧ 离开监测子站前，必须认真检查电源、水源、门窗，确保监测子站的安全。

（2）监测子站操作人员职责

① 操作人员具有良好的职业道德，坚持实事求是的科学态度和一丝不苟的工作作风，遵守监测子站的一切规章制度，不得违规操作。

② 仪器设备使用人员，必须先经过培训，才能上机操作。操作人员应按要求认真填写运行记录。

③ 仪器出故障时，应及时报告主管，约定专业维护人员及时检查、修理，并做好维修记录，经检定性能正常后才能继续使用。

④ 熟练掌握本岗位监测分析技术，熟悉和执行本岗位技术规范、方法等，确保监测数据准确，并及时向有关部门提供监测结果。

⑤ 规范原始记录，做到记录完整、正确。

⑥ 爱护仪器设备，节约试剂、水电，及时地完成每天的监测子站清洁工作，保持室内卫生，做好安全检查。

⑦ 做好仪器使用记录，协助仪器专业维护人员定期进行仪器检定和校验。

4.3.1.5 仪器仪表技术档案

（1）总体要求

① 技术档案指各监测站活动中，形成的归档保存的各种图纸、图表、文字材料、计算材料等技术文件材料，同时还包括：各种与技术相关的文件、行文、信函、标准、规范、制度。

② 技术档案工作是技术管理、科研管理的重要组成部分，各站必须将技术文件材料的形成，积累整理，归档纳入各站责任范围，现场记录必须在现场及时填写，有专业维护人员的签字。工作程序和有关人员的岗位责任制，并进行严格考核。

③ 归档要及时、准确。严禁有重要档案丢失破损现象发生。可从技术档案中查阅和了解仪器设备的使用、维修和性能检验等全部历史资料，以对运行的各台仪器设备做出正确评价。技术档案应对入库的档案进行收集、分类、整理、编号、编目、立卷、登记、建账，做到账物相符。与仪器相关的记录可放置在现场，所有记录均应妥善保存，并用计算机管理档案，做到科学管理。

④ 各站形成的技术文件材料，必须按一个技术项目进行配套，加以系统管理，组成案卷，填写保管期限，注明密级，经技术负责人审查后，集中统一管理，任何人不得据为己有。

⑤ 已归档技术图纸、说明书的修改、补充应先请示领导，履行审批手续，并做好标识。

⑥ 建立技术档案的收进、移出总登记簿和分类登记簿，及时登记。编制检索工具，做好档案的借阅、查阅登记和利用工作。每年年末，要对技术档案的数量、利用情况进行统计。

⑦ 认真做好技术档案的八防工作（即防火、防盗、防潮、防晒、防鼠、防尘、防污染、防蛀），定期检查，发现问题，及时处理。保持库房和办公室的整洁卫生。

⑧ 技术档案管理实行专人管理、专人负责制度。库房管理人员工作变动时，必须办理交接手续。

⑨ 档案中的表格应采用统一的标准表格。

⑩ 记录应清晰、完整，现场记录应在现场及时填写，有专业维护人员的签字。

⑪ 可从技术档案中查阅和了解仪器设备的使用、维修和性能检验等全部历史资料，以对运行的各台仪器设备做出正确评价。

⑫ 与仪器相关的记录可放置在现场，所有记录均应妥善保存。

（2）技术档案内容

① 仪器的生产厂家、系统的安装单位和竣工验收记录。

② 监测仪器校准、零点和量程漂移、重复性、实际水样比对和质控样试验的例行记录。

③ 监测仪器的运行调试报告。

④ 监测仪器的例行检查记录。

⑤ 监测仪器的维护保养记录。

⑥ 检测机构的检定或校验记录。

⑦ 仪器设备的检修、易耗品的定期更换记录。

⑧ 各种仪器的操作、使用、维护规范。

（3）在线 COD 维修服务程序

① 工作流程

a. 准备工作。维修人员出发前应领取派修单，工作记录，仪器状态记录三个表。

b. 现场工作

（a）到达现场后，和用户了解情况后，如实在仪器状态表上填写仪器的工作环境。

（b）观察仪器的状态，外表是否干净，蒸馏水是否需要添加，试剂是否够，废液是否满。

（c）如实记录下仪器的线性。

（d）将用户反应的故障解除，并如实填写派修单。

（e）观察计量泵和止回阀处是否有漏酸，并记录。

（f）检查仪器的报警记录，分析报警次数多的原因，并记录。

（g）检查阀体是否有破裂，如有破裂或脏污清洗或更换，检查阀体在手动状态下检查是否开关自如。

（h）检查蒸馏水，试剂，污水样是否都在误差范围内，对于有误差的要调整，并记录。

（i）检查光度计内是否有漏酸，如有进行清洗。

（j）检查冷却泵和蠕动泵以及排水阀是否正常。

（k）检查仪器内部是否有短路、漏酸、漏水等异常现象。

（l）对于 B 型仪器还要检查污水箱是否漏水，潜污泵是否能打上水，潜污泵是否有污泥和杂物缠绕。

（m）将仪器和现场打扫干净。

（n）对仪器状态和可能存在的问题和隐患进行评价

（o）以上各部均需填写状态表。

（p）对于自己的行踪以及工作安排及时填写工作记录。

② 相关记录

a. 派修单；

b. 工作记录；

c. 仪器状态记录表。

4.3.2 运行与日常维护

4.3.2.1 监测数据与运转要求

在连续排放情况下，化学需氧量（COD$_{Cr}$）水质在线自动监测仪、总磷水质自动分析仪、总有机碳（TOC）水质自动分析仪、紫外（UV）吸收水质自动在线监测仪和氨氮水质自动分析仪等至少每小时获得一个监测值，每天保证有 24 个测试数据；pH 值、温度和流量至少每 10min 获得一个监测值。间隙排放期间，根据厂家的实际排水时间确定应获得的监测值。

对化学需氧量（COD$_{Cr}$）水质在线自动监测仪、总磷水质在线自动分析仪、总有机碳（TOC）水质在线自动分析仪、紫外（UV）吸收水质在线自动在线监测仪和氨氮水质自动分析仪而言，监测数据数不小于污水累计排放小时数。

对 pH 值、温度和流量而言，监测数据数不小于污水累计排放小时数的 6 倍。设备运转率应达到 90%，以保证监测数据的数量要求。设备运转率公式如下：

$$设备运转率（\%）=\frac{实际运行天数}{企业排放天数}\times100\%$$

4.3.2.2 维护工作

（1）每日工作

① 每日上午、下午远程检查仪器运行状态，检查数据传输系统是否正常，如发现数据有持续异常情况，应立即前往站点进行检查。

② 每 48 小时自动进行总有机碳（TOC）、氨氮、总磷水质在线自动分析仪及化学需氧量（COD_{Cr}）水质在线自动监测仪、紫外（UV）吸收水质在线自动监测仪的零点和量程校正。

（2）每周工作　每周 1～2 次对监测系统进行现场维护，现场维护内容包括：

① 检查各台自动分析仪及辅助设备的运行状态和主要技术参数，判断运行是否正常。

② 检查自来水供应、泵取水情况，检查内部管路是否通畅，仪器自动清洗装置是否运行正常，检查各自动分析仪的进样水管和排水管是否清洁，必要时进行清洗。定期清洗水泵和过滤网。

③ 检查站房内电路系统、通讯系统是否正常。

④ 对于用电极法测量的仪器，检查标准溶液和电极填充液，进行电极探头的清洗。

⑤ 若部分站点使用气体钢瓶，应检查载气气路系统是否密封，气压是否满足使用要求。

⑥ 检查各仪器标准溶液和试剂是否在有效使用期内，按相关要求定期更换标准溶液和分析试剂。

⑦ 观察数据采集传输仪运行情况，并检查连接处有无损坏，对数据进行抽样检查，对比自动分析仪、数据采集传输仪及上位机接收到的数据是否一致。

（3）月度工作　每月现场维护内容如下。

① 总有机碳（TOC）水质在线自动分析仪：检查 $TOC\text{-}COD_{Cr}$ 转换系数是否适用，必要时进行修正。对 TOC 水质在线自动分析仪载气气路的密封性、泵、管、加热炉温度等进行一次检查，检查试剂余量（必要时添加或更换），检查卤素洗涤器、冷凝器水封容器、增湿器，必要时加蒸馏水。

② pH 水质在线自动分析仪：pH 水质在线自动分析用酸液清洗一次电极，检查 pH 电极是否钝化，必要时进行更换，对采样系统进行一次维护。

③ 化学需氧量（COD_{Cr}）水质在线自动监测仪：检查内部试管是否污染，必要时进行清洗。

④ 流量计：检查超声波流量计高度是否发生变化。

⑤ 紫外（UV）吸收水质在线自动监测仪：检验 $UV\text{-}COD_{Cr}$ 转换曲线是否适用。必要时进行修正。

⑥ 氨氮水质在线自动分析仪：气敏电极表面是否清洁，仪器管路进行保养、清洁。

⑦ 总磷水质在线自动分析仪：检查采样部分、计量单元、反应器单元、加热器

单元、检测器单元的工作情况，对反应系统进行清洗。

⑧ 水温：进行现场水温比对试验。

⑨ 每月的现场维护内容还包括对在线监测仪器进行一次保养，对水泵和取水管路、配水和进水系统、仪器分析系统进行维护。对数据存储/控制系统工作状态进行一次检查，对自动分析仪进行一次日常校验。检查监测仪器接地情况，检查监测用房防雷措施。

除流量外，运行维护人员每月应对每个站点所有自动分析仪至少进行 1 次自动监测方法与实验室标准方法的比对试验，试验结果应满足本标准的要求。实际水样比对试验或校验的结果不满足 HJ/T 355—2007 表 1（本书表 4-4）中规定的性能指标要求时，应立即重新进行第 2 次比对试验或校验，连续三次结果不符合要求，应采用备用仪器或手工方法监测。备用仪器在正常使用和运行之前应对仪器进行校验和比对试验。

表 4-4 性能指标要求

仪器名称		响应时间/min	零点漂移	量程漂移	重复性误差	实际水样比对试验相对误差
pH 水质在线自动分析仪		0.5min		±0.1pH	±0.1pH	±0.5pH
水温						±0.5℃
总有机碳（TOC）水质在线自动分析仪		参照仪器说明书	±5%	±5%	±5%	按 COD_{Cr} 实际水样比对试验相对误差要求考核
化学需氧量（COD_{Cr}）水质在线自动监测仪		—	±5mg/L	±10%	±10%	±10% 以接近于实际水样的低浓度质控样替代实际水样进行试验（COD_{Cr}＜30mg/L）
						±30%（30mg/L≤COD_{Cr}＜60mg/L）
						±20%（60mg/L≤COD_{Cr}＜100mg/L）
						±15%（COD_{Cr}≥100mg/L）
总磷水质在线自动分析仪		参照仪器说明书	±5%	±10%	±10%	±15%
紫外（UV）吸收水质在线自动监测仪		参照仪器说明书	±2%	±4%	±4%	按 COD_{Cr} 实际水样比对试验相对误差要求考核
氨氮水质在线自动分析仪	电极法	5min 内	±5%	±5%	±5%	±15%
	光度法	参照仪器说明书	±5%	±10%	±10%	±15%

注：实际水样比对试验相对误差计算方法见 HJ/T 356—2007 第 4 章。

① 化学需氧量（COD$_{Cr}$）水质在线自动监测仪。以化学需氧量（COD$_{Cr}$）水质在线自动监测方法与实验室标准方法 GB 11914 进行现场 COD$_{Cr}$ 实际水样比对试验，比对过程中应尽可能保证比对样品均匀一致。比对试验总数应不少于 3 对，其中 2 对实际水样比对试验相对误差（A）应满足 HJ/T 355—2007（表 4-4）规定的要求。实际水样比对试验相对误差（A）公式如下：

$$A = \frac{X_n - B_n}{B_n} \times 100\%$$

式中　　A——实际水样比对试验相对误差；

　　　X_n——第 n 次测量值；

　　　B_n——实验室标准方法的测定值；

　　　n——比对次数。

② 总有机碳（TOC）水质在线自动分析仪。若将 TOC 水质在线自动分析仪的监测值转换为 COD$_{Cr}$ 时，用 COD$_{Cr}$ 的实验室标准方法 GB 11914 进行实际水样比对试验。对于排放高氯废水（氯离子浓度在 1000～20000mg/L）的水污染源，实验室化学需氧量分析方法采用 HJ/T 70。比对过程中应尽可能保证比对样品均匀一致。比对试验总数应不少于 3 对，其中 2 对实际水样比对试验相对误差（A）应满足 HJ/T 355—2007 表 1（本书表 4-4）规定的要求。实际水样比对试验相对误差（A）公式如下：

$$A = \frac{X_n - B_n}{B_n} \times 100\%$$

式中　　A——实际水样比对试验相对误差；

　　　X_n——第 n 次测量值；

　　　B_n——实验室标准方法的测定值；

　　　n——比对次数。

③ 紫外（UV）吸收水质在线自动监测仪。若将紫外（UV）吸收水质在线自动监测仪的监测值转换为 COD$_{Cr}$ 时，用 COD$_{Cr}$ 的实验室标准方法 GB 11914 进行实际水样比对试验。对于排放高氯废水（氯离子浓度在 1000～20000mg/L）的水污染源，实验室化学需氧量分析方法采用 HJ/T 70。比对过程中应尽可能保证比对样品均匀一致。比对试验总数应不少于 3 对，其中 2 对实际水样比对试验相对误差（A）应满足 HJ/T 355—2007 表 1（本书表 4-4）规定的要求。实际水样比对试验相对误差（A）公式如下：

$$A = \frac{X_n - B_n}{B_n} \times 100\%$$

式中　　A——实际水样比对试验相对误差；

　　　X_n——第 n 次测量值；

　　　B_n——实验室标准方法的测定值；

　　　n——比对次数。

④ 氨氮水质在线自动分析仪。分别以氨氮水质在线自动分析方法与实验室标准方法 GB 7479 或 GB 7481 进行实际水样比对试验，比对过程中应尽可能保证比对样品均匀一致。比对试验总数应不少于 3 对，其中 2 对实际水样比对试验相对误差（A）应满足 HJ/T 355—2007 表 1（本书表 4-4）规定的要求。实际水样比对试验相对误差（A）公式如下：

$$A = \frac{X_n - B_n}{B_n} \times 100\%$$

式中　A——实际水样比对试验相对误差；

　　X_n——第 n 次测量值；

　　B_n——实验室标准方法的测定值；

　　n——比对次数。

⑤ 总磷水质自动分析仪以总磷水质在线自动分析方法与实验室标准方法 GB 11893 进行实际水样比对试验，比对过程中应尽可能保证比对样品均匀一致。比对试验总数应不少于 3 对，其中 2 对实际水样比对试验相对误差（A）应满足 HJ/T 355—2007 表 1（本书表 4-4）规定的要求。实际水样比对试验相对误差（A）公式如下：

$$A = \frac{X_n - B_n}{B_n} \times 100\%$$

式中　A——实际水样比对试验相对误差；

　　X_n——第 n 次测量值；

　　B_n——实验室标准方法的测定值；

　　n——比对次数。

⑥ pH 水质自动分析仪。pH 水质在线自动分析方法与标准方法 GB 6920 分别测定实际水样的 pH 值，实际水样比对试验绝对误差控制在 ±0.5pH 值。

⑦ 温度。进行现场水温比对试验，以在线监测方法与标准方法 GB 13195 分别测定温度，变化幅度控制在 ±0.5℃。

⑧ 质控样试验。运行维护人员每月应对每个站点所有自动分析仪至少进行 1 次质控样试验，采用国家认可的两种浓度的质控样进行试验，一种为接近实际废水浓度的质控样品，另一种为超过相应排放标准浓度的质控样品，每种样品至少测定 2 次，质控样测定的相对误差不大于标准值的 ±10%。

（4）季度工作

① 季度维护。每 3 个月至少对总有机碳（TOC）水质在线自动分析仪试样计量阀等进行一次清洗。检查化学需氧量（CODcr）水质在线自动监测仪水样导管、排水导管、活塞和密封圈，必要时进行更换，检查氨氮水质自动分析仪气敏电极膜，必要时进行更换。

根据实际情况更换化学需氧量（CODcr）水质在线自动监测仪水样导管、排水导管、活塞和密封圈，每年至少更换一次总有机碳（TOC）水质在线自动分析仪注射器活塞、燃烧管、CO_2吸收器。

② 季度校验。每季应进行现场校验，现场校验可采用自动校准或手工校准。现场校验内容包括重复性试验、零点漂移和量程漂移试验。

a. pH 值水质在线自动分析仪校验方法详见 HJ/T 96—2003 第 8 章。

b. 化学需氧量（COD_{Cr}）水质在线自动监测仪校验方法详见 HBC 6—2001。

c. 总有机碳（TOC）水质在线自动分析仪校验方法详见 HJ/T 104—2003 第 9 章。

d. 氨氮水质在线自动分析仪校验方法详见 HJ/T 101—2003 第 8 章。

e. 总磷水质在线自动分析仪校验方法详见 HJ/T 103—2003 第 8 章。

f. 紫外（UV）吸收水质在线自动监测仪校验方法详见 HJ/T 191—2005 第 7 章。

g. 当仪器发生严重故障，经维修后在正常使用和运行之前亦应对仪器进行一次校验。

h. 校验的结果应满足 HJ/T 355—2007 表 1（本书表 4-4）技术要求。

i. 在测试期间保持设备相对稳定，作好测试记录和调整、校验、维护记录。

此处未提及的校验内容，参照相关仪器说明书要求执行。

（5）其他预防性维护

① 保持机房、实验室、监测用房（监控箱）的清洁，保持设备的清洁，避免仪器振动，保证监测用房内的温度、湿度满足仪器正常运行的需求。

② 保持各仪器管路通畅，出水正常，无漏液。

③ 对电源控制器、空调等辅助设备要进行经常性检查。

④ 此处未提及的维护内容，按相关仪器说明书的要求进行仪器维护保养、易耗品的定期更换工作。

⑤ 操作人员在对系统进行日常维护时，应作好巡检记录，巡检记录应包含该系统运行状况、系统辅助设备运行状况、系统校准工作等必检项目和记录，以及仪器使用说明书中规定的其他检查项目和校准、维护保养、维修记录。

⑥ 仪器废液应送相关单位妥善处理。

4.3.2.3　仪器的检修

① 在线监测设备需要停用、拆除或者更换的，应当事先报经环境保护有关部门批准。

② 运行单位发现故障或接到故障通知，应在 24 小时内赶到现场进行处理。

③ 对于一些容易诊断的故障，如电磁阀控制失灵、膜裂损、气路堵塞、数据仪死机等，可携带工具或者备件到现场进行针对性维修，此类故障维修时间不应超过 8h，对不易诊断和维修的仪器故障，若 72h 内无法排除，应安装备用仪器。

④ 仪器经过维修后，在正常使用和运行之前应确保维修内容全部完成，性能通过检测程序，按国家有关技术规定对仪器进行校准检查。若监测仪器进行了更换，在正常使用和运行之前应对仪器进行一次校验和比对实验，校验和比对试验方法详见 HJ/T 355—2007 第 4 章、第 5 章。

⑤ 若数据存储/控制仪发生故障，应在 12 小时内修复或更换，并保证已采集的数据不丢失。

⑥ 第三方运行的机构，应备有足够的备品备件及备用仪器，对其使用情况进行定期清点，并根据实际需要进行增购，以不断调整和补充各种备品备件及备用仪器的存储数量。

⑦ 在线监测设备因故障不能正常采集、传输数据时，应及时向环境保护有关部门报告，必要时采用人工方法进行监测，人工监测的周期不低于每两周一次，监测技术要求参照 HJ/T 91—2002 执行。

4.3.2.4 运营工作技术考核要求

技术考核从运行与日常维护、校验、检修、质量保证和质量控制、数据准确性、数据数量要求、设备运转率、仪器技术档案几个方面来考核，运行工作考核方法详见表 4-5。技术考核成绩作为评定运行单位工作质量的重要依据。

4.3.2.5 巡检维护项目

（1）COD 在线自动监测仪

① 检查冷却水的量及冷却水管路，确认冷却系统正常。

② 检查进样及流程系统是否有漏夜漏酸问题。

③ 检查主控电路电子器件有无过热现象。

④ 确认各阀体、部件工作正常有效。

⑤ 清洗采样过滤器，确认采样系统工作正常。

⑥ 清理收集废液，进行集中处理。

⑦ 添加蒸馏水。

⑧ 当试剂不足一周使用时，配制、添加试剂。

⑨ 对仪器室进行通风。

⑩ 对仪器设备进行保洁，包括工控机过滤网、机壳尘土、机内污渍、室内卫生。

⑪ 巡检维护工作不定期进行，认真填写"巡检维护记录"。

⑫ 每月对比色阀清洗更换一次。

⑬ 每三个月对仪器校准一次。

（2）氨氮在线自动监测仪

① 工作人员要定期检查仪器的运行情况，半个月检查 1 次管路有无泄漏，1 个月检查 1 次管路有无固体沉积物及藻类的积累，保证管路没有堵塞现象。

② 定期检查试剂、清洗液及标准液的液位，至少半个月补充 1 次试剂、清洗液及

表 4-5 运行工作技术考核要求

考 核 内 容		考 核 要 求
运行与日常维护	站房、辅助设备	保持站房清洁,保证监测用房内的温度、湿度满足仪器正常运行的需求,辅助设备工作正常
	采水、排水及内部管路	定期维护和清洁,保证内部管路通畅,防止堵塞和泄漏
	自动分析仪	定期清洗、定期更换试剂、定期更换易耗品、定期校准仪器
	电路、仪器传输	保持电路、仪器传输系统正常工作
	维护工作量	按本标准"运行与日常维护"要求定时远程监控及对自动监测仪器设备进行现场维护
校验		按标准 5 进行校验,结果满足要求
检修		按标准 6 要求,对系统进行检修,在更换新的仪器或修复后的仪器在运行之前按规定进行必要的检测和校准,各项指标达到要求
质量保证和质量控制	操作人员	操作人员培训考核合格,持证上岗
	标准溶液	定期对标准溶液进行核查,结果符合要求
	实际水样比对实验	定期进行实际水样比对实验,结果符合要求
数据准确性	仪器技术指标	仪器各项技术指标在标准8.1规定的范围内
	平均无故障连续运行时间	平均无故障连续运行时间在标准8.2规定的范围内
数据数量要求		满足8.4监测数据数量要求
设备运转率		满足8.5要求
仪器技术档案	仪器操作使用说明或维护技术要求	有仪器操作使用说明及维护规程,记录清晰、完整,符合标准10技术档案要求
	例行检查记录、运行调试报告、校验记录、仪器设备的检修记录、运行记录	运行维护记录、校验、检修、保养等记录清晰、完整,符合标准10技术档案要求

标准液,1 个月彻底洗刷试剂桶 1 次。

③ 定期检查夹管阀及泵管的情况,一般 1 个月挪动 1 次夹管阀处硅胶管的位置,2 个月挪动 1 次泵管的位置,4 个月更换 1 次仪器全部管路及连接管路的两通、三通接头。

④ 定期检查气透膜,一般半个月检查 1 次气透膜上是否有气泡或气透膜是否被玷污,1 个月更换 1 次气透膜及内充液。

⑤ 时常注意仪器的过滤情况是否正常,半个月检查 1 次精过滤的过滤效果,1 个

月清洗 1 次钛过滤芯，1 年更换 1 次钛过滤芯。

　　⑥ 视被测水质的情况，定期检查电极的性能，1 年更换 1 次电极（电极法仪器）。

　　⑦ 定期检查采水泵的运行情况，采水异常时维修、维护采水泵，必要时更换采水泵。

　　⑧ 当仪器长期停机时，将电极的内充液弃去，用无氨水将内电极和电极外套管洗净并用滤纸擦干，组装好放在电极包装中小心存放。

　　具体维护项目见表 4-6。

表 4-6　氨氮在线自动监测仪日常维护项目

序号	项　　目	维护周期	备　　注
1	更换电极	1 年	
2	补充溶液	—	根据实际情况及时补充
3	检查电极内充液和电极膜状态	2 周	更换电极膜后必须补充内充液
4	移动夹管阀处软管	3 周	
5	检查管路情况	2 周	
6	泵管移位	6 个月	
7	更换泵管	12 个月	
8	清洗滤芯（采水单元）	2 周	拆下滤芯进行超声波清洗，清洗时水温为 40～50℃
9	检查采样泵	2 周	
10	检查采样头	2 周	
11	更换电路板	2～3 年	

（3）五参数在线监测仪日常维护

五参数在线监测仪日常维护项目见表 4-7。

表 4-7　五参数在线监测仪日常维护项目

序号	项　　目		维护周期	备　　注
1	更换电极		1～2 年	视应用环境可适当调整
2	检查电极	pH 电极	1 月	清洗、浸泡电极
		EC 电极	1 月	清洗，（视准确度要求）校准
		DO 电极	2～3 月	更换膜和电解液或进行再生处理，校准
		温度电极	2～3 月	一般不需维护，可视准确度要求而定
		浊度	1 月	擦拭镜片或进行校准检查
3	人工清洗电极		1 月	擦拭干净电极表面的附着物
4	检查管路情况		1 月	检查流量是否适当，是否堵塞
5	检查各参数示值		1 月	检查示值准确度是否满足要求
6	更换电路板		2～3 年	不更换可能会影响仪器性能

（4）TOC 在线自动监测仪日常维护

TOC 在线自动监测仪日常维护项目见表 4-8。

表 4-8　TOC 在线自动监测仪日常维护项

序号	项　　目	周　　期	备注（损坏现象）
1	催化剂	1～2 年	效率下降、测定值偏低
2	石英管	4 个月	损坏或有盐垢
3	陶瓷棉	2.5 个月	测定值偏低
4	O 形圈	4 个月	测定值偏离
5	泵管	1 年	无水样报警
6	盐酸	10 月～1 年	无试剂报警
7	蒸馏水	1 年	无蒸馏水报警
8	邻苯二甲酸氢钾	1 个月	
9	燃烧炉	2～3 年	温度报警
10	钠石灰	1 年	变黄
11	活性炭	1 年	
12	注入管	2 个月	脏
13	阀芯	半年	测定值偏离
14	滤膜	2 月	测定值偏低
15	N_2 瓶	1 个月	测定值异常
16	远红外分析仪	1 年	零点无法调整

（5）配水单元日常维护

配水单元日常维护项目见表 4-9。

表 4-9　配水单元日常维护项目

序号	项　　目	维护周期	备　　注
1	气泵、清水泵、除藻泵	1 月	检查气泵和清水泵工作状况
2	沉沙池内壁及过滤网	经常	检查是否需要清洗（检查周期视情况而定）
3	配水管路	2 月	检查是否有滴漏现象根据样品污染情况进行清洗
4	电动（球）阀	经常	开关两三次，检查其工作情况，清除阀内杂物，清洗阀体
5	除藻装置	经常	检查是否有滴漏现象清洗除藻泵及除藻池等

注："经常"表示去水站作其他维护时要视情况顺便检查。

（6）采水单元日常维护

采水单元日常维护项目见表 4-10。

表 4-10　采水单元日常维护项目

序号	项　目	维护周期	备　注
1	采水浮筒	1 周	检查浮筒固定情况
2	加压泵	1 月	检查水泵管路和电缆连接情况、叶轮运转及水量情况
3	过滤网	2 周	清洗
4	清水泵		清洗泵体、入水口滤网
5	采水管路		检查是否出现打折现象,是否畅通; 清理管路周边杂物,在含沙量大或者藻类密集的水体断面应根据具体情况进行人工清洗
6	水泵	1 年	聘请专业人员维护维修,建议更换水泵

注：具体维护操作规程细节详见各部分说明书。

4.3.3　表格汇总

4.3.3.1　仪器设备运转状况与维护

（1）在线监测仪日状况报告表

_____在线监测仪日状况报告表

检查日期：___年___月___日　　　　　　　　检查人：_____

序号	企业名称	联网情况	有效数据个数	超标情况	异常情况说明	备注

（2）周工作巡查检修记录表

周工作巡查检修记录表

企业			仪器类别		型号	
周次	第　　周		日　期	月　　日	时间	时到　时
常规维护	维护项目	打√或量值	签名	维护项目	打√或量值	签名
	仪器运行状态			清洗水泵和过滤网		
	自来水供应			电极维护		
	采样泵取水			添加标准溶液		
	内部管路通畅			添加 A 试剂		
	供电系统			添加 B 试剂		
	通讯系统			添加蒸馏水		
	当前线性公式			清理废液		
	清理环境卫生			清理仪器卫生		
特殊变动 异常维修	（异常情况描述/重大变动记录）：					
	原因分析与采取措施：					
	处理结果：					
	器件损坏或更换说明：					
	实施人1：　　　　　　实施人2：					
领导审批	签字：　　　　年　　月　　日					

（3）月度维护与校验记录

月度维护与校验记录

企业				仪器类别			型号	
月次	第　　月			日　期	月　　日		时间	时到　　时
常规维护	维护项目	打√或量值	签名	维护项目		打√或量值		签名
	气路的密封性			超声波高度校准				
	冷凝器水			气敏电极保养				
	pH电极活化			接地情况				
	内部管路维护			防雷措施				
校验	第一次	质控样1	质控样2	水样1		水样2		水样3
	标准值							
	仪器值							
	误差							
	结论							
	线性变动过程记录：							
	第二次	质控样1	质控样2	水样1		水样2		水样3
	标准值							
	仪器值							
	误差							
	结论							
	实施人：　　　　　　　　　实施人：							
领导审批	签字：　　　　　年　　月　　日							

（4）季度维护与检验记录

季度维护与检验记录

企业				仪器类别			型号		
月次	第　月			日　期	月　日		时间	时到　时	
常规维护	维护项目	打√或量值	签名	维护项目		打√或量值	签名		
	计量阀维护			密封圈更换					
	蠕动泵管更换			过滤网更换					
	比色池更换			关键部件检测					
重复性		1	2	3	4		5	6	
	仪器值								
	标准值								
	重复性								
	结论								
零点漂移	1	2	3	4	5	6	7	8	9
	10	11	12	13	14	15	16	17	18
	19	20	21	22	23	24	25	26	27
	初期零值：　　　零点漂移：　　　结论：								
量程漂移	零点漂移前			零点漂移后					
	1	2	3	1		2		3	
	量程漂移：　　　　　　　　　　　结论：								
	测试过程情况描述：								
	实施人：　　　　　　实施人								
领导审批	签字：　　　　　年　月　日								

（5）COD 在线自动监测仪器状态表

项　　目	是否进行	备　　注
仪器的工作环境		
蒸馏水,试剂废液		
线性		
计量泵和止回阀处是否有漏酸		
报警记录		
阀体是否有破裂,阀体线圈位置是否合适		
蒸馏水、试剂、污水样计量是否都在误差范围内		
光度计内是否有漏酸		
冷却泵和蠕动泵以及排水阀是否正常		
仪器内部是否有短路、漏酸、漏水等异常现象		
污水箱是否漏水,潜污泵是否有污泥和杂物缠绕		
将仪器和现场打扫干净		
仪器状态和可能存在的问题和隐患进行评价		

（6）COD 在线自动监测仪现场巡查工作记录

客户名称：

时间	工作记录	工作中出现的问题	处理方法	处理结果	调试人

4.3.3.2 培训

（1）培训计划表

在线自动监测仪器运营培训计划表

序号	培训内容	时间	地点	参加人员

（2）培训签到表

编号：

培训日期			报到时间	
培训内容			培训地点	
序号	姓　名	联系电话	e-mail	备注

（3）员工培训记录

序号：　　　　　　　　　　　　　　　　　　　　　　　　编号：

培训时间		年　月　日	培训地点	
组织单位			培训方式	
NO.	培训内容		培训师	备注
对培训师的评价：				
个人收获与体会： 签名：				

（4）公司培训记录表

序号：   编号：

培训日期		培训地点	
培训教师		培训方式	
培训题目			

参加培训人员（共　　人）：

培训内容：

考核方式及成绩：

考核合格率：

记录人：　　　　记录时间：　　　　记录单位：

4.3.3.3 服务记录表

（1）前期准备工作调查表

企业名称			
企业所在市、县			
联系人		联系电话	
主要产品		污水类型	
仪器安置点位置描述			
预计站房距排污口的距离	落差距离大约（　）米，水平距离大约（　）米，总距离（　）米		
水泥平台、地面处理完工日期	年　月　日		
现场环境	□晴　□阴　□多雨	四季温度范围　　℃	湿度　　％
仪器房	□标准房　　□自备房　　□其他设备同房间		
排风设施	□具备　□不具备　□排风扇　□通风柜　□其他		
冷暖空调	□具备　　□不具备　　□是否来电自动启动		
干湿温度计	□具备　□不具备	上下水通道	□具备　□不具备
供电电源状况详细说明	□交流 220V 50Hz　□良好接地　□闸刀开关　□保险丝 □漏电保护　□插座排不少于 2 个三角插座和 2 个两角插座		
排污水质类型		流量计到站房距离　　米	
排污口类型	□明渠　□暗渠　□管道	水渠宽度　　米	
排放方式	□恒定排放　　□周期排放　　□不定时排放		
排污口污水排量	m^3/h	排量峰值	$\times 10^{-3}$（m^3/s）
是否安装流量计	□是　　□否	是否安装数据采集器	□是　　□否
拟选用堰槽形状及尺寸	□巴氏槽型号　□三角堰板型号　□矩形堰板型号		
水样基本情况	COD 排放达标浓度　　mg/L	COD 实际浓度范围　　mg/L	
氯离子浓度最大值		pH 值	
联网电话线	□接通　　□没有接通	□有避雷措施　　□无避雷措施	
化验用品	□已准备就绪　　□没有准备		
用户要求及其他情况说明			

调查人：　　　领导审核：　　　填表日期：　年　月　日

（2）COD在线自动监测仪档案表

地区：

厂家名称			邮编		传真	
厂长		手机		联系电话		
联系人	(1)	(2)	地址			
职位			隶属关系			
手机			仪器型号		出厂编号	
联系电话			是否改造		隶属关系	
仪器安装		安装人	接管时间		验收人	
试剂类别			COD 范围			
水质情况						
堰槽种类			仪器到排水距离	水平：　米　　竖直：　米		
采样系统	采样方式	自吸泵□　蠕动泵□　潜污泵□		阀体	电磁阀□	二位二通电磁阀产地、电压：
	进样方式	计量杯□　　计量管□				两位三通电磁阀产地、电压：
	何种类型试剂					是否有反冲洗装置：是□否□
通讯协议			通讯线路是否完好		通讯方式：无线□ 有线□	
站房种类		活动□　　自备□		站房是否有排风扇	是□　　否□	
站房环境				站房是否安有空调	是□　　否□	
备注						

统计人：　　　　　　　日期：

（3）电话回访记录单

单位名称		电　话	
联 系 人		回访时间	
仪器名称		回 访 人	
回访内容	客户意见及要求		
产品性能			
产品外观			
运行状态			
技术水平			
服务态度			
用户建议			

（4）配件耗材更换提醒单

配 件 耗 材 更 换 提 醒 单

贵单位_____仪器部分配件耗材寿命已经到期，望能及时更换，否则将可能导致仪器数据不准确，故障率偏高，甚至无法正常运行，请予关注。

需要更换配件耗材清单如下：

序号	配件名称	所属仪器	单价(元)	数量	小计(元)	备注
合计(元)						

如需要或有疑问，欢迎致电技术服务电话（　　）-（　　），谢谢合作！

客户名称：　　　　　　　　　　部门：

（盖章）　　　　　　　　　　　提醒人签字：

客户签字：　　　　　　　　　　电话：

日期：　　　　　　　　　　　　日期：

（5）配件使用确认单

配 件 使 用 确 认 单

_____

现对贵单位_____仪器进行维护维修过程中，更换了如下配件：

序号	配件名称	所属仪器	单价(元)	数量	是否收费(√)	小计(元)
					是□ 否□	
					是□ 否□	
					是□ 否□	
					是□ 否□	
					是□ 否□	
					是□ 否□	
合计(元)						

请核实，无误后签字确认，谢谢！

注：如仪器已超过保修期，请将更换配件费用在____月____日前汇入我公司账户，谢谢您的支持。

开户行：

账号：

客户名称：　　　　　　　　　　部门：

（盖章）：　　　　　　　　　　（盖章）：

客户签字：　　　　　　　　　　维修人签字：

日期：　　　　　　　　　　　　日期：

4.4　维修维护常识

4.4.1　基本常识

4.4.1.1　附属装置

（1）添加打印纸　装纸的一般过程如下。

① 取下打印机的前盖板。

② 从仪器面板上取下整个打印机。请如图所示方向用手指向内夹住打印机的两侧活动舌头，将整个打印机从仪器面板上轻轻取下。注意在取下打印机之前，一定要

确认已关断打印机的电源。

③ 从打印机上取下纸卷轴（见图 4-2）。

④ 将新纸卷套在纸卷轴上，并按图所示将纸卷轴用力插入打印机的导槽内，一定要确认纸卷轴已安装牢固，不会掉出（见图 4-3）。

⑤ 将纸端剪成如图 4-4 的式样。

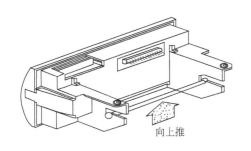

图 4-2　打印机纸卷轴

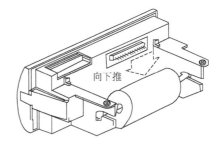

图 4-3　安装新纸

⑥ 接通打印机的电源，按 SEL 键，使 SEL 指示灯灭，然后再按 LF 键，使机头转动。这时用手将纸头送入机头下面入口纸处，纸便会徐徐进入机头，直到从机头正前方露出为止，露出应有一定长度。再按一下 LF 键或 SEL 键，或关上电源。盖好打印机的前盖板，将打印机的头从前盖板的出纸口中穿出。

⑦ 将打印机装回到仪器的面板上。

（2）更换色带　色带盒在仪器出厂时

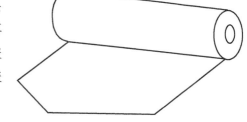

图 4-4　纸端式样

已经装好，但经过一段时期使用后，需要更换色带盒。可以按下面的步骤更换色带盒。

① 如图 4-5 所示取下打印机的前盖板。

② 从打印机头上轻轻取下旧色带盒（见图 4-6）。

注意：请先抬起色带盒的左端，然后再抬起色带盒的右端，取下色带盒。

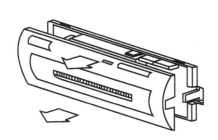

图 4-5　取下打印机前盖板

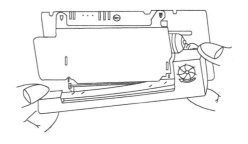

图 4-6　取下旧色带盒

③ 换新的色带盒。首先将色带盒的右端轻轻放在机头右端的齿轮轴上，左端稍微抬起，不要放下。这时如发现色带盒右端未落到底，请用手指按住色带盒上的旋钮，按箭头方向稍微转动一下，直到色带盒的右端落到底后再放下色带盒的左端。请检查色带是否拉直，如未拉直，或色带还露在色带盒的外面，可再旋转色带盒上的旋钮，直到把色带拉入色带盒内并拉直为止。当没有纸在机头里时，更换色带更加容易。

④ 装上打印机的前盖板。

4.4.1.2　基本配件

（1）铂电阻　铂电阻是众多监测仪用来测量温度的传感器。以下方法将介绍如何简便的定性的判断铂电阻是否已损坏。

铂电阻在 0℃ 的阻值一般为 100Ω，温度每升高 1℃，电阻值升高 0.4Ω 左右。即若在室温（25℃）下用万用表电阻挡测其阻值，其值应为 110Ω 左右。符合上述规律，说明铂电阻是好的；否则，说明铂电阻已损坏。

（2）61-FG 液位继电器　将继电器的 E1、E2、E3 三端通过导电引线引入到污水中，按正确方法给液位继电器通电后，指示灯应亮；拿出 E1，灯不灭；拿出 E2，灯灭；放入 E2，灯不亮；放入 E1，灯亮。不符合上述规律说明继电器坏。

4.4.2　COD 在线自动监测仪常见故障分析与排除

4.4.2.1　样品输送

（1）进样故障　如发生进样故障，可按以下步骤进行检查：

① 水压太小，不足以进样。调节进样调节阀，增大水量。

② 进样时间短。调整进样时间，进样刚好溢流。

③ 电路故障。检查电路部分，阀体供电线路是否连接无误。

④ 进样阀坏。如果以上问题都可以排除，那么就是进样阀坏，更换进样阀。

（2）试剂泄漏

① 管路老化损坏。更换管路。

② 两位三通阀坏。先检查阀芯，看是否为聚四氟阀芯，再更换两位三通阀。

（3）试剂不能自动加入（1mL 或 5mL）

① 光耦失控，计量电路板对应的发光二极管亮，手动时 B 试剂按键无法按红或手动时按"1mL"（或"5mL"）按键，液柱上升到光控位置，光耦不响应，调节计量电路板上相对应的电位器，使发光二极管处于刚好灭的状态。

② 查看光耦与光耦座间是否连接好。

③ 检查光耦线。

（4）蠕动泵不采水

① 电机驱动电压不够。调节电位器，直到蠕动泵正常工作。

② 驱动器故障。更换驱动器。

③ 软管变形或坏。更换软管的位置或更换软管。

④ 滚轴坏。更换滚轴。

4.4.2.2 其他故障

（1）动作不到位

① 杂物堵塞或者卡住阀芯。取下阀体清洗（注意原样装好，勿丢失弹簧）。

② 电路故障。检查电路部分，阀体供电线路是否连接无误。

（2）消解器温度过高或过低（正常为 $165\pm2℃$）

① 铂电阻坏。室温下（25℃），铂电阻应为 $110\pm0.5\Omega$（每升高 1℃，电阻值升高 0.4Ω）。否则，更换铂电阻。

注：测量时请将铂电阻的一端拆下。

② 温控仪坏。检查接插件是否接触良好，若接插件无问题，需请专业人员维修。

③ 热装置坏。测量温控仪接线中加热块 L、加热块 N 间电阻，其阻值应在 484Ω 左右。如果远大于此值，则可能加热装置坏，请检查线路是否断路或加热棒烧坏（每根加热棒的阻值应为 484Ω）。

（3）AD 值过低或异常

① 光度计电源故障。按电路图检查各连线，看是否有接触不好，造成光度计无供电。

② 可调电阻器未调节好。在手动状态，将比色皿接满蒸馏水，打开光度计，启动 AD 转换，调节可调电阻器，使实时 AD 达到 3600 左右即可。

③ 发光二极管坏或老化。如果电源没有问题，发光二极管不亮或很暗，说明已坏或老化，需要更换。

④ 光敏二极管坏。

⑤ AD 模块坏。

（4）零点电压超高

① 光门控制失灵。检查线路是否有断路情况，将其调试正常。

② 光度计零漂大。打开光度计，调节 0 点电位器，使其 AD 值不超过 40。

（5）无流量

① 流量探头无电流电压。先检查线路是否正常，再看 PLC 的 24V 输出是否正常。

② 流量探头有电流电压但无信号电压。先检查线路是否正常，再看流量探头是否损坏。

③ 数据接口未接好。

④ AD 模块坏（无 AD 信号）。若 AD 模块有输入，而实时 AD 无输出，则 AD 模块坏，更换模块。如果 AD 模块无输入，检查光度计；

XH9005-B 型 COD 在线自动监测仪故障分析见表 4-11。

表 4-11　**XH9005-B 型 COD 在线自动监测仪故障分析**

序号	故 障 现 象	故 障 原 因
1	阀体动作不到位	阀体内有杂物堵塞
		电路故障
2	进样阀堵或不进样	水量太小,不足以进样
		进样时间短
		进样阀坏
3	消解器温度过高或过低(正常为 165℃±2℃)	铂电阻坏
		温度变送器坏
		温控仪坏
		加热装置坏
4	实时 AD=0	光度计电源故障
		发光二极管坏
		光敏二极管坏
		AD 模块故障
5	液位探测器无信号	液位过低
		电极脱落
		电路故障
		液位探测器坏
		驱动器故障
6	COD 超高	报警上限设置过低
		水样计量偏大
		试剂量小
		试剂过期失效
		观察光度计与试剂是否配套
7	无流量	人工液位调试错误
		流量计反馈电压超 5 V
		流量探头无电流电压
		流量探头有电流电压但无信号电压
		数据接口未接好
		AD 模块坏(无 AD 信号)

续表

序号	故　障　现　象	故　障　原　因
8	仪器不按程序设定运行	有个别设定处于非正常状态
		程序乱
9	试剂不能自动加入（1mL 或 5mL）	光耦失控。计量电路板对应的发光二极管亮,手动时 B 试剂按键无法按红;或手动时按"1mL"（或"5mL"）按键,液柱上升到光控位置,光耦不响应
		光耦与光耦座间未连接好,有漏光
		光耦线故障
10	试剂漏	管路老化损坏
		两位三通阀坏
11	触摸屏显示通讯错误或者无法传输程序	数据线虚接或坏
		PLC 坏
		触摸屏损坏
12	不采水或不进样	液位计问题
		设定问题
		采样口液位过低,仪器提示"排水口无水"信息
		采样管路球阀没有处于合适位置,导致进样压力不够
		进样阀堵
		自吸泵叶轮坏

4.4.3　氨气敏电极的安装与更换

4.4.3.1　电极的安装

（1）氨气敏电极构造　氨气敏电极简易图如图 4-7 所示。

（2）新电极的初次使用与安装　在第一次使用氨气敏电极（或第一次使用本监测仪配套氨气敏电极）前,务必先认真对照图 4-7 熟悉结构,并严格按照下面的说明进行安装使用。

① 玻璃电极的准备。将电极小心地从包装中取出。用手捏住电极帽,将固定螺帽松开,轻轻地把内部玻璃电极取下。将玻璃电极浸泡在 0.1mol/L 的氯化铵溶液中 2h 以上。

② 检验原装气透膜。在进行此操作前,请认真阅读下文④加入内充液和⑤电极

的组装两部分。

　　a. 将浸泡好的氨气敏电极按照原来的方法装好。

　　b. 用无氨水清洗电极到一个比较稳定的电压值。

　　c. 向此无氨水中加入饱和氢氧化钠（优级纯）溶液3～4滴，观察其电极电位 mV 值变化，如果电极电位变化值不大，不下降，即证明此电极性能装配良好，气透膜不渗水，可以进行测试，若 mV 值急剧下降 100 mV 以上，证明气透膜漏水或电极组装不紧密，应换膜或重新装。

　　注意：当电压值上升，但上升的较慢并且上升的幅度不大时，可能有以下两个原因：一是此电极的气透膜有微渗现象；二是所用水不纯，含有微量铵离子，在强碱的作用下转化为氨并由电极测得。

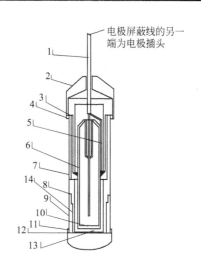

图 4-7　氨气敏电极

1—屏蔽线；2—电极帽；3—垫圈；
4—固定螺帽；5—银/氯化银电极；
6—指示电极腔体；7—上外腔管；
8—垫圈；9—下外腔体；10—敏感
玻璃膜；11—垫圈；12—气透膜；
13—中介液薄层；14—内套管

　　③ 更换气透膜

　　a. 拧下电极下部外腔管。

　　b. 使外腔管的下部向上，轻轻磕动，使内套管、垫圈及旧的气透膜松动并取出。

　　c. 将原装气透膜弃去。

　　d. 取出一片新的气透膜（千万不要碰及气透膜中部，以免将其弄脏或损坏）置于电极外腔管下部上端开口处，使其同心，然后小心地将垫圈放在气透膜上，使其与气透膜同心，最后用内套管对准垫圈轻轻地将垫圈和气透膜一并压入外腔管内。

　　④ 加入内充液

　　a. 向电极外腔管中加入约 2mL 0.1mol/L 氯化铵的溶液。

　　b. 检查新装气透膜是否漏水，若漏水，必须重装，再检验，直到不漏水为止；若不漏水，按原来的方式组装好电极。

　　⑤ 电极的组装。将加好内充液的电极下部外腔管与上部外腔管安装在一起。

　　注意：电极组装时，玻璃电极敏感膜与气透膜之间的紧压程度应调节得当，接触过松时，形成的中介溶液层不够薄，平衡时间显著延长；接触过紧，敏感玻璃膜与气透膜之间的中介溶液形成的液膜可能过薄而不连续，电位漂移不定，液接电位增大，且膜可能破裂。

　　⑥ 安装电极于监测仪上。查看仪器运行状态，设置仪器状态为蠕动泵静止状态，并确保在电极的安装整个过程中，蠕动泵保持静止的状态。

　　a. 用手触摸金属制品，以消除手上的静电。

　　b. 打开监测仪的后门，将旧电极的电极插头从前置放大板上拔出。

　　c. 将流通池上的废水管路拔下。

　　d. 将旧电极小心地从流通池中拔出，并将其固定在固定架上。

　　e. 把刚组装好的新电极小心的插入流通池。

　　f. 将电极的屏蔽线穿过前面板的开口。

　　g. 消除手上的静电。

　　h. 将电极的电极插头插入前置放大板的电极插座上。

4.4.3.2　电极的使用与保存

　　(1) 正常工作状况下电极的使用　电极在正常工作状况下，用户可参照电极的维护部分同时根据数据的变化实际情况，对电极进行必要的维护与保养。

　　(2) 电极的保存　电极的短期保存是指在 24h 内存放电极。将电极浸泡在 0.1mol/L 的氯化铵溶液中，或更换新的内充液，并将电极固定在固定架上。

　　超过 24h 的电极存放定义为长期存放。将内充液弃去，用无氨水将内电极和电极外套管洗净并用滤纸擦干，组装好放在电极包装中小心存放。

　　(3) 电极的维护　在测定浓度波动较大的水样时，按照浓度从小到大的顺序进行，以免损坏电极，为了保证测定值的可靠性，应在测定前校准。

　　在监测仪的搬运或存贮过程中，一定要把电极从监测仪上拆下，按照电极的长期存放方法进行保存。

　　电极是监测仪的主要测试部分，监测仪的可靠性在很大程度上依赖于电极的可靠性。

　　在电极使用几个月后，玻璃电极可能由于在近中性 pH 下的缓冲溶液中的连续使用而最终降低其性能，表现在传感器的响应慢、响应斜率下降。为了恢复其原始性能，应经常将电极浸泡在 0.1mol/L 盐酸中达 12h。

　　在浸泡时，一定要小心地将玻璃电极浸泡在盐酸中，但千万不要将参比电极浸入盐酸。

　　(4) 检查玻璃电极的性能

　　① 方法。采用实验室用的甘汞参考电极，通过测量 pH 缓冲溶液中电对的电位来单独检查玻璃电极的性能

　　② 步骤。

　　a. 将玻璃电极浸入 pH 缓冲溶液，不要使参比电极接触液体。

　　b. 将电极与 pH 计相连，按通常的方法用 pH 缓冲溶液进行校准。

4.4.4　氨氮在线自动监测仪故障分析

　　氨氮在线自动监测仪故障分析及排出方法见表 4-12。

表 4-12　氨氮在线自动监测仪故障分析及排出方法

故　　障	可　能　的　原　因	排　除　方　法
测定值偏高	配制的校准液不准确或时间太长	重新配制校准液
	气透膜有气泡	用手轻轻向下按电极,排除气泡
	气透膜玷污	清洗气透膜
	电极故障	维护或更换电极
	气透膜老化或损坏	更换气透膜
测定值偏低	配制的校准液不准确	重新配制校准液
	试剂用完	添加试剂
	电极响应缓慢	换内充液重装电极
	气透膜老化	更换气透膜
	电极故障	维护或更换电极
	气透膜玷污	清洗气透膜
校准无效	配制的校准液不准确	重新配制校准液
	电极响应缓慢	换内充液重装电极
	气透膜玷污	清洗气透膜
	校准液用光	配制校准液
	气透膜老化	更换气透膜
	电极故障	电极维护或更换电极
流通池温度异常	温度传感器出现故障	与销售商或直接与厂家联系维修
	环境温度超出仪器环境温度范围	检查室内空调运行情况

4.4.5　流量槽的选择与安装

（1）根据本企业最大瞬时排水量查表 4-14，确定需要选择的流量槽"序号"。量水槽结构见图 4-8。

（2）根据所查到的槽号，按槽的最大宽度表 4-13 中的"B_1"规范排放的渠宽，即排水渠的宽度不能小于"B_1"。

（3）量水堰槽的中心线要与渠道的中心线重合，使水流进入量水堰槽不出现偏流。

（4）量水堰槽通水后，水的流态要自由流。临界淹没度可在表 4-14 查得。即要求流量槽后的排水要通畅。

（5）量水堰槽的上游应有大于 5 倍渠道宽的平直段，使水流能平稳进入量水堰槽。既没有左右偏流，也没有渠道坡降形成的冲力。

（6）量水堰槽安装在渠道上要牢固。与渠道侧壁、渠底连接要紧密，不能漏水。使水流全部流经量水堰槽的计量部位，量水槽的计量部位是槽内喉道段。

表 4-13　巴歇尔槽构造尺寸　　　　　　单位：m

类别	序号	喉道段			收缩段			扩散段			墙高
		b	L	N	$B1$	$L1$	La	$B2$	$L2$	K	D
小型	1	0.025	0.076	0.029	0.167	0.356	0.237	0.093	0.203	0.019	0.23
	2	0.051	0.114	0.043	0.214	0.406	0.271	0.135	0.254	0.022	0.26
	3	0.076	0.152	0.057	0.259	0.457	0.305	0.178	0.305	0.025	0.46
	4	0.152	0.305	0.114	0.400	0.610	0.407	0.394	0.610	0.076	0.61
	5	0.228	0.305	0.114	0.575	0.864	0.576	0.381	0.457	0.076	0.77
标准型	6	0.25	0.60	0.23	0.78	1.325	0.883	0.55	0.92	0.08	0.80
	7	0.30	0.60	0.23	0.84	1.350	0.902	0.60	0.92	0.08	0.95
	8	0.45	0.60	0.23	1.02	1.425	0.948	0.75	0.92	0.08	0.95
	9	0.60	0.60	0.23	1.20	1.500	1.0	0.90	0.92	0.08	0.95
	10	0.75	0.60	0.23	1.38	1.575	1.053	1.05	0.92	0.08	0.95
	11	0.90	0.60	0.23	1.56	1.650	1.099	1.20	0.92	0.08	0.95
	12	1.00	0.60	0.23	1.68	1.705	1.139	1.30	0.92	0.08	1.0
	13	1.20	0.60	0.23	1.92	1.800	1.203	1.50	0.92	0.08	1.0
	14	1.50	0.60	0.23	2.28	1.95	1.303	1.80	0.92	0.08	1.0
	15	1.80	0.60	0.23	2.64	2.10	1.399	2.10	0.92	0.08	1.0
	16	2.10	0.60	0.23	3.00	2.25	1.504	2.40	0.92	0.08	1.0
	17	2.40	0.60	0.23	3.36	2.40	1.604	2.70	0.92	0.08	1.0
大型	18	3.05	0.91	0.343	4.76	4.27	1.794	3.68	1.83	0.152	1.22
	19	3.66	0.91	0.343	5.61	4.88	1.991	4.47	2.44	0.152	1.52
	20	4.57	1.22	0.457	7.62	7.62	2.295	5.59	3.05	0.229	1.83
	21	6.10	1.83	0.686	9.14	7.62	2.785	7.32	3.66	0.305	2.13
	22	7.62	1.83	0.686	10.67	7.62	3.383	8.94	3.96	0.305	2.13
	23	9.14	1.83	0.686	12.31	7.93	3.785	10.57	4.27	0.305	2.13
	24	12.19	1.83	0.686	15.48	8.23	4.785	13.82	4.88	0.305	2.13
	25	15.24	1.83	0.686	18.53	8.23	5.776	17.27	6.10	0.305	2.13

表 4-14 巴歇尔槽水位-流量公式

类别	序号	喉道宽度 b/m	流量公式 $Q=Cha^n$ /(L/s)	水位范围 h/m 最小	最大	流量范围 Q/(L/s) 最小	最大	临界淹没度/%
小型	1	0.025	$60.4ha^{1.55}$	0.015	0.21	0.09	5.4	0.5
	2	0.051	$120.7ha^{1.55}$	0.015	0.24	0.18	13.2	0.5
	3	0.076	$177.1ha^{1.55}$	0.03	0.33	0.77	32.1	0.5
	4	0.152	$381.2ha^{1.54}$	0.03	0.45	1.50	111.0	0.6
	5	0.228	$535.4ha^{1.53}$	0.03	0.60	2.5	251	0.6
标准型	6	0.25	$561ha^{1.513}$	0.03	0.60	3.0	250	0.6
	7	0.30	$679ha^{1.521}$	0.03	0.75	3.5	400	0.6
	8	0.45	$1038ha^{1.537}$	0.03	0.75	4.5	630	0.6
	9	0.60	$1403ha^{1.548}$	0.05	0.75	12.5	850	0.6
	10	0.75	$1772ha^{1.557}$	0.06	0.75	25.0	1100	0.6
	11	0.90	$2147ha^{1.565}$	0.06	0.75	30.0	1250	0.6
	12	1.00	$2397ha^{1.569}$	0.06	0.80	30.0	1500	0.7
	13	1.20	$2904ha^{1.577}$	0.06	0.80	35.0	2000	0.7
	14	1.50	$3668ha^{1.586}$	0.06	0.80	45.0	2500	0.7
	15	1.80	$4440ha^{1.593}$	0.08	0.80	80.0	3000	0.7
	16	2.10	$5222ha^{1.599}$	0.08	0.80	95.0	3600	0.7
	17	2.40	$6004ha^{1.605}$	0.08	0.80	100.0	4000	0.7
大型	18	3.05	$7463ha^{1.6}$	0.09	1.07	160.0	8280	0.8
	19	3.66	$8859ha^{1.6}$	0.09	1.37	190.0	14680	0.8
	20	4.57	$10960ha^{1.6}$	0.09	1.67	230.0	25040	0.8
	21	6.10	$14450ha^{1.6}$	0.09	1.83	310.0	37970	0.8
	22	7.62	$17940ha^{1.6}$	0.09	1.83	380.0	47160	0.8
	23	9.14	$21440ha^{1.6}$	0.09	1.83	460.0	56330	0.8
	24	12.19	$28430ha^{1.6}$	0.09	1.83	600.0	74700	0.8
	25	15.24	$35410ha^{1.6}$	0.09	1.83	750.0	93040	0.8

注：1. 根据现场使用的量水堰槽，设置相应的水位-流量表。涉及的参数：

      "Q_0"参数，设显示流量；

      "h"参数，水位间隔；

      "a"参数，4～20mA 中，20mA 对应的流量；

      "$H=0×h$"、"$H=1×h$"…，水位-流量对应关系。

  2. 设置"L"参数，使仪表显示的液位与量水堰槽的水位相同。"L"参数，校水位。

（7）巴歇尔槽水位观测点在距喉道 2/3 收缩段长位置（图 4-9 的 La）。

（8）巴歇尔槽安装时应保证图 4-9 中水位零点处于水平状态。

（9）浮子采样器可根据现场情况安装在流量槽的上游或下游。

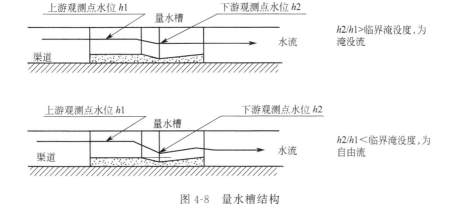

上游观测点水位 h1
下游观测点水位 h2
量水槽
水流
渠道
h2/h1>临界淹没度，为淹没流
上游观测点水位 h1
下游观测点水位 h2
量水槽
水流
渠道
h2/h1<临界淹没度，为自由流

图 4-8　量水槽结构

200
D=80
400
D
N+50
水流方向
水位零点
N
K
探头支架
尺寸单位:mm
b
L1
La
L
L2
B1
B2
D
N
K
j
收缩段L1
喉道段L
扩散段L2
La
50
j
B1
j
j
B2
b
j
4个D=8探头安装孔，均布在D=110圆上
说明：
图示巴歇尔槽用玻璃钢制作；
内尺寸要准确；
内表面要光滑、平整；
壁厚要大于8mm
上部探头支架如跨度太大，设法增加强度；
j尺寸与在渠道上安装有关，根据现场情况确定。

图 4-9　巴歇尔槽构造图

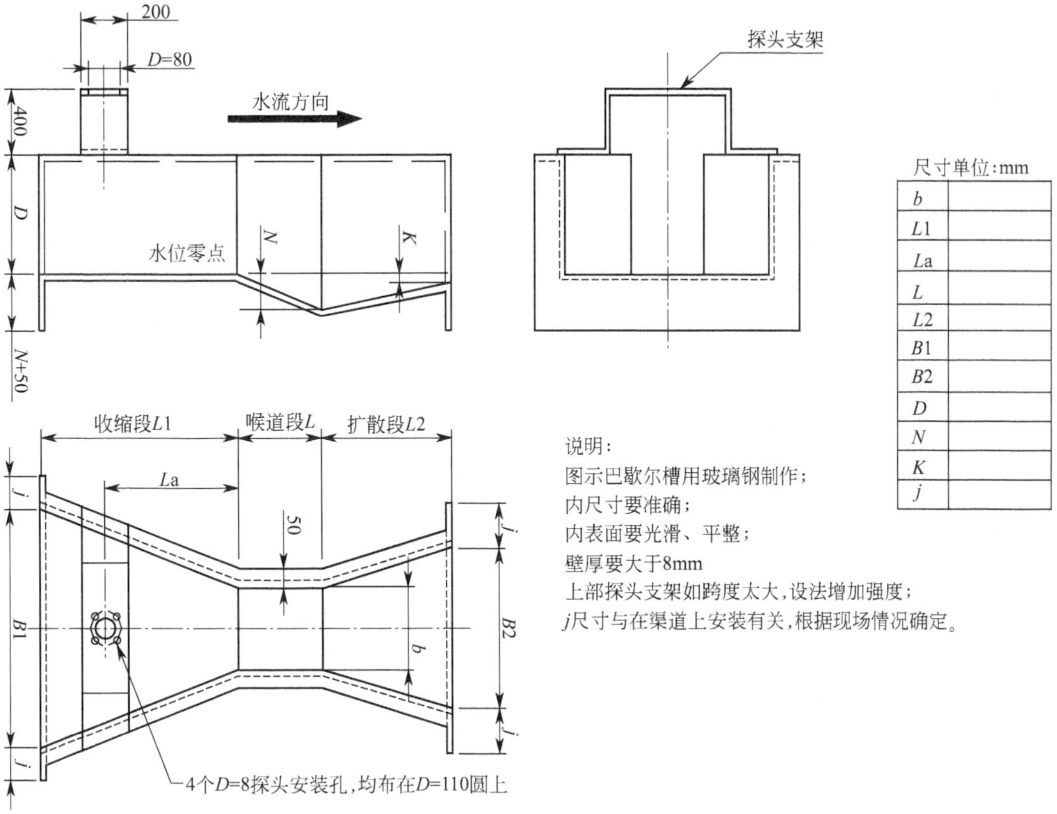

5 法律法规与规范

5.1 法律法规

5.1.1 环境污染治理设施运营资质许可管理办法

5.1.1.1 总则

第一条 为了提高环境污染治理设施运营管理水平，规范环境污染治理设施运营市场秩序，根据《国务院对确需保留的行政审批项目设定行政许可的决定》的规定，制定本办法。

第二条 本办法适用于在中华人民共和国领域内从事环境污染治理设施运营的活动。

本办法所称环境污染治理设施运营，是指专门从事污染物处理、处置的社会化有偿服务或者以营利为目的根据双方签订的合同承担他人环境污染治理设施运营管理的活动。

第三条 国家对环境污染治理设施运营活动实行运营资质许可制度。

第四条 从事环境污染治理设施运营的单位，必须按照本办法的规定申请获得环境污染治理设施运营资质证书（以下简称资质证书），并按照资质证书的规定从事环境污染治理设施运营活动。

未获得资质证书的单位，不得从事环境污染治理设施运营活动。

第五条 资质证书按照运营业务范围和污染物处理处置规模分为《甲级环境污染治理设施运营资质证书》（以下简称甲级资质证书）、《乙级环境污染治理设施运营资质证书》（以下简称乙级资质证书），甲、乙级资质证书各分为正式证书和临时证书两种。

甲级资质证书和乙级资质证书有效期为3年，临时甲级资质证书和临时乙级资质证书有效期为1年。

各级环境污染治理设施运营资质分为生活污水、工业废水、除尘脱硫、工业废气、工业固体废物（危险废物除外）、生活垃圾、自动连续监测等专业类别。

资质证书由国家环境保护总局按照环境污染治理设施运营资质分级分类标准统一

编号、印制。

环境污染治理设施运营资质分级分类标准由国家环境保护总局制定。

第六条 环境污染治理设施运营资质证书包括下列主要内容：

（一）法人名称、法定代表人、住所；

（二）运营类别与级别；

（三）有效期限；

（四）发证日期和证书编号。

第七条 县级以上环境保护行政主管部门依照本办法的规定，对本行政区域内资质证书实施管理。

5.1.1.2 申请

第八条 申请甲级资质证书或者乙级资质证书的单位，应当符合下列条件：

（一）具有独立企业法人资格或者企业化管理事业单位法人资格；

（二）具有维护设施正常运转的专职运营人员；申请甲级资质的单位应具备不少于10名具有专业技术职称的技术人员，其中高级职称不少于5名；申请乙级资质的单位应具备不少于6名具有专业技术职称的技术人员，其中高级职称不少于3名，设施运营现场管理和操作人员应取得污染治理设施运营岗位培训证书；

（三）具有一年以上连续从事环境污染治理设施运营的实践，且运营的污染处理设施排放污染物稳定达到国家和地方的环境标准；

（四）具备与其运营活动相适应的环境污染治理设施运营资质证书分级分类标准规定的其他条件。

第九条 具备本办法第八条所列条件，但无从事环境污染治理设施运营实践或者连续从事环境污染治理设施运营实践少于一年的，可以申请临时资质证书。

第十条 申请资质证书的单位，应当依据本办法规定，向本单位所在地省级环境保护行政主管部门提出申请，填报资质证书申请表，并提交下列材料：

（一）企业法人营业执照副本或者事业单位法人证书复印件；

（二）上一年度财务状况报告或者其他资信证明；

（三）技术人员专业资格证书、操作人员污染治理设施运营岗位培训证书和聘用合同复印件；

（四）实验或者检验场所证明；

（五）预防和处理污染事故的方案；

（六）规范化运营质量保证体系有关管理制度；

（七）环境污染治理设施运营实例，包括运营项目简介、运营合同、用户意见、环境保护监测机构出具的设施运行监测报告，但申请临时资质证书的除外；

（八）环境污染治理设施运营资质证书分级分类标准要求的其他条件的证明材料。

第十一条 处理、处置本单位产生的污染物或者运行本单位环境污染治理设施，不需要领取资质证书，但应当具备下列维护设施正常运转的技术条件：

（一）专职运营人员（环境保护工艺、环境保护机械、管理、化验等）配置合理，辅助工种齐全，设施运营现场管理和操作人员应取得污染治理设施运营岗位培训证书；

（二）有固定的化验室，配备能满足日常监测需要的监测化验设备；

（三）建立规范化运营质量保证体系，有完善的运营管理制度和预防、处理污染事故的方案。

5.1.1.3 审批

第十二条 省级环境保护部门自受理申请材料之日起20个工作日内进行审查，提出预审意见，对符合条件的，报国家环境保护总局。

省级环境保护部门在预审过程中，应当组织专家或者委托县级以上环境保护部门对申请单位及其运营设施进行现场核查。

第十三条 国家环境保护总局自收到预审意见之日起20个工作日内进行审查，并作出审批决定。对符合条件的，予以批准并颁发资质证书，并予以公告；对不符合条件的，不予批准，并说明理由。

国家环境保护总局同时将审批决定通知省级环境保护部门。

国家环境保护总局在审查过程中根据需要可对申请单位和运营设施进行现场核查。

第十四条 有下列情形之一的，持证单位应当按照本办法规定的条件和程序重新申请领取资质证书：

（一）需要增加新的运营专业类别的；

（二）临时资质证书需要转为正式资质证书；

（三）乙级资质证书需要升级为甲级资质证书；

（四）甲级资质证书或者乙级资质证书有效期届满，需要继续从事环境污染治理设施运营活动的。

申请前款第（二）项所列事项的，持证单位只需提供其300日以上连续从事环境污染治理设施运营的实践、且污染治理设施排放污染物达标情况良好的证明材料。

临时资质证书有效期届满，不得重新申请临时资质证书。

第十五条 持证单位有下列情形之一的，应当在30日内向国家环境保护总局申请办理变更手续：

（一）单位发生分立、合并的；

（二）单位名称、法定代表人或者住所变更的。

第十六条 持证单位办理变更手续，应提交下列材料：

（一）持证单位变更申请；

（二）技术人员专业资格证书、操作人员污染治理设施运营岗位培训证书和聘用合同复印件；

（三）单位变更后工商部门颁发的营业执照复印件；

（四）国家环境保护总局颁发的资质证书原件；

（五）持证单位所在地省级环境保护部门的审核意见。

第十七条　持证单位撤消或不再从事污染治理设施运营活动的，应当在一个月内向原发证机关办理注销手续。

5.1.1.4　监督管理

第十八条　持证单位可以按照资质证书规定的类别和级别，在全国范围内承接运营业务。

持证单位的运营活动应当遵守国家有关环境保护的规定，排放的污染物达到国家或地方规定的污染物排放标准和要求。

第十九条　县级以上环境保护部门应当通过书面核查和实地检查等方式，加强对持证单位的监督检查，并将监督检查情况和处理结果予以记录，由监督检查人员签字后存档。

公众有权查阅县级以上环境保护部门的监督检查记录。

县级以上环境保护部门发现持证单位在经营活动中有不符合原发证条件情形的，应当责令其限期整改。

第二十条　持证单位在其单位所在地省级行政区域以外承接项目的，其运营活动应当接受项目所在地县级以上环境保护部门的监督检查。

项目所在地环境保护部门不得要求持证单位重复申领资质证书或者其他类似的运营许可资质。

第二十一条　持证单位应当在与委托单位签署委托运营合同后 30 日内，向项目设施所在地县级环境保护部门填报《环境污染治理设施委托运营项目备案表》。

第二十二条　持证单位应当在每年 1 月底前，向本单位所在地省级环境保护部门提交上一年度《环境污染治理设施运营情况年度报告表》。负责运营的项目不在本单位所在省的持证单位，应同时将该项目的《环境污染治理设施运营情况年度报告表》抄报项目所在地省级环境保护部门。

省级环境保护部门应当根据《环境污染治理设施运营情况年度报告表》和日常检查情况对持证单位提出考核意见，应于每年 3 月底前将本行政区域持证单位上一年度环境污染治理设施运营情况和考核情况报国家环境保护总局，并予以公告。

第二十三条　禁止伪造、变造、转让资质证书。

5.1.1.5　法律责任

第二十四条　县级以上环境保护部门的工作人员，有下列行为之一的，依法给予行政处分；构成犯罪的，依法追究刑事责任：

（一）向不符合本办法规定条件的单位颁发污染治理设施运营资质证书的；

（二）发现未依法取得污染治理设施运营资质的单位和个人擅自从事运营活动不予查处或者接到举报后不依法处理的；

（三）对依法取得污染治理设施运营资质证书的单位不履行监督管理职责或者发现违反本办法规定的行为不予查处的；

（四）在污染治理设施运营管理工作中有其他渎职行为的。

第二十五条　违反本办法规定，未获得资质证书的单位从事环境污染治理设施运营活动的，由县级以上环境保护部门责令停止违法行为，并处 2 万元以上 3 万元以下罚款。

第二十六条　违反本办法规定，申请资质证书的单位在申请过程中弄虚作假的，由国家环境保护总局责令改正，并可吊销已获得的资质证书。

第二十七条　违反本办法规定，不按照资质证书的规定从事环境污染治理设施运营活动的，由县级以上环境保护部门责令改正，可以处 1 万元以上 3 万元以下罚款；情节严重的，并由国家环境保护总局吊销资质证书。

第二十八条　违反本办法规定，持证单位环境污染治理设施运营超标排放的，由县级以上环境保护部门依照有关法律法规规定予以处罚；在一年内发现两次以上超标排放的，可以由国家环境保护总局吊销资质证书，予以公告。

第二十九条　违反本办法规定，持证单位提交《环境污染治理设施运营情况年度报告表》时弄虚作假的，由省级环境保护部门责令改正，可以处 2 万元以下罚款；情节严重的，由国家环境保护总局吊销资质证书。

第三十条　违反本办法规定，伪造、变造、转让资质证书的，由县级以上环境保护部门责令改正，可以并处 1 万元以上 3 万元以下罚款，可以由国家环境保护总局吊销资质证书。

第三十一条　依照本办法规定，被处以吊销资质证书处罚的单位，三年内不得重新申请资质证书。

5.1.1.6　附则

第三十二条　在中华人民共和国境内从事环境污染治理设施运营的外商投资企业，必须符合国家有关外商投资的法律规定和产业政策要求，并依照本办法的规定申请领取运营资质证书，取得运营资质证书后，方可从事污染治理设施运营活动。

第三十三条　下列文件的格式和内容由国家环境保护总局统一规定：

（一）环境污染治理设施运营资质证书申请表；

（二）环境污染治理设施运营资质证书；

（三）环境污染治理设施运营情况年度报告表；

（四）环境污染治理设施委托运营项目备案表。

第三十四条　本办法自 2004 年 12 月 10 日起施行。国家环境保护总局 1999 年 3

月 26 日颁布的《环境保护设施运营资质认可管理办法（试行）》同时废止。

5.1.2　环境污染治理设施运营资质单位年度考核内容及程序

一、为加强环境污染治理设施运营资质单位的监督管理，根据《环境污染治理设施运营资质许可管理办法》的规定，制定环境污染治理设施运营资质单位年度考核内容及程序。

二、环境污染治理设施运营资质单位年度考核是指由省级环境保护行政主管部门（或由省级环境保护行政主管部门委托地、市级环境保护行政主管部门）每年对辖区内取得环境污染治理设施运营资质的单位及其运营设施的运营情况进行的定期考核。

三、环境污染治理设施运营资质单位年度考核的内容主要包括：资质单位组织机构、运营资质证书使用情况、运营合同执行情况、人员配置、运营设施日常运行管理情况、运营设施监测情况、持证单位事故处理、管理制度的执行情况等。

四、环境污染治理设施运营资质单位年度考核采取记分的办法。满分为 100 分，80 分以上为合格；60 分以上为基本合格；低于 60 分为不合格。考核内容及标准见《持证单位年度运营考核评分表》。

五、环境污染治理设施运营资质单位年度考核程序：

（1）环境污染治理设施运营单位每年 1 月底前向本单位所在地省级环境保护行政主管部门提交上一年度《环境污染治理设施运营情况年度报告表》。运营项目不在持证单位所在省的，持证单位应同时将该项目的《环境污染治理设施运营情况年度报告表》抄报项目所在地省级环境保护行政主管部门。

（2）省级环境保护行政主管部门组织考核组或委托地市级环境保护行政主管部门组织考核组进行考核，考核组人数不少于 3 人，考核组根据《环境污染治理设施运营情况年度报告表》和日常检查情况对运营资质单位提出考核意见；必要时，考核组可以进行现场检查。

（3）省级环境保护行政主管部门于每年 3 月 15 日前完成本行政区域资质单位年度考核工作，在运营证书副本上填写考核结果，加盖印章；并将考核结果予以公示。

（4）省级环境保护行政主管部门将本行政区域上一年度环境污染治理设施运营情况和资质单位考核情况于每年 3 月底前报国家环境保护总局。

六、对考核不合格的单位，由省级环境保护行政主管部门根据《环境污染治理设施运营资质许可管理办法》的有关规定，向国家环境保护总局提出吊销资质证书的建议。可以建议委托单位终止运营合同，另外委托合格运营单位。对基本合格的单位，明确整改期限，整改合格后，由组织考核的单位复审合格后，即为合格。

七、国家环保总局收到省级环境保护行政主管部门吊销资质证书的建议，经核实后，根据《环境污染治理设施运营资质许可管理办法》的有关规定，做出是否吊销资质证书的决定。

八、对年度考核总评在 80 分以上的，可以作为运营单位转正、定级、升级和增项评审的参考依据。

九、对连续三年年度考核在 90 分以上的，资质证书到期后由资质单位提出申请，经省级环境保护行政主管部门认可，可以到国家环境保护总局直接办理证书延期三年手续。一张资质证书直接延期只可办理一次，不可连续延期。

5.1.3　环境污染治理设施运营资质分级分类标准（试行）

5.1.3.1　总则

（1）为提高环境污染治理设施运营管理水平，规范环境污染治理设施运营市场秩序，根据国家环境保护总局《环境污染治理设施运营资质许可管理办法》（第 23 号令）的规定，制订本标准。

（2）环境污染治理设施运营资质证书共分：生活污水、工业废水、除尘脱硫、工业废气、工业固体废物、生活垃圾、自动连续监测等专业类别。具备资质证书申请条件的环境污染治理设施运营单位，可申请其中的一个或几个专业类别的环境污染治理设施运营资质证书。

（3）环境污染治理设施运营资质证书分为甲级和乙级两个级别，取得甲级资质证书的单位，可在全国范围内承接该专业类别任何规模的环境污染治理设施的运营业务。取得乙级资质证书的单位，可在全国范围内承接该专业类别规定规模和业务范围的环境污染治理设施的运营业务。

（4）环境污染治理设施运营资质证书分为正式和临时证书两种；正式资质证书有效期限 3 年，临时资质证书有效期限 1 年。

5.1.3.2　基本条件

（1）具有独立企业法人资格或者企业化管理事业单位法人资格，且注册资金符合本标准的要求。

（2）具有维护设施正常运转的专业技术人员。

① 申请甲级资质的单位应具备不少于 10 名具有专业技术职称的技术人员，其中高级职称不少于 5 名；申请乙级资质的单位应具备不少于 6 名具有专业技术职称的技术人员，其中高级职称不少于 3 名。

说明：申请甲级运营资质的 5 名高级职称专业技术人员中，应至少有 3 名全职人员，申请乙级运营资质的 3 名高级职称专业技术人员中，至少应有 1 名全职人员。甲乙级上述条件中均可以有 2 名兼职人员（该 2 名中也可以由中级职称连续从事环保领域工作 5 年以上的全职人员视同高级）。上述人员全部应提交合同聘用文本及聘期、合同期间社保证明等。

② 申请每一专业类别应有本专业领域至少 3 名以上专业技术人员。

说明：本专业领域大学本科以上毕业生从事本领域工作 3 年以上可视为专业技术

人员。上述两项要求不累加计算，第 1 项条件中的人员也可作为上述第 2 项专业类别中的技术人员条件。

③ 申请甲级资质证书的单位至少应有 3 名运营现场管理人员和 10 名操作人员取得污染治理设施运营岗位培训证书，申请乙级资质证书的单位至少应有 2 名运营现场管理人员和 6 名操作人员取得污染治理设施运营岗位培训证书。

说明：所有从事设施运营现场管理人员和操作人员均应取得污染治理设施运营岗位培训证书。申请资质证书时应满足上述人员条件数。

（3）连续一年以上从事环境污染治理设施运营管理，达到本标准资质类别条件之一，且负责、承担运营管理的污染处理设施所排放的污染物应连续、稳定达到国家或地方的排放标准，没有违反国家法律、法规的行为记录并没有发生重大运营责任事故。

（4）从事环境污染治理设施运营服务不足一年，尚未达到相应类别业绩条件的，但符合除业绩条件外其他申请条件的单位，可申请环境污染治理设施运营甲级或乙级临时资质证书。

（5）受其他企业委托代为处理、处置工业固体废弃物、电子废物或高浓度废水的单位，除具备前款规定条件外，还应当具有符合国家或地方环境保护标准和安全要求的处置设施。

5.1.3.3　分级标准

（1）生活污水类

① 甲级资质证书条件

- 注册资金 300 万元以上；

- 具有从事环境污染治理设施运营管理的经历，承担过 1 个处理水量 10000 吨/日以上工程的运营管理，或 2 个处理水量 5000 吨/日以上工程的运营管理，负责运营的设施正常运行一年以上，并达到国家或地方规定的污染物排放标准；

- 具有设施完备的固定化验室（实验室），至少配备能满足监测需要的 pH、SS、COD_{Cr}、BOD_5，NH_3-N、总 N、总 P、粪大肠杆菌等监测化验设备。具有自动监测系统的管理能力。

② 乙级资质证书条件

- 注册资金 100 万元以上；

- 具有从事环境污染治理设施运营管理的经历，承担过 1 个以上处理水量 5000 吨/日以上工程的运营管理，或 2 个以上处理水量 1000 吨/日以上工程的运营管理，负责运营的设施正常运行一年以上，并达到国家或地方规定的污染物排放标准；

- 具有固定化验室（实验室），至少配备能满足监测需要的 pH、SS、COD_{Cr}、BOD_5，NH_3-N、总 N、总 P、粪大肠杆菌等监测化验设备。

③ 业务范围

● 持有甲级资质证书的单位，可在全国范围内从事该专业类别任何规模的生活污水治理设施的运营业务；

● 持有乙级资质证书的单位，可在全国范围内从事单个项目处理水量 30000 吨/日以下的生活污水治理设施运营业务；

④ 说明

本分级标准中的生活污水是指：

从住宅小区、公共建筑物、宾馆、医院、企事业单位等处排出的人们日常生活中用过的水，包括城镇污水及生活污水比例超过 50％的生活和工业混合污水。

（2）工业废水类

① 甲级资质证书条件

● 注册资金 100 万元以上；

● 具有从事环境污染治理设施运营管理的经历，承担过 1 个处理水量 3000 吨/日或 COD 处理量 3000 克/日以上，或 2 个处理水量 1000 吨/日或 COD 处理量 1000 克/日以上工程的运营管理，负责运营的设施正常运行一年以上，并达到国家或地方规定的污染物排放标准；

● 具有固定化验室（实验室），配备能满足监测需要的 pH、SS、COD_{Cr}、BOD_5、重金属等监测化验设备。具有自动监测系统的管理能力。

② 乙级资质证书条件

● 注册资金 50 万元以上；

● 具有从事环境污染治理设施运营管理的经历，承担过 1 个处理水量 500 吨/日或 COD 处理量 500 克/日以上，或 2 个处理水量 300 吨/日或 COD 处理量 100 克/日以上工程的运营管理，负责运营的设施正常运行一年以上，并达到国家或地方规定的污染物排放标准；

● 具有设施完备的固定化验室（实验室），配备能满足监测需要的 pH、SS、COD_{Cr}、BOD_5、重金属等监测化验设备。

③ 业务范围

● 持有甲级资质证书的单位，可在全国范围内从事该专业类别任何规模的工业废水治理设施的运营业务；

● 持有乙级资质证书的单位，可在全国范围内从事单个处理水量 3000 吨/日或 COD 处理量 3000 克/日以下工业废水治理设施运营业务。

④ 说明

本分级标准中的工业废水是指在工业生产中产生的各类工业废水及工业废水比例超过 50％的生活和工业混合污水。不包括工业循环水和冷却水。

（3）除尘、脱硫类

① 甲级资质证书条件

● 注册资金 300 万元以上；

● 具有从事大型除尘、脱硫设施运营管理的经历，负责过 1 套 5 万千瓦以上发电机组的烟气除尘、脱硫装置，或 3 台 65 蒸吨/小时以上的工业锅炉烟气除尘、脱硫装置，或 2 套 10 万立方米/小时以上的工业粉尘治理设施的运营，负责运营的设施正常运行一年以上，并达到国家或地方规定的排放标准；

● 具有独立监测能力，并配备能满足监测需要的二氧化硫、氮氧化物、颗粒物、烟气黑度及其他工艺特征污染物的采样、监测化验设备和固定化验室。

② 乙级资质证书条件

● 注册资金 100 万元以上；

● 具有从事除尘、脱硫设施运营管理的经历，从事过两台 20 蒸吨/小时以上的工业锅炉烟气除尘或除尘脱硫装置，或两套 1 万立方米/小时的工业粉尘治理设施的运营，负责运营的设施正常运行一年以上，达到国家或地方规定的污染物排放标准；

● 配备固定化验室，具有独立监测能力，并配备能满足排放标准需要的二氧化硫、氮氧化物、颗粒物、烟气黑度及其他工艺特征污染物的采样、监测化验设备。

③ 业务范围

● 持有甲级运营资质的单位，可在全国范围内从事该专业类别任何规模的发电机组的烟气除尘、脱硫装置，工业锅炉烟气除尘或除尘脱硫装置，工业粉尘治理设施的运营；

● 持有乙级运营资质的单位，可在全国范围内从事单台 65 吨/小时以下的工业锅炉烟气除尘脱硫装置，或单套 20 万立方米/小时以下的工业粉尘治理设施的运营，不能从事发电机组的烟气除尘、脱硫治理设施运营。

（4）工业废气类

① 甲级资质证书条件

● 注册资金 100 万元以上；

● 具有固定化验室（实验室），必须配备气相色谱、紫外-可见分光光度计及相应特征污染物监测仪器，具有独立监测能力；

● 具有从事大型有毒有害废气处理设施运营管理的经历，独立负责过 2 套处理风量 1 万立方米/小时以上工业废气处理设施的运营管理，运营设施正常运行一年以上，并达到国家或地方规定的污染物排放标准。

② 乙级资质证书条件

● 注册资金 50 万元以上；

● 具有设施完备的固定化验室（实验室），必须配备相应特征污染物监测仪器设备，具有独立监测能力；

● 具有从事工业废气处理设施运营管理的经历，独立负责过 2 套处理风量 2000 立方米/小时以上或 4 套处理风量 800 立方米/小时以上的工业废气处理设施的运营管理，或 5 套以上饮食业油烟净化设备的运营管理，运营设施正常运行一年以上，并达到国家或地方规定的环境保护排放标准。

③ 业务范围

● 持有甲级资质证书的单位，可在全国范围内从事该专业类别任何规模的工业废气包括有毒有害废气治理设施的运营业务；

● 持有乙级资质证书的单位，可在全国范围内从事单套 5 万立方米/小时以下的工业废气治理设备，包括饮食业油烟净化设备，不包括有毒有害废气的运营业务。

④ 说明

● 本标准所称工业废气是指生产工艺中产生的废气，不包括需经除尘、脱硫处理的废气；

● 本标准所指有毒有害废气是：含硫尾气（二硫化碳、硫醇、硫醚、硫化氢、硫酸雾等）、含氟尾气、含氨废物、氮氧化物尾气、含氯尾气（氯、氯化氢、盐酸雾）、金属尾气（含氧化物、铅、汞、铍及其他）、其他有危害性的废气。

（5）工业固体废物类

① 甲级资质证书条件

● 注册资金 200 万元以上；

● 具有 1 套以上工业固体废物处置设施运营管理经历，并且具备工业固体废物的收集、运输、贮存、综合利用和处置能力，年综合处置工业固体废物能力在 1 万吨以上，或累计处置工业固体废物达到 2 万吨以上。负责运营的设施正常运行一年以上，未发生过重大责任事故。残余物严格按国家规定进行安全处置，设施运营达到国家或地方规定的废水、废气和噪声排放标准；

● 具有设施完备的固定化验室（实验室），具有重金属和特征污染物的化验设备和检测能力。

② 乙级资质证书条件

● 注册资金 100 万元以上；

● 具有 1 套以上工业固体废物处置设施运营管理经历，具备相应的工业固体废物的贮存、综合利用和处置能力，年综合处置工业固体废弃物能力达到 2 千吨以上，或累计处置工业固体废物达到 5 千吨以上。负责运营的设施正常运行一年以上，未发生过重大责任事故。残余物严格按国家规定进行安全处置。设施运营达到国家或地方规定的废水、废气和噪声排放标准；

● 具有设施完备的固定化验室（实验室），具有重金属和特征污染物的化验设备和检测能力。

③ 业务范围

● 持有甲级资质证书的单位，可在全国范围内从事该专业类别任何规模的工业固体废物处理处置设施的运营业务；

● 持有乙级资质证书的单位，可以在全国范围内承担处理量不超过 1 万吨/年的工业固体废物处理处置设施的运营业务。

④ 说明

本标准规定的工业固体废物是指在工业、交通等生产过程中产生的固体废物，不包括危险废物。

（6）生活垃圾类

① 甲级资质证书条件

● 注册资金 300 万元以上；

● 独立承担过 2 项生活垃圾处理设施运营工程项目，垃圾卫生填埋项目处理规模应在 500 吨/日以上，垃圾焚烧项目处理规模应在 200 吨/日以上，其他处理方式处理规模在 600 吨/日以上，并已投入正常运行，运营设施达到国家或地方污染物排放标准；

● 具有固定化验室，有试验化验监测设备；垃圾卫生填埋处理工程项目，化验室需配备粉碎机、沼气、COD、BOD、NH_3-N、SS、大肠杆菌等监测设备仪器；垃圾焚烧处理设施工程项目，化验室需配备垃圾热值、垃圾成分分析仪器、卤化物、NO_x、重金属等监测设备。其他处理方式应配备相应污染物监测设备。

② 乙级资质证书条件

● 注册资金 100 万元以上；

● 独立承担过 2 项生活垃圾处理设施运营工程项目，垃圾卫生填埋项目处理规模应在 200 吨/日以上，其他处理方式处理规模在 200 吨/日以上，并已投入正常运行，运营设施达到国家或地方污染物排放标准；

● 具有固定化验室，有试验化验监测设备；垃圾卫生填埋处理工程项目，化验室需配备粉碎机、沼气、COD、BOD、NH_3-N、SS、大肠杆菌等监测设备仪器；垃圾焚烧处理设施工程项目，化验室需配备垃圾热值、垃圾成分分析仪器、卤化物、NO_x、重金属等监测设备。其他处理方式应配备相应污染物监测设备。

③ 业务范围

● 持有甲级资质证书的单位，可在全国范围内从事该专业类别任何规模的生活垃圾处理处置设施的运营业务；

● 持有乙级资质证书的单位，可在全国范围内承担处理量不超过 300 吨/日，除垃圾焚烧处理设施外的生活垃圾处理处置设施的运营业务。

④ 说明

● 本标准所指的生活垃圾包括居民生活垃圾、商业垃圾、集市贸易市场垃圾、公共场所及机关、学校、厂矿等单位的生活垃圾；

● 本标准所指的生活垃圾处理方式为卫生填埋、焚烧和其他符合国家规定的处理处置方式。

（7）自动连续监测类（不分甲乙级，分水、气小类）

资质证书条件：

● 注册资金 100 万元以上；

● 具有从事污染物自动连续监测系统运营管理的经历，承担过 5 台（套）以上污染物自动连续监测系统的运营管理，建立有自动连续监测系统运行质量保证制度，负责运营的自动连续监测系统正常运行一年以上；

● 具有设施完备的固定分析实验室，配备满足相应监测项目需要的取样、保存、称量和分析等设备；

● 专业技术人员熟悉污染物自动连续监测系统的基本原理和操作，并能按相应监测项目的标准分析方法分析测试，具有维护、校对监测仪器的能力；

● 实验室建立有程序管理文件和质量控制文件，并正常运行一年以上。

说明：

废水监测项目包括化学需氧量（COD_{Cr}）、氨氮（NH_3-N）、总有机碳（TOC）、pH、总氮、总磷、流量等项目。废气监测项目包括烟尘（粉尘）、烟气二氧化硫（SO_2）、氮氧化物（NO_x）等项目，每一项目均包含烟气参数。

5.1.4　国家环保总局令第 28 号

污染源自动监控管理办法

（国家环保总局令第 28 号）

第一章　总　　则

第一条　为加强污染源监管，实施污染物排放总量控制与排污许可证制度和排污收费制度，预防污染事故，提高环境管理科学化、信息化水平，根据《水污染防治法》、《大气污染防治法》、《环境噪声污染防治法》、《水污染防治法实施细则》、《建设项目环境保护管理条例》和《排污费征收使用管理条例》等有关环境保护法律法规，制定本办法。

第二条　本办法适用于重点污染源自动监控系统的监督管理。

重点污染源水污染物、大气污染物和噪声排放自动监控系统的建设、管理和运行维护，必须遵守本办法。

第三条　本办法所称自动监控系统，由自动监控设备和监控中心组成。

自动监控设备是指在污染源现场安装的用于监控、监测污染物排放的仪器、流量（速）计、污染治理设施运行记录仪和数据采集传输仪等仪器、仪表，是污染防治设施的组成部分。

监控中心是指环境保护部门通过通信传输线路与自动监控设备连接用于对重点污染源实施自动监控的计算机软件和设备等。

第四条　自动监控系统经环境保护部门检查合格并正常运行的，其数据作为环境保护部门进行排污申报核定、排污许可证发放、总量控制、环境统计、排污费征收和现场环境执法等环境监督管理的依据，并按照有关规定向社会公开。

第五条　国家环境保护总局负责指导全国重点污染源自动监控工作，制定有关工作制度和技术规范。

地方环境保护部门根据国家环境保护总局的要求按照统筹规划、保证重点、兼顾一般、量力而行的原则，确定需要自动监控的重点污染源，制订工作计划。

第六条　环境监察机构负责以下工作：

（一）参与制定工作计划，并组织实施；

（二）核实自动监控设备的选用、安装、使用是否符合要求；

（三）对自动监控系统的建设、运行和维护等进行监督检查；

（四）本行政区域内重点污染源自动监控系统联网监控管理；

（五）核定自动监控数据，并向同级环境保护部门和上级环境监察机构等联网报送；

（六）对不按照规定建立或者擅自拆除、闲置、关闭及不正常使用自动监控系统的排污单位提出依法处罚的意见。

第七条　环境监测机构负责以下工作：

（一）指导自动监控设备的选用、安装和使用；

（二）对自动监控设备进行定期比对监测，提出自动监控数据有效性的意见。

第八条　环境信息机构负责以下工作：

（一）指导自动监控系统的软件开发；

（二）指导自动监控系统的联网，核实自动监控系统的联网是否符合国家环境保护总局制定的技术规范；

（三）协助环境监察机构对自动监控系统的联网运行进行维护管理。

第九条　任何单位和个人都有保护自动监控系统的义务，并有权对闲置、拆除、破坏以及擅自改动自动监控系统参数和数据等不正常使用自动监控系统的行为进行举报。

第二章　自动监控系统的建设

第十条　列入污染源自动监控计划的排污单位，应当按照规定的时限建设、安装自动监控设备及其配套设施，配合自动监控系统的联网。

第十一条　新建、改建、扩建和技术改造项目应当根据经批准的环境影响评价文件的要求建设、安装自动监控设备及其配套设施，作为环境保护设施的组成部分，与主体工程同时设计、同时施工、同时投入使用。

第十二条　建设自动监控系统必须符合下列要求：

（一）自动监控设备中的相关仪器应当选用经国家环境保护总局指定的环境监测仪器检测机构适用性检测合格的产品；

（二）数据采集和传输符合国家有关污染源在线自动监控（监测）系统数据传输和接口标准的技术规范；

（三）自动监控设备应安装在符合环境保护规范要求的排污口；

（四）按照国家有关环境监测技术规范，环境监测仪器的比对监测应当合格；

（五）自动监控设备与监控中心能够稳定联网；

（六）建立自动监控系统运行、使用、管理制度。

第十三条　自动监控设备的建设、运行和维护经费由排污单位自筹，环境保护部门可以给予补助；监控中心的建设和运行、维护经费由环境保护部门编报预算申请经费。

第三章　自动监控系统的运行、维护和管理

第十四条　自动监控系统的运行和维护，应当遵守以下规定：

（一）自动监控设备的操作人员应当按国家相关规定，经培训考核合格、持证上岗；

（二）自动监控设备的使用、运行、维护符合有关技术规范；

（三）定期进行比对监测；

（四）建立自动监控系统运行记录；

（五）自动监控设备因故障不能正常采集、传输数据时，应当及时检修并向环境监察机构报告，必要时应当采用人工监测方法报送数据。

自动监控系统由第三方运行和维护的，接受委托的第三方应当依据《环境污染治理设施运营资质许可管理办法》的规定，申请取得环境污染治理设施运营资质证书。

第十五条　自动监控设备需要维修、停用、拆除或者更换的，应当事先报经环境监察机构批准同意。

环境监察机构应当自收到排污单位的报告之日起 7 日内予以批复；逾期不批复的，视为同意。

第四章　罚　　则

第十六条　违反本办法规定，现有排污单位未按规定的期限完成安装自动监控设备及其配套设施的，由县级以上环境保护部门责令限期改正，并可处 1 万元以下的罚款。

第十七条　违反本办法规定，新建、改建、扩建和技术改造的项目未安装自动监控设备及其配套设施，或者未经验收或者验收不合格的，主体工程即正式投入生产或者使用的，由审批该建设项目环境影响评价文件的环境保护部门依据《建设项目环境保护管理条例》责令停止主体工程生产或者使用，可以处 10 万元以下的罚款。

第十八条　违反本办法规定，有下列行为之一的，由县级以上地方环境保护部门按以下规定处理：

（一）故意不正常使用水污染物排放自动监控系统，或者未经环境保护部门批准，擅自拆除、闲置、破坏水污染物排放自动监控系统，排放污染物超过规定标准的；

（二）不正常使用大气污染物排放自动监控系统，或者未经环境保护部门批准，擅自拆除、闲置、破坏大气污染物排放自动监控系统的；

（三）未经环境保护部门批准，擅自拆除、闲置、破坏环境噪声排放自动监控系统，致使环境噪声排放超过规定标准的。

有前款第（一）项行为的，依据《水污染防治法》第四十八条和《水污染防治法实施细则》第四十一条的规定，责令恢复正常使用或者限期重新安装使用，并处 10 万元以下的罚款；有前款第（二）项行为的，依据《大气污染防治法》第四十六条的规定，责令停止违法行为，限期改正，给予警告或者处 5 万元以下罚款；有前款第（三）项行为的，依据《环境噪声污染防治法》第五十条的规定，责令改正，处 3 万元以下罚款。

第五章　附　　则

第十九条　本办法自 2005 年 11 月 1 日起施行。

5.2　技术规范

5.2.1　水污染源在线监测系统安装技术规范（试行）

5.2.1.1　适用范围

本标准规定了水污染源在线监测系统中仪器设备的主要技术指标和安装技术要求，监测站房建设的技术要求，仪器设备的调试和试运行技术要求。

本标准适用于安装于水污染源的化学需氧量（COD_{Cr}）水质在线自动监测仪、总有机碳（TOC）水质自动分析仪、紫外（UV）吸收水质自动在线监测仪、氨氮水质自动分析仪、总磷水质自动分析仪、pH 水质自动分析仪、温度计、流量计、水质自动采样器、数据采集传输仪的设备选型、安装、调试、试运行和监测站房的建设。

5.2.1.2　规范性引用文件

本标准内容引用了下列文件中的条款。凡是不注日期的引用文件，其有效版本适用于本标准。

GB 11914	水质化学需氧量的测定 重铬酸盐法
GB 50093	自动化仪表工程施工及验收规范
GB 50168	电气装置安装工程电缆线路施工及验收规范
HBC 6—2001	环境保护产品认定技术要求 化学需氧量（COD_{Cr}）水质在线自动监测仪

HJ/T 15   超声波明渠污水流量计

HJ/T 70   高氯废水 化学需氧量的测定 氯气校正法

HJ/T 96—2003   pH 水质自动分析仪技术要求

HJ/T 101—2003   氨氮水质自动分析仪技术要求

HJ/T 103—2003   总磷水质自动分析仪技术要求

HJ/T 104—2003   总有机碳（TOC）水质自动分析仪技术要求

HJ/T 191—2005   紫外（UV）吸收水质自动在线监测仪技术要求

HJ/T 212   污染源在线自动监控（监测）系统数据传输标准

JB/T 9248   电磁流量计

ZBY 120   工业自动化仪表工作条件 温度、湿度和大气压力

5.2.1.3　术语和定义

下列术语和定义适用于本标准。

（1）水污染源在线监测仪器

指在污染源现场安装的用于监控、监测污染物排放的化学需氧量（COD_{Cr}）在线自动监测仪、总有机碳（TOC）水质自动分析仪、紫外（UV）吸收水质自动在线监测仪、pH 水质自动分析仪、氨氮水质自动分析仪、总磷水质自动分析仪、超声波明渠污水流量计、电磁流量计、水质自动采样器和数据采集传输仪等仪器、仪表。

（2）水污染源在线监测系统

本标准所称的水污染源在线监测系统由水污染源在线监测站房和水污染源在线监测仪器组成。

（3）超声波明渠污水流量计

用于测量明渠出流及不充满管道的各类污水流量的设备，采用超声波发射波和反射波的时间差测量标准化计量堰（槽）内的水位，通过变送器用 ISO 流量标准计算法换算成流量。

（4）电磁流量计

利用法拉第电磁感应定律制成的一种测量导电液体体积流量的仪表。

（5）水质自动采样器

一种污水取样装置，具有智能控制器、采样泵、采样瓶和分样转臂，可以设定程序按照时间、流量或外部触发命令采集单独或混合样品。

（6）数据采集传输仪

采集各种类型监控仪器仪表的数据、完成数据存储及与上位机数据通讯传输功能的工控机、嵌入式计算机、嵌入式可编程自动控制器（PAC）或可编程控制器等。

（7）平均无故障连续运行时间

指水污染源在线监测仪器在校验期间的总运行时间（h）与发生故障次数（次）的比值，单位：h/次。

（8）零点漂移

采用零点校正液为试样连续测试，水污染源在线监测仪器的指示值在一定时间内变化的幅度。

（9）量程漂移

采用量程校正液为试样连续测试，相对于水污染源在线监测仪器的测定量程，仪器指示值在一定时间内变化的幅度。

5.2.2 仪器设备主要技术指标

5.2.2.1 一般要求

工作电压和频率：

工作电压为单相（220±20)V，频率为（50±0.5)Hz。

通信协议

支持 RS-232、RS-485 协议，具体要求按照 HJ/T 212 规定。

相关认证要求

应具有中华人民共和国计量器具型式批准证书或生产许可证。

应通过国家环境保护总局环境监测仪器质量监督检验中心适用性检测。

基本功能要求

应具有时间设定、校对、显示功能。

应具有自动零点、量程校正功能。

应具有测试数据显示、存储和输出功能。

意外断电且再度上电时，应能自动排出系统内残存的试样、试剂等，并自动清洗，自动复位到重新开始测定的状态。

应具有故障报警、显示和诊断功能，并具有自动保护功能，并且能够将故障报警信号输出到远程控制网。

应具有限值报警和报警信号输出功能。

应具有接收远程控制网的外部触发命令、启动分析等操作的功能。

对于总有机碳（TOC）自动分析仪，应具有将 TOC 数据自动换算成 COD_{Cr}，并显示和输出数据的功能。

对于紫外（UV）吸收水质自动在线监测仪，应具有将检测结果自动换算成 COD_{Cr}，并显示和输出数据的功能。

对于排放水质不稳定的水污染源，不宜使用总有机碳（TOC）自动分析仪或紫外（UV）吸收水质自动在线监测仪。

对于排放高氯废水（氯离子浓度在 1000～20000mg/L）的水污染源，不宜使用化学需氧量（COD_{Cr}）水质在线自动监测仪。

5.2.2.2 化学需氧量（COD$_{Cr}$）水质在线自动监测仪

方法原理

在酸性条件下，将水样中有机物和无机还原性物质用重铬酸钾氧化的方法，检测方法有光度法、化学滴定法、库仑滴定法等。如果使用其他方法原理的化学需氧量（COD$_{Cr}$）水质在线自动监测仪，其各项性能指标应满足本标准第 4.1 条与 4.2 条的相关要求。

测定范围

20～2000mg/L，可扩充。

性能要求

实际水样比对试验 80％相对误差值应满足表 5-1 的要求，其他各项性能指标应满足 HBC 6—2001 要求。

表 5-1 化学需氧量（COD$_{Cr}$）水质在线自动监测仪实际水样比对试验

COD$_{Cr}$值	相 对 误 差
COD$_{Cr}$＜30mg/L	±10％（用接近实际水样浓度的低浓度质控样替代实际水样进行试验）
30mg/L≤COD$_{Cr}$＜60mg/L	±30％
60mg/L≤COD$_{Cr}$＜100mg/L	±20％
COD$_{Cr}$≥100mg/L	±15％

5.2.2.3 总有机碳（TOC）水质自动分析仪

方法原理

干式氧化原理：填充铂系、钴系等催化剂的燃烧管保持在 680～1000℃，将由载气导入的试样中的 TOC 燃烧氧化。干式氧化反应器常采用的方式有两种，一种是将载气连续通入燃烧管，另一种是将燃烧管关闭一定时间，在停止通入载气的状态下，将试样中的 TOC 燃烧氧化。

湿式氧化原理：指向试样中加入过硫酸钾等氧化剂，采用紫外线照射等方式施加外部能量将试样中的 TOC 氧化。

检测方法

非分散红外吸收法。

测定范围

2～1000mg/L，可扩充。

性能要求

实际水样比对试验按 HBC 6—2001 第 8.4.5 条试验方法，以总有机碳（TOC）水质自动分析仪与 GB 11914 方法（高氯废水采用 HJ/T 70 方法）作实际水样比对试验，总有机碳（TOC）水质自动分析仪测定结果换算得到的 COD$_{Cr}$浓度值与 GB 11914（或 HJ/T 70）方法测得的 COD$_{Cr}$浓度值间的 80％相对误差值应满足表 5-1 的要求。

其他各项性能指标应满足 HJ/T 104 要求。

5.2.2.4 紫外（UV）吸收水质自动在线监测仪

方法原理

单波长 UV 仪：以单波长 254nm 作为检测光直接透过水样进行检测的 UV 仪。

多波长 UV 仪：在紫外光谱区内以多个紫外波长作为检测光源的 UV 仪。

扫描型 UV 仪：对水样进行可见和紫外区域扫描的 UV 仪。

测定范围

标准溶液浓度与换算成 1m 光程的吸光度呈线性的范围。最小测定范围为 $0\sim20\text{m}^{-1}$，最高测定范围可达 $0\sim250\text{m}^{-1}$ 或更高。

性能要求

实际水样比对试验方法按 HBC 6—2001 第 8.4.5 条，以紫外（UV）吸收水质自动在线监测仪与 GB 11914 方法（高氯废水采用 HJ/T 70 方法）作实际水样比对试验，紫外（UV）吸收水质自动在线监测仪测定结果换算得到的 COD_{Cr} 浓度值与按 GB 11914（或 HJ/T 70）方法测得的 COD_{Cr} 浓度值间的 80% 相对误差值应满足表 5-1 的要求。

其他各项性能指标应满足 HJ/T 191 要求。

5.2.2.5 氨氮水质自动分析仪

方法原理（气敏电极法、光度法）

气敏电极法：采用氨气敏复合电极，在碱性条件下，水中氨气通过电极膜后对电极内液体 pH 值的变化进行测量，以标准电流信号输出。

光度法：在水样中加入能与氨离子产生显色反应的化学试剂，利用分光光度计分析得出氨氮浓度。

使用其他方法原理的氨氮水质在线自动监测仪，其各项性能指标也应满足本标准的相关要求。

测定范围

测量最小范围：（1）电极法为 $0.05\sim100\text{mg/L}$；（2）光度法为 $0.05\sim50\text{mg/L}$。

性能要求

光度法零点漂移应不大于 ±5%，电极法和光度法的实际水样比对试验 80% 相对误差值应不大于 ±15%，其他各项性能指标应满足 HJ/T 101 要求。

5.2.2.6 总磷水质自动分析仪

方法原理

将水样用过硫酸钾氧化分解后，用钼锑抗分光光度法测定。氧化分解方式主要有三种：水样在 120℃、30min 加热分解；水样在 120℃ 以下紫外分解；水样在 100℃ 以下氧化电分解。

使用其他方法原理的总磷水质在线自动监测仪，其各项性能指标也应满足本标准的相关要求。

测定范围

测定最小范围：0～50mg/L。

性能要求

实际水样比对试验80％相对误差值应不大于±15％，其他各项性能指标应满足HJ/T 103要求。

5.2.2.7 pH水质自动分析仪

测定原理

玻璃电极法。

测量范围

测量最小范围：pH 2～12（0～40℃）。

性能要求

实际水样比对试验80％绝对误差值应不大于 ±0.5pH，其他各项性能指标应满足 HJ/T 96 要求。

5.2.2.8 温度计

方法原理

铂电阻或热电偶测量法。

测量范围

0～100℃，精度 0.1℃。

安装方式

插入式。

5.2.2.9 流量计

流量计是指用于测定污水排放流量的仪器，一般宜采用超声波明渠污水流量计或管道式电磁流量计。使用其他测量方式的流量计，其各项性能指标也应满足本标准的相关要求。

超声波明渠污水流量计

方法原理

用超声波发射波和反射波的时间差测量标准化计量堰（槽）内的水位，通过变送器用 ISO 流量标准计算法换算成流量。

性能要求

各项性能指标应满足 HJ/T 15 规定的要求。

管道式电磁流量计

方法原理

与管道连接，根据法拉第电磁感应原理测得流速。

性能要求

各项性能指标应满足 JB/T 9248 规定的要求。

5.2.2.10 水质自动采样器

采样方式：蠕动泵法、真空泵法。

工作温度：$-10\sim60℃$。

基本功能要求

吸水高度应大于 5m。

外壳防护应达到 IP67。

采样量重复性应不大于 ±5mL 或平均容积的 $\pm5\%$。

最大水平采样距离应大于 50m。

应具备采样管空气反吹及采样前预置换功能。

应具备控制器自诊断功能，能自动测试随机存储器、只读存储器、泵、显示面板和分配器。

应具备可按时间、流量、外接信号设置触发采样的功能。

应具备泵管更换指示报警功能。

应具有样品低温保存功能。

5.2.2.11 数据采集传输仪

通信协议

应符合 HJ/T 212 规定的要求。

工作温度和湿度

$0\sim50℃$，$0\sim95\%$ 相对湿度（不结露）。

备用电源

应配置备用电源（如不间断电源 UPS 或电池），在断电时数据采集传输仪可继续工作 6h 以上。

数据存储

采集数据的存储格式应为常用的格式，如 TXT 文件、CSV 文件或数据库等格式，如果使用加密文件的专用格式，应公开其格式并提供读取数据的方法和软件。

在存储水质测定数据时，应包括该数据的采集时间和对应的样品采集时间，同时存储该数据的标记、标注信息（如电源故障、校准、设备维护、仪器故障、正常等），并向上位机发送上述三类数据。

数据储存容量大小应满足：当所有的数据输入端口全部使用时保存不少于 12 个月（按每分钟记录一组数据计算）的历史数据（包括监测数据和报警等信息），并且不小于 64Mbytes。

数据采集传输仪存储的数据可以在需要时方便地提取，并可以在通用的计算机中读出。

模拟量输入

电流输入：4～20mA，光电隔离，输入阻抗≤250Ω。

电压输入：0～10V，光电隔离，输入阻抗＞10MΩ。

模拟量输入通道数应为 8 路及以上，A/D 转换分辨率应至少为 12bit 或以上。

数字量输入

数字量输入通道数应为 8 路及以上，光电隔离。

继电器输出：通道数应为 4 路及以上，触点容量为 AC250V、1A。

上述输入、输出端口应各有不少于 2 路冗余作为备用端口。

通信串行接口：1 路 RS-485 和 2 路及以上 RS-232，并有 1 路 RS-485 和 2 路 RS-232 备用。

内部时钟

应有独立电池供电。

走时误差优于±0.5s/24h。

通信波特率

300/600/1200/2400/4800/9600/19200 bps，可用软件调节设置。

人机界面

宜达到或优于以下要求：

10 英寸及以上 TFT 液晶显示器；

具有键盘输入功能（当使用触摸屏时，可省去）；

数据采集传输仪平均无故障连续运行时间应不小于 17000h。

基本功能要求

能实时采集水污染源在线监测仪器及辅助设备的输出数据。

能对采集的数据进行处理、存储和显示，适合模拟信号、数字信号等多种信号输入方式，兼容多种水污染源在线监测仪器的通信协议。

应能够设置三级系统登录密码及相应的操作权限。

能对所存储数据进行分析、统计和检索，并以图表的方式表示出来。

应具有数据处理参数远程设置功能，例如：可以通过上位机设定或修改采样数据的量程，监测参数报警值的上、下限等。

应具有数据打包和远程通信功能。

应具有多种远程通信方式，例如：定时通信方式、随机通信方式、实时通信方式、直接通信方式等。

低功耗和交直流两用。

应具有自检和故障自动恢复功能。

上位机可通过数据采集传输仪进行远程遥控，启动现场水污染源在线监测仪器按照要求进行工作。

能运行相应程序，控制水污染源在线监测仪器及辅助设备按预定要求进行工作。

瞬时流量采集精度（用引用误差表示）应优于±0.1%，采集的累积流量数据应与流量计中的累积流量数据一致。

在恶劣的工作环境条件下，如当监测站房内有腐蚀性气体存在、房内气温较高时等，数据采集传输仪仍可稳定运行。

具有断电数据保护功能。

实时监视水污染源在线监测仪器工作状况，当其出现故障时，重启该仪器，重启失败时即时报告故障信息。

当水质参数超标时，在发出报警的同时启动水质自动采样器采集超标水样。

5.2.3 监测站房与仪器设备安装技术要求

5.2.3.1 企业排放口设置

排放口应满足环境保护部门规定的排放口规范化设置要求。

排放口的设置应能满足安装污水水量自动计量装置、采样取水系统的要求。

排放口的采样点应能设置水质自动采样器。

5.2.3.2 监测站房

新建监测站房面积应不小于 $7m^2$。监测站房应尽量靠近采样点，与采样点的距离不宜大于 50m。监测站房应做到专室专用。

监测站房应密闭，安装空调，保证室内清洁，环境温度、相对湿度和大气压等应符合 ZBY 120 的要求。

监测站房内应有安全合格的配电设备，能提供足够的电力负荷，不小于 5kW。站房内应配置稳压电源。

监测站房内应有合格的给、排水设施，应使用自来水清洗仪器及有关装置。

监测站房应有完善规范的接地装置和避雷措施、防盗和防止人为破坏设施。

监测站房如采用彩钢夹芯板搭建，应符合相关临时性建（构）筑物设计和建造要求。

监测站房内应配备灭火器箱、手提式二氧化碳灭火器、干粉灭火器或沙桶等。

监测站房不能位于通讯盲区。

监测站房的设置应避免对企业安全生产和环境造成影响。

5.2.3.3 采样取水系统安装要求

采样取水系统应保证采集有代表性的水样，并保证将水样无变质地输送至监测站房供水质自动分析仪取样分析或采样器采样保存。

采样取水系统应尽量设在废水排放堰槽取水口头部的流路中央，采水的前端设在下流的方向，减少采水部前端的堵塞。测量合流排水时，在合流后充分混合的场所采水。采样取水系统宜设置成可随水面的涨落而上下移动的形式。应同时设置人工采样口，以便进行比对试验。

采样取水系统的构造应有必要的防冻和防腐设施。

采样取水管材料应对所监测项目没有干扰，并且耐腐蚀。取水管应能保证水质自动分析仪所需的流量。采样管路应采用优质的硬质 PVC 或 PPR 管材，严禁使用软管做采样管。

采样泵应根据采样流量、采样取水系统的水头损失及水位差合理选择。取水采样泵应对水质参数没有影响，并且使用寿命长、易维护。采样取水系统的安装应便于采样泵的安置及维护。

采样取水系统宜设有过滤设施，防止杂物和粗颗粒悬浮物损坏采样泵。

氨氮水质自动分析仪采样取水系统的管路设计应具有自动清洗功能，宜采用加臭氧、二氧化氯或加氯等冲洗方式。应尽量缩短采样取水系统与氨氮水质自动分析仪之间输送管路的长度。

5.2.3.4　现场水质自动分析仪安装要求

现场水质自动分析仪应落地或壁挂式安装，有必要的防震措施，保证设备安装牢固稳定。在仪器周围应留有足够空间，方便仪器维护。此处未提及的要求参照仪器相应说明书内容，现场水质自动分析仪的安装还应满足 GB 50093 的相关要求。

安装高温加热装置的现场水质自动分析仪，应避开可燃物和严禁烟火的场所。

现场水质自动分析仪与数据采集传输仪的电缆连接应可靠稳定，并尽量缩短信号传输距离，减少信号损失。

各种电缆和管路应加保护管铺于地下或空中架设，空中架设的电缆应附着在牢固的桥架上，并在电缆和管路以及电缆和管路的两端作上明显标识。电缆线路的施工还应满足 GB 50168 的相关要求。

现场水质自动分析仪工作所必需的高压气体钢瓶，应稳固固定在监测站房的墙上，防止钢瓶跌倒。

必要时（如南方的雷电多发区），仪器和电源也应设置防雷设施。

5.2.3.5　调试

在现场完成水污染源在线监测仪器的安装、初试后，对在线监测仪器进行调试，调试连续运行时间不少于 72 小时。

每天进行零点校准和量程校准检查，当累积漂移超过规定指标时，应对在线监测仪器进行调整。

因排放源故障或在线监测系统故障造成调试中断，在排放源或在线监测系统恢复正常后，重新开始调试，调试连续运行时间不少于 72 小时。

编制水污染源在线监测仪器调试期间的零点漂移和量程漂移测试报告。

5.2.3.6　试运行

试运行期间水污染源在线监测仪器应连续正常运行 60 天。

可设定任一时间（时间间隔为 24 小时），由水污染源在线监测系统自动调节零点和校准量程值。

因排放源故障或在线监测系统故障等造成运行中断，在排放源或在线监测系统恢复正常后，重新开始试运行。

如果使用总有机碳（TOC）水质自动分析仪或紫外（UV）吸收水质自动在线监测仪，试运行期间应完成总有机碳（TOC）水质自动分析仪或紫外（UV）吸收水质自动在线监测仪与 COD_{Cr} 转换系数的校准。

水污染源在线监测仪器的平均无故障连续运行时间应满足：化学需氧量（COD_{Cr}）在线自动监测仪≥360h/次；总有机碳（TOC）水质自动分析仪、紫外（UV）吸收水质自动在线监测仪、pH 水质自动分析仪、氨氮水质自动分析仪和总磷水质自动分析仪≥720h/次。

数据采集传输仪已经和水污染源在线监测仪器正确连接，并开始向上位机发送数据。

编制化学需氧量（COD_{Cr}）在线自动监测仪、总有机碳（TOC）水质自动分析仪、紫外（UV）吸收水质自动在线监测仪、pH 水质自动分析仪、氨氮水质自动分析仪和总磷水质自动分析仪等水污染源在线监测仪器的零点漂移、量程漂移和重复性的测试报告，以及 COD_{Cr} 转换系数的校准报告。

水污染源在线监测仪器的零点漂移、量程漂移、重复性和平均无故障连续运行时间等性能指标与试验方法见表 5-2。

表 5-2　水污染源在线监测仪器零点漂移、量程漂移、重复性和平均无故障连续运行时间性能指标

仪器类型	项　目	性能指标	试验方法
化学需氧量（COD_{Cr}）在线自动监测仪	重复性	±10％	HBC 6—2001，第 8.4.1 条
	零点漂移	±5mg/L	HBC 6—2001，第 8.4.2 条
	量程漂移	±10％	HBC 6—2001，第 8.4.3 条
	平均无故障连续运行时间	≥360h/次	HBC 6—2001，第 8.4.6 条
总有机碳（TOC）水质自动分析仪	重复性	±5％	HJ/T 104—2003，第 9.4.1 条
	零点漂移	±5％	HJ/T 104—2003，第 9.4.2 条
	量程漂移	±5％	HJ/T 104—2003，第 9.4.3 条
	平均无故障连续运行时间	≥720h/次	HJ/T 104—2003，第 9.4.6 条
紫外（UV）吸收水质自动在线监测仪	重复性	量程的±2％以内	HJ/T 191—2005，第 7.4.1 条
	零点漂移	量程的±2％以内	HJ/T 191—2005，第 7.4.2 条
	量程漂移	量程的±2％以内	HJ/T 191—2005，第 7.4.3 条
	平均无故障连续运行时间	≥720h/次	HJ/T 191—2005，第 7.4.5 条

续表

仪器类型		项 目	性能指标	试 验 方 法
氨氮水质自动分析仪	电极法	重现性	±5%	HJ/T 101—2003,第8.4.1条
		零点漂移	±5%	HJ/T 101—2003,第8.4.2条
		量程漂移	±5%	HJ/T 101—2003,第8.4.3条
		平均无故障连续运行时间	≥720h/次	HJ/T 101—2003,第8.4.6条
	光度法	重现性	±10%	HJ/T 101—2003,第8.5.1条
		零点漂移	±5%	HJ/T 101—2003,第8.5.2条
		量程漂移	±10%	HJ/T 101—2003,第8.5.3条
		平均无故障连续运行时间	≥720h/次	HJ/T 101—2003,第8.5.6条
总磷水质自动分析仪		重现性	±10%	HJ/T 103—2003,第8.4.1条
		零点漂移	注:±5%	HJ/T 103—2003,第8.4.2条
		量程漂移	±10%	HJ/T 103—2003,第8.4.3条
		平均无故障连续运行时间	≥720h/次	HJ/T 103—2003,第8.4.5条
pH水质自动分析仪		重现性	±0.1pH	HJ/T 96—2003,第8.3.1条
		漂移	±0.1pH	HJ/T 96—2003,第8.3.1条,第8.3.2条,第8.3.3条
		平均无故障连续运行时间	≥720h/次	HJ/T 96—2003,第8.3.7条

5.2.4　水污染源在线监测系统验收技术规范（试行）

5.2.4.1　适用范围

本标准规定了水污染源在线监测系统的验收方法和验收技术指标。

本标准适用于已安装于水污染源的化学需氧量（COD_{Cr}）在线自动监测仪、总有机碳（TOC）水质自动分析仪、紫外（UV）吸收水质自动在线监测仪、pH水质自动分析仪、氨氮水质自动分析仪、总磷水质自动分析仪、超声波明渠污水流量计、电磁流量计、水质自动采样器、数据采集传输仪等仪器的验收监测。

5.2.4.2　规范性引用文件

本标准内容引用了下列文件中的条款。凡是不注日期的引用文件，其有效版本适用于本标准。

GB 6920　　　　　水质　pH值的测定　玻璃电极法

GB 7479　　　　　水质　铵的测定　纳氏试剂比色法

GB 7481　　　　　水质　铵的测定　水杨酸分光光度法

GB 11893　　　　 水质　总磷的测定　钼酸铵分光光度法

GB 11914　　　　 水质　化学需氧量的测定　重铬酸盐法

GB 50093—2002　自动化仪表工程施工及验收规范

GB 50168—92	电气装置安装工程电缆线路施工及验收规范
HBC 6—2001	环境保护产品认定技术要求　化学需氧量（COD$_{Cr}$）在线自动监测仪

GB 50168—92　　　　电气装置安装工程电缆线路施工及验收规范

HBC 6—2001　　　　环境保护产品认定技术要求　化学需氧量（COD$_{Cr}$）在线自动监测仪

HJ/T 15—1996　　　超声波明渠污水流量计

HJ/T 70　　　　　　高氯废水　化学需氧量的测定　氯气校正法

HJ/T 96—2003　　　pH 水质自动分析仪技术要求

HJ/T 101—2003　　　氨氮水质自动分析仪技术要求

HJ/T 103—2003　　　总磷水质自动分析仪技术要求

HJ/T 104—2003　　　总有机碳（TOC）水质自动分析仪技术要求

HJ/T 191—2005　　　紫外（UV）吸收水质自动在线监测仪技术要求

HJ/T 212—2005　　　污染源在线自动监控（监测）系统数据传输标准

JB/T 9248—1999　　　电磁流量计

ZBY 120　　　　　　工业自动化仪表工作条件温度、湿度和大气压力

5.2.4.3　术语和定义

下列术语和定义适用于本标准。

（1）水污染源在线监测仪器

指在污染源现场安装的用于监控、监测污染物排放的化学需氧量（COD$_{Cr}$）在线自动监测仪、总有机碳（TOC）水质自动分析仪、紫外（UV）吸收水质自动在线监测仪、pH 水质自动分析仪、氨氮水质自动分析仪、总磷水质自动分析仪、超声波明渠污水流量计、电磁流量计、水质自动采样器和数据采集传输仪等仪器、仪表。

（2）水污染源在线监测系统

本标准所称的水污染源在线监测系统由水污染源在线监测站房和水污染源在线监测仪器组成。

（3）超声波明渠污水流量计

用于测量明渠出流及不充满管道的各类污水流量的设备，采用超声波发射波和反射波的时间差测量标准化计量堰（槽）内的水位，通过变送器用 ISO 流量标准计算法换算成流量。

（4）电磁流量计

利用法拉第电磁感应定律制成的一种测量导电液体体积流量的仪表。

（5）水质自动采样器

一种污水取样装置，具有智能控制器、采样泵、采样瓶和分样转臂，可以设定程序按照时间、流量或外部触发命令采集单独或混合样品。

（6）数据采集传输仪

采集各种类型监控仪器仪表的数据、完成数据存储及与上位机数据通信传输功能的工控机、嵌入式计算机、嵌入式可编程自动控制器（PAC）或可编程控制器等。

（7）平均无故障连续运行时间

指自动分析仪在检验期间的总运行时间（h）与发生故障次数（次）的比值，单位为：h/次。

（8）零点漂移

采用零点校正液为试样连续测试，水污染源在线监测仪器的指示值在一定时间内变化的幅度。

（9）量程漂移

采用量程校正液为试样连续测试，相对于水污染源在线监测仪器的测定量程，仪器指示值在一定时间内变化的幅度。

（10）pH 标准液

用基准试剂配制的 pH 标准溶液，有如下 3 种：

邻苯二甲酸氢盐 pH 标准液（pH＝4.008，25℃）。

中性磷酸盐 pH 标准液（pH＝6.865，25℃）。

四硼酸钠 pH 标准液（pH＝9.180，25℃）。

5.2.4.4 水污染源在线监测系统的验收

（1）验收条件

① 水污染源在线监测系统已进行了调试与试运行，并提供调试与试运行报告。

② 化学需氧量（COD_{Cr}）在线自动监测仪、总有机碳（TOC）水质自动分析仪、紫外（UV）吸收水质自动在线监测仪、pH 水质自动分析仪、氨氮水质自动分析仪和总磷水质自动分析仪等水污染源在线监测仪器进行了零点漂移、量程漂移、重现性检测，满足表 5-3 中的性能要求并提供检测报告。

③ 如果使用总有机碳（TOC）水质自动分析仪或紫外（UV）吸收水质自动在线监测仪，应完成总有机碳（TOC）水质自动分析仪或紫外（UV）吸收水质自动在线监测仪与 COD_{Cr} 转换系数的校准，提供校准报告。

④ 提供水污染源在线监测系统的选型、工程设计、施工、安装调试及性能等相关技术资料。

⑤ 水污染源在线监测系统所采用基础通信网络和基础通信协议应符合 HJ/T 212—2005 的相关要求，对通信规范的各项内容作出响应，并提供相关的自检报告。

⑥ 数据采集传输仪已稳定运行一个月，向上位机发送数据准确、及时。

水污染源在线监测仪器零点漂移、量程漂移、重复性和平均无故障连续运行时间性能指标见表 5-3。

（2）监测站房的验收

① 监测站房应做到专室专用。站房应密闭，安装空调，保证室内清洁，环境温度、相对湿度和大气压等应符合 ZBY 120—83 的要求。

② 监测用房内应有合格的给排水设施，应使用自来水清洗仪器及有关装置。

表 5-3 水污染源在线监测仪器零点漂移、量程漂移、重复性和

平均无故障连续运行时间性能指标

仪 器 类 型		项 目	性 能 指 标
化学需氧量 COD_{Cr} 在线自动监测仪		重复性	±10%
		零点漂移	±5mg/L
		量程漂移	±10%
		平均无故障连续运行时间	≥360h/次
总有机碳 TOC 水质自动分析仪		重复性	±5%
		零点漂移	±5%
		量程漂移	±5%
		平均无故障连续运行时间	≥720h/次
紫外(UV)吸收水质自动在线监测仪		重复性	量程的±2%以内
		零点漂移	量程的±2%以内
		量程漂移	量程的±2%以内
		平均无故障连续运行时间	≥720h/次
氨氮水质自动分析仪	电极法	重现性	±5%
		零点漂移	±5%
		量程漂移	±5%
		平均无故障连续运行时间	≥720h/次
	光度法	重现性	±10%
		零点漂移	±5%
		量程漂移	±10%
		平均无故障连续运行时间	≥720h/次
总磷水质自动分析仪		重现性	±10%
		零点漂移	±5%
		量程漂移	±10%
		平均无故障连续运行时间	≥720h/次
pH 水质自动分析仪		重现性	±0.1pH 以内
		漂移	±0.1pH 以内
		平均无故障连续运行时间	≥720h/次

③ 监测用房应有完善、规范的接地装置和避雷措施,防盗和防止人为破坏的设施。

④ 各种电缆和管路应加保护管铺于地下或空中架设,空中架设电缆应附着在牢固的桥架上,并在电缆和管路以及两端作上明显标识。电缆线路的验收还应按

GB 50168—92 执行。

⑤ 水污染源在线监测仪器可选择落地安装或壁挂式安装，并有必要的防震措施，保证设备安装牢固稳定。在仪器周围应留有足够的空间，以方便仪器的维护。此处未提及的要求参照仪器相应说明书内容，水污染源在线监测仪器的安装还应满足 GB 50093—2002 的相关要求。

（3）水污染源在线监测仪器的验收

① 验收期间不允许对水污染源在线监测仪器进行零点和量程校准、维护、检修和调节。

② 依据本标准第 5 章"水污染源在线监测仪器验收方法"的要求，对水污染源在线监测仪器的进行验收监测。所有的水污染源在线监测仪器均应进行验收监测。

③ 对化学需氧量（COD_{Cr}）在线自动监测仪、总有机碳（TOC）水质自动分析仪、紫外（UV）吸收水质自动在线监测仪、pH 水质自动分析仪、氨氮水质自动分析仪和总磷水质自动分析仪进行实际废水比对试验，应满足本标准第 5 章"水污染源在线监测仪器验收方法"的要求。

④ 对化学需氧量（COD_{Cr}）在线自动监测仪、总有机碳（TOC）水质自动分析仪、紫外（UV）吸收水质自动在线监测仪、pH 水质自动分析仪、氨氮水质自动分析仪和总磷水质自动分析仪进行质控样考核，应满足本标准第 5 章分"水污染源在线监测仪器验收方法"的要求。

⑤ 超声波明渠污水流量计的性能指标满足 HJ/T 15—1996 中的相关要求。

⑥ 自动采样器性能满足本标准 5.2.4.3 中"水质自动采样器"的要求。

⑦ 数据采集传输仪的验收满足本标准 5.2.4.3 中"数据采集传输仪"的相关要求。

（4）联网验收

① 通信稳定性。数据采集传输仪和上位机之间的通信稳定，不出现经常性的通信连接中断、报文丢失、报文不完整等通信问题。

数据采集传输仪在线率为 90% 以上，正常情况下，掉线后，应在 5 分钟之内重新上线。单台现场机（数据采集传输仪）每日掉线次数在 5 次以内。数据传输稳定，报文传输稳定性在 99% 以上，当出现报文错误或丢失时，启动纠错逻辑，要求数据采集传输仪重新发送报文。

② 数据传输安全性。为了保证监测数据在公共数据网上传输的安全性，所采用的数据采集传输仪，在需要时可以按照 HJ/T 212—2005 中规定的加密方法进行加密处理传输，保证数据传输的安全性。一端请求连接另一端应进行身份验证。

③ 通信协议正确性。采用的通信协议应完全符合 HJ/T 212—2005 的相关要求。

④ 数据传输正确性。系统稳定运行一个月后，任取其中不少于连续 7 天的数据进行检查，要求上位机接收的数据和数据采集传输仪采集和存储的数据完全一致；同

时检查水污染源在线监测仪器显示的测定值、数据采集传输仪所采集并存储的数据和上位机接收的数据，这三个环节的实时数据应保持一致。

⑤ 联网稳定性。在连续一个月内，系统能稳定运行，不出现除通信稳定性、通信协议正确性、数据传输正确性以外的其他联网问题。

⑥ 现场故障模拟恢复试验。在水污染源在线监测系统现场验收过程中，人为模拟现场断电、断水和断气等故障，在恢复供电等外部条件后，水污染源在线监测系统应能正常自启动和远程控制启动。在数据采集传输仪中保存故障前完整分析的分析结果，并在故障过程中不被丢失。数据采集传输仪完整记录所有故障信息。

5.2.4.5 水污染源在线监测仪器验收方法

（1）化学需氧量（COD_{Cr}）在线自动监测仪

① 仪器类型。

重铬酸钾消解法：重铬酸钾、硫酸银、浓硫酸等在消解池中消解氧化水中的有机物和还原性物质，以比色法或氧化还原电位滴定法测定剩余的氧化剂，计算得出COD_{Cr}值。

② 验收监测方法

a. 实际水样比对试验

采集实际废水样品，以水污染源在线监测仪器与 GB/T 11914 方法进行实际水样比对试验，比对试验过程中应保证水污染源在线监测仪器与国标法测量结果组成一个数据对，至少获得 6 个测定数据对，计算实际水样比对试验相对误差。80%相对误差值应达到本标准实际水样比对试验验收指标。

$$A = \frac{X_n - B_n}{B_n} \times 100\%$$

式中　A——实际水样比对试验相对误差；

　　X_n——第 n 次测量值；

　　B_n——标准方法的测定值。

实际水样比对试验验收指标见表 5-4。

b. 质控样考核

采用国家认可的质控样，分别用两种浓度的质控样进行考核，一种为接近实际废水浓度的样品，另一种为超过相应排放标准浓度的样品，每种样品至少测定 2 次，质控样测定的相对误差不大于标准值的±10%。

（2）总有机碳（TOC）水质自动分析仪

① 仪器类型。干式氧化法。指填充铂系、氧化铝系、钴系等催化剂的燃烧管保持在680～1000℃，将由载气导入的试样中 TOC 燃烧氧化。干式氧化反应器主要采用两种方式，一种是将载气连续通入燃烧管，另一种是将燃烧管关闭一定时间，在停止通入载气的状态下，将试样中的 TOC 燃烧氧化。

② 验收监测方法

a. 实际水样比对试验

同本标准 5.2.4.5 节中"实际水样比对试验"。

当废水样品为高氯废水时，采用 HJ/T 70 方法与总有机碳（TOC）水质自动分析仪进行比对。

实际水样比对试验验收指标见表 5-4。

b. 质控样考核

同本标准 5.2.4.5 节中"质控样考核"。

（3）紫外（UV）吸收水质自动在线监测仪

① 仪器类型

紫外（UV）吸收：普通 UV 可见光吸收法为通过水中有机污染物对 $200\sim400nm$ 的吸收强度与标准方法的相关关系换算，具有光谱扫描功能的 UV 可见光可根据谱图选择最佳吸收波长。

② 验收监测方法

a. 实际水样比对试验

同本标准 5.2.4.5 节中"实际水样比对试验"。

当废水样品为高氯废水时，采用 HJ/T 70 方法与紫外（UV）吸收水质自动在线监测仪进行比对。

实际水样比对试验验收指标见表 5-4。

b. 质控样考核

同本标准 5.2.4.5 节中"质控样考核"。

（4）氨氮水质自动分析仪

① 仪器类型

a. 气敏电极法：采用氨气敏复合电极，在碱性条件下，水中氨气通过电极膜后对电极内液体 pH 值的变化进行测量，以标准电流信号输出。

b. 光度法：在污水水样中加入能与氨离子产生显色反应的化学试剂利用分光光度计分析得出氨氮浓度的方法。

② 验收监测方法

a. 电极法性能验收方法

（a）实际水样比对试验

采集实际废水样品，以水污染源在线监测仪器与国标方法（GB 7479 或 GB 7481）对废水氨氮值进行比对试验，比对试验过程中应保证水污染源在线监测仪器与国标法测量结果组成一个数据对，至少获得 6 个测定数据对，计算实际水样比对试验相对误差。80% 的相对误差值应达到本标准实际水样比对试验验收指标。

计算方法见本标准 5.2.4.5 节中"实际水样比对试验"。

实际水样比对试验验收指标见表 5-4。

（b）质控样考核

同本标准 5.2.4.5 节中"质控样考核"。

b. 光度法性能验收方法

（a）实际废水样品比对试验

同本标准 5.2.4.5 节中"实际水样比对试验"。

实际水样比对试验验收指标见表 5-4。

（b）质控样考核

同本标准 5.2.4.5 节中"质控样考核"。

（5）总磷水质自动分析仪

① 实际水样比对试验

采集实际废水样品，以自动监测仪器与国标方法（GB 11893）进行实际水样比对试验，比对试验过程中应保证水污染源在线监测仪器与国标法测量结果组成一个数据对，至少获得 6 个测定数据对，计算实际水样比对试验相对误差。80％相对误差值应达到本标准实际水样比对试验验收指标。

计算方法见本标准 5.2.4.5 节中"实际水样比对试验"。

实际水样比对试验验收指标见表 5-4。

② 质控样考核

同本标准 5.2.4.5 节中"质控样考核"。

（6）pH 水质自动分析仪

① 实际水样比对试验

采集实际废水样品，以自动监测仪器与国标方法（GB 6920）对废水 pH 值进行比对试验，比对试验过程中应保证水污染源在线监测仪器与国标法测量结果组成一个数据对，至少获得 6 个测定数据对，计算两种测量结果的绝对误差。80％绝对误差值应达到本标准实际水样比对试验验收指标。

实际水样比对试验验收指标见表 5-4。

② 质控样考核

本标准 5.2.4.5 节中"质控样考核"。

（7）超声波明渠污水流量计

超声波明渠污水流量计的检测验收方法、指标和要求，参照 HJ/T 15—1996 中第 4 章"检测与试验方法"执行。

（8）水质自动采样器

自动采样器能按技术说明书上的要求工作。采样量重复性，采用测量 6 次采样的体积方式，单次采样量与平均值之差不大于±5mL 或平均容积的±5％。

（9）数据采集传输仪

① 适应性检查

只修改数据采集传输仪的系统设置和建立相应的测试模板，就可以适应新的水污染源在线监测仪器，修改其系统设置可以改变监测对象，采集通道类型可自由设定，登录时应可设置 3 个及以上安全级别，以确保数据的安全性和保密性。

② 接口与显示检查

a. 数据采集传输仪应具备模拟量、数字量、标准串行口（RS485/RS232）接口、继电器输出接口等，可以通过 RS485 或 RS232 接口，向上位机发送数据，以便实时监控污水排放状况。

b. 数据采集传输仪接口应具有扩展功能、模块化结构设计，可根据使用要求，增加输入、输出通道的数量，以满足用户的各项监控功能要求。

c. 数据采集传输仪应能实时显示水污染源在线监测仪器和辅助设备的工作状态和报警信息，可以用图、表方式，实时显示污染物排放状况和环境参数。

③ 诊断检查

数据采集传输仪对水污染源在线监测仪器应具备故障判断功能（传感器故障报警、超标报警、通信故障报警、断电记录等）。

④ 独立性检查

当数据采集传输仪与上位机通信中断时，数据采集传输仪能独立工作，仍具有数据采集、控制水污染源在线监测仪器和辅助设备运行等各种功能。

⑤ 管理安全检查

应具备安全管理功能，操作人员需登录账号和密码后，才能进入控制界面，对所有的操作均自动记录、保存。

登录时应具备不少于 3 级以上操作管理权限。

⑥ 数据处理与检索检查

a. 数据处理检查

数据采集传输仪可存储 12 个月及以上的原始数据，记录水质测定数据和各类仪器运行状态数据，自动生成运行状况报告、水质测定数据报告、掉电记录报告、操作记录报告和仪器校准报告。

（a）水质测定数据和各类仪器运行状态数据

ⅰ. 水质测定数据；

ⅱ. 有效数据个数；

ⅲ. 电源故障状态数据；

ⅳ. 污染处理设施运行状态数据；

ⅴ. 零点和量程校准数据；

ⅵ. 操作和维护数据；

ⅶ. 超标准排放数据；

ⅷ. 超过水污染源在线监测仪器测定上限和下限的数据；

ⅸ. 仪器故障数据。

（b）掉电记录报告

当数据采集传输仪外部电源掉电又恢复供电时，系统应能自动启动，自动恢复运行状态并记录出现掉电的时间和恢复运行的时间。

（c）操作记录报告

对运行参数设置的修改等操作，数据采集传输仪应自动记录，可对这些记录随时调用。

b. 数据检索检查

能检索不同日期的历史数据，并进行报表统计和图形曲线分析；自动生成日报、月报、年报。

⑦　远程通信和校正检查

a. 校时检查

上位机可发送时钟命令并校准数据采集传输仪的时钟，数据采集传输仪同时发送时钟命令，水污染源在线监测仪器的时钟。

b. 校正控制检查

（a）校正检查

通过数据采集传输仪，上位机可发送零点和量程校准命令，来校准水污染源在线监测仪器的零点和量程。

（b）控制检查

对不连续监测的项目（如 TOC、COD_{Cr} 等），上位机可通过数据采集传输仪设置水污染源在线监测仪器的测量时间，也可以发送强制进行水质测定的命令。

⑧　现场故障模拟恢复试验

在水污染源在线监测系统现场验收过程中，人为模拟现场断电、断水和断气等故障，在恢复供电等外部条件后，水污染源在线监测系统应能正常自启动和远程控制启动。在数据采集传输仪中保存故障前完整分析的分析结果，并在故障过程中不被丢失。数据采集传输仪完整记录所有故障信息。水污染源在线监测仪器实际水样比对试验验收指标见表5-4。

表 5-4　水污染源在线监测仪器实际水样比对试验验收指标

仪 器 类 型	实际水样比对试验验收指标	试 验 方 法
化学需氧量 COD_{Cr} 在线自动监测仪	$\pm 10\%$（$COD_{Cr} < 30mg/L$）	用接近实际水样浓度的低浓度质控样替代
	$\pm 30\%$（$30mg/L \leqslant COD_{Cr} < 60mg/L$）	本标准 5.1.2.1 条（实际水样比对实验）
	$\pm 20\%$（$60mg/L \leqslant COD_{Cr} < 100mg/L$）	
	$\pm 15\%$（$COD_{Cr} \geqslant 100mg/L$）	

续表

仪 器 类 型		实际水样比对试验验收指标	试 验 方 法
总有机碳 TOC 水质自动分析仪		±10%(COD$_{Cr}$<30mg/L)	用接近实际水样浓度的低浓度质控样替代
		±30%(30mg/L≤COD$_{Cr}$<60mg/L)	本标准 5.2.2.1 条（实际水样比对实验）
		±20%(60mg/L≤COD$_{Cr}$<100mg/L)	
		±15%(COD$_{Cr}$≥100mg/L)	
紫外(UV)吸收水质自动在线监测仪		±10%(COD$_{Cr}$<30mg/L)	用接近实际水样浓度的低浓度质控样替代
		±30%(30mg/L≤COD$_{Cr}$<60mg/L)	本标准 5.3.2.1 条（实际水样比对实验）
		±20%(60mg/L≤COD$_{Cr}$<100mg/L)	
		±15%(COD$_{Cr}$≥100mg/L)	
氨氮水质自动分析仪	电极法	±15%	本标准 5.4.2.1.1 条（实际水样比对实验）
	光度法	±15%	本标准 5.4.2.2.1 条（实际水样比对实验）
总磷水质自动分析仪		±15%	本标准 5.5.1.1 条（实际水样比对实验）
pH 水质自动分析仪		±0.5pH	本标准 5.6.1.1 条（实际水样比对实验）

5.2.5　水污染源在线监测数据有效性判别技术规范（试行）

5.2.5.1　适用范围

（1）本标准规定了水污染源排水中化学需氧量（COD$_{Cr}$）、氨氮（NH$_3$-N）、总磷（TP）、pH 值、温度和流量等监测数据的质量要求，数据有效性判别方法和缺失数据的处理方法。

（2）本标准适用于水污染源排水中化学需氧量（COD$_{Cr}$）、氨氮（NH$_3$-N）、总磷（TP）、pH 值、温度和流量等监测数据的有效性判别。

5.2.5.2　规范性引用文件

本标准内容引用了下列文件中的条款。凡是不注日期的引用文件，其有效版本适用于本标准。

GB 6920	水质	pH 值的测定　玻璃电极法
GB 7479	水质	铵的测定　纳氏试剂比色法
GB 7481	水质	铵的测定　水杨酸分光光度法
GB 11893	水质	总磷的测定　钼酸铵分光光度法
GB 11914	水质	化学需氧量的测定　重铬酸盐法
GB 13195	水质	水温的测定　温度计或颠倒温度计测定法

HBC 6—2001　　　　环境保护产品认定技术要求　化学需氧量（COD$_{Cr}$）水质在线自动监测仪

HJ/T 70　　　　　　高氯废水　化学需氧量的测定　氯气校正法

HJ/T 96—2003　　　pH 水质自动分析仪技术要求

HJ/T 101—2003　　氨氮水质自动分析仪技术要求

HJ/T 103—2003　　总磷水质自动分析仪技术要求

HJ/T 104—2003　　总有机碳（TOC）水质自动分析仪技术要求

HJ/T 191—2005　　紫外（UV）吸收水质自动在线监测仪技术要求

HJ/T 355—2007　　水污染源在线监测系统运行与考核技术规范

5.2.5.3　术语和定义

下列术语和定义适用于本标准。

（1）数据有效性

指从在线监测系统中所获得的数据经审核符合质量保证和质量控制要求，在质量上能与标准方法可比。

（2）自动分析仪

指化学需氧量（COD$_{Cr}$）在线自动监测仪、总有机碳（TOC）水质自动分析仪、紫外（UV）吸收水质自动在线监测仪、pH 水质自动分析仪、氨氮水质自动分析仪、总磷水质自动分析仪等自动分析仪器。

5.2.5.4　数据质量要求

（1）与标准方法可比

除流量外，运行维护人员每月应对每个站点所有自动分析仪至少进行 1 次自动监测方法与实验室标准方法的比对试验，试验结果应满足本标准的要求。

① 化学需氧量（COD$_{Cr}$）水质在线自动监测仪

以化学需氧量（COD$_{Cr}$）水质在线自动监测方法与实验室标准方法 GB 11914 进行现场 COD$_{Cr}$ 实际水样比对试验，比对过程中应尽可能保证比对样品均匀一致。比对试验总数应不少于 3 对，其中 2 对实际水样比对试验相对误差（A）应满足 HJ/T 355—2007 表 1（本书表 5-5）规定的要求。实际水样比对试验相对误差（A）公式如下：

$$A = \frac{X_n - B_n}{B_n} \times 100\%$$

式中　A——实际水样比对试验相对误差；

　　　X_n——第 n 次测量值；

　　　B_n——实验室标准方法的测定值；

　　　n——比对次数。

② 总有机碳（TOC）水质自动分析仪

若将 TOC 水质自动分析仪的监测值转换为 COD_{Cr} 时，用 COD_{Cr} 的实验室标准方法 GB 11914 进行实际水样比对试验。对于排放高氯废水（氯离子浓度在 $1000\sim20000mg/L$）的水污染源，实验室化学需氧量分析方法采用 HJ/T 70。比对过程中应尽可能保证比对样品均匀一致。比对试验总数应不少于 3 对，其中 2 对实际水样比对试验相对误差（A）应满足 HJ/T 355—2007 表 1（本书表 5-5）规定的要求。实际水样比对试验相对误差（A）公式如下：

$$A = \frac{X_n - B_n}{B_n} \times 100\%$$

式中 A——实际水样比对试验相对误差；

       X_n——第 n 次测量值；

       B_n——实验室标准方法的测定值；

       n——比对次数。

③ 紫外（UV）吸收水质自动在线监测仪

若将紫外（UV）吸收水质自动在线监测仪的监测值转换为 COD_{Cr} 时，用 COD_{Cr} 的实验室标准方法 GB 11914 进行实际水样比对试验。对于排放高氯废水（氯离子浓度在 $1000\sim20000mg/L$）的水污染源，实验室化学需氧量分析方法采用 HJ/T 70。比对过程中应尽可能保证比对样品均匀一致。比对试验总数应不少于 3 对，其中 2 对实际水样比对试验相对误差（A）应满足 HJ/T 355—2007 表 1（本书表 5-5）规定的要求。实际水样比对试验相对误差（A）公式如下：

$$A = \frac{X_n - B_n}{B_n} \times 100\%$$

式中 A——实际水样比对试验相对误差；

       X_n——第 n 次测量值；

       B_n——实验室标准方法的测定值；

       n——比对次数。

④ 氨氮水质自动分析仪

分别以氨氮水质自动分析方法与实验室标准方法 GB 7479 或 GB 7481 进行实际水样比对试验，比对过程中应尽可能保证比对样品均匀一致。比对试验总数应不少于 3 对，其中 2 对实际水样比对试验相对误差（A）应满足 HJ/T 355—2007 表 1（本书表 5-5）规定的要求。实际水样比对试验相对误差（A）公式如下：

$$A = \frac{X_n - B_n}{B_n} \times 100\%$$

式中 A——实际水样比对试验相对误差；

       X_n——第 n 次测量值；

       B_n——实验室标准方法的测定值；

       n——比对次数。

⑤ 总磷水质自动分析仪

以总磷水质自动分析方法与实验室标准方法 GB 11893 进行实际水样比对试验，比对过程中应尽可能保证比对样品均匀一致。比对试验总数应不少于 3 对，其中 2 对实际水样比对试验相对误差（A）应满足 HJ/T 355—2007 表 1（本书表 5-5）规定的要求。实际水样比对试验相对误差（A）公式如下：

$$A = \frac{X_n - B_n}{B_n} \times 100\%$$

式中　A——实际水样比对试验相对误差；

　　　X_n——第 n 次测量值；

　　　B_n——实验室标准方法的测定值；

　　　n——比对次数。

⑥ pH 水质自动分析仪

pH 水质自动分析方法与标准方法 GB 6920 分别测定实际水样的 pH 值，实际水样比对试验绝对误差控制在 ±0.5pH 值。

⑦ 温度

进行现场水温比对试验，以在线监测方法与标准方法 GB 13195 分别测定温度，变化幅度控制在 ±0.5℃。

（2）质控样试验

运行维护人员每月应对每个站点所有自动分析仪至少进行 1 次质控样试验，采用国家认可的两种浓度的质控样进行试验，一种为接近实际废水浓度的质控样品，另一种为超过相应排放标准浓度的质控样品，每种样品至少测定 2 次，质控样测定的相对误差不大于标准值的 ±10%。

5.2.5.5　校验

（1）日常校验。

每月除进行本标准规定的实际水样比对试验和质控样试验外，每季还应进行现场校验，现场校验可采用自动校准或手工校准。现场校验内容还包括重复性试验、零点漂移和量程漂移试验。

① pH 值水质自动分析仪校验方法详见 HJ/T 96—2003 第 8 章。

② 化学需氧量（COD_{Cr}）水质在线自动监测仪校验方法详见 HBC 6—2001。

③ 总有机碳（TOC）水质自动分析仪校验方法详见 HJ/T 104—2003 第 9 章。

④ 氨氮水质自动分析仪校验方法详见 HJ/T 101—2003 第 8 章。

⑤ 总磷水质自动分析仪校验方法详见 HJ/T 103—2003 第 8 章。

⑥ 紫外（UV）吸收水质自动在线监测仪校验方法详见 HJ/T 191—2005 第 7 章。

⑦ 当仪器发生严重故障，经维修后在正常使用和运行之前亦应对仪器进行一次校验。

⑧ 校验的结果应满足 HJ/T 355—2007 表 1（本书表 5-5）技术要求。

⑨ 在测试期间保持设备相对稳定，作好测试记录和调整、校验、维护记录。

⑩ 此处未提及的校验内容，参照相关仪器说明书要求执行。

（2）重复性试验

除流量外，运行维护人员每季应对每个站点所有自动分析仪至少进行 1 次重复性检查，结果应满足本标准要求。

化学需氧量（COD_{Cr}）水质在线自动监测仪、总磷水质自动分析仪和氨氮水质自动分析仪的光度法 6 次量程测定值相对标准偏差控制在 ±10％。总有机碳（TOC）水质自动分析仪和氨氮水质自动分析仪的电极法 6 次量程测定值的相对标准偏差控制在 ±5％。紫外（UV）吸收水质自动在线监测仪 6 次量程测定值的相对标准偏差控制在 ±4％。pH 水质自动分析仪测定 pH＝4.00、pH＝6.86 和 pH＝9.86 标准液 6 次，仪器所示的 pH 值变化幅度控制在 ±0.1pH 值以内。

5.2.5.6 数据有效性

（1）未通过数据有效性审核的自动监测数据无效，不得作为总量核定、环境管理和监督执法的依据。

（2）当流量为零时，所得的监测值为无效数据，应予以剔除。

（3）监测值为负值无任何物理意义，可视为无效数据，予以剔除。

（4）在自动监测仪校零、校标和质控样试验期间的数据作无效数据处理，不参加统计，但对该时段数据作标记，作为监测仪器检查和校准的依据予以保留。

（5）自动分析仪、数据采集传输仪及上位机接收到的数据误差大于 1％时，上位机接收到的数据为无效数据。

（6）监测值如出现急剧升高、急剧下降或连续不变时，该数据进行统计时不能随意剔除，需要通过现场检查、质控等手段来识别，再做处理。

（7）具备自动校准功能的自动监测仪在校零和校标期间，发现仪器零点漂移或量程漂移超出规定范围，应从上次零点漂移和量程漂移合格到本次零点漂移和量程漂移不合格期间的监测数据作为无效数据处理，按本标准 7 缺失数据处理。

（8）从上次比对试验或校验合格到此次比对试验或校验不合格期间的在线监测数据作为无效数据，按本标准 7 缺失数据处理。

（9）有效日均值

有效日均值是对应于以每日为一个监测周期内获得的某个污染物（COD_{Cr}、NH_3-N、TP）的多个有效监测数据的平均值。在同时监测污水排放流量的情况下，有效日均值是以流量为权的某个污染物的有效监测数据的加权平均值；在未监测污水排放流量的情况下，有效日均值是某个污染物的有效监测数据的算术平均值。

有效日均值的加权平均值计算公式如下：

$$日均值 = \dfrac{\displaystyle\sum_{i=1}^{n} C_i Q_i}{\displaystyle\sum_{i=1}^{n} Q_i}$$

式中　C_i——某污染物的有效监测数据，mg/L；

　　　Q_i——C_i 和 C_{i+1} 2 次有效监测数据中间时段的累积流量，m^3。

5.2.5.7　缺失数据的处理

（1）缺失水质自动分析仪监测值

缺失 COD_{Cr}、$NH_3\text{-}N$、TP 监测值以缺失时间段上推至与缺失时间段相同长度的前一时间段监测值的算术均值替代，缺失 pH 值以缺失时间段上推至与缺失时间段相同长度的前一时间段 pH 值中位值替代。如前一时间段有数据缺失，再依次往前类推。

（2）缺失流量值

缺失瞬时流量值以缺失时间段上推至与缺失时间段相同长度的前一时间段瞬时流量值算术均值替代，累计流量值以推算出的算术均值乘以缺失时间段内的排水时间获得。如前一时间段有数据缺失，再依次往前类推。

缺失时间段的排水量也可通过企业在缺失时间段的用水量乘以排水系数计算获得。

（3）缺失自动分析仪监测值和流量值

同时缺失水质自动分析仪监测值和流量值时，分别以上述两种方法处理。

5.2.6　水污染源在线监测系统运行与考核技术规范（试行）

5.2.6.1　适用范围

本标准规定了运行单位为保障水污染源在线监测设备稳定运行所要达到的日常维护、校验、仪器检修、质量保证与质量控制、仪器档案管理等方面的要求，规定了运行的监督核查和技术考核的具体内容。

本标准适用于水污染源在线监测系统中的化学需氧量（COD_{Cr}）水质在线自动监测仪、总有机碳（TOC）水质自动分析仪、氨氮水质自动分析仪、总磷水质自动分析仪、紫外（UV）吸收水质自动在线监测仪、pH 水质自动分析仪、温度计、流量计等仪器设备运行和考核的技术要求。

5.2.6.2　规范性引用文件

本标准内容引用了下列文件中的条款。凡是不注日期的引用文件，其有效版本适用于本标准。

GB 6920	水质　pH 值的测定　玻璃电极法
GB 7479	水质　铵的测定　纳氏试剂比色法
GB 7481	水质　铵的测定　水杨酸分光光度法

GB 11914	水质　化学需氧量的测定　重铬酸盐法
GB 11893	水质　总磷的测定　钼酸铵分光光度法
GB 13195	水质　水温的测定　温度计或颠倒温度计测定法
HBC 6—2001	环境保护产品认定技术要求　化学需氧量（COD$_{Cr}$）水质

在线自动监测仪

HJ/T 70	高氯废水　化学需氧量的测定　氯气校正法
HJ/T 91—2002	地表水和污水技术规范
HJ/T 96—2003	pH 水质自动分析仪技术要求
HJ/T 101—2003	氨氮水质自动分析仪技术要求
HJ/T 103—2003	总磷水质自动分析仪技术要求
HJ/T 104—2003	总有机碳（TOC）水质自动分析仪技术要求
HJ/T 191—2005	紫外（UV）吸收水质自动在线监测仪技术要求
HJ/T 355—2007	水污染源在线监测数据有效性判别技术规范

5.2.6.3　术语和定义

下列术语和定义适用于本标准。

（1）水污染源在线监测系统

本标准所称的水污染源在线监测系统由水污染源在线监测站房和水污染源在线监测仪器组成。

（2）自动分析仪

指化学需氧量（COD$_{Cr}$）在线自动监测仪、总有机碳（TOC）水质自动分析仪、紫外（UV）吸收水质自动在线监测仪、pH 水质自动分析仪、氨氮水质自动分析仪、总磷水质自动分析仪等自动分析仪器。

（3）校正液

为了获得与试样浓度相同的指示值所配制的校正液。有零点校正液和量程校正液。零点校正液指在校正仪器零点时所用的溶液，除 pH 值外，其余参数用蒸馏水作零点校正液。量程校正液指在校正仪器量程时所用的标准溶液，不同的方法采用不同的标准溶液。

（4）零点漂移

采用本标准中规定的零点校正液为试样连续测试，自动分析仪的指示值在一定时间内变化的大小。

（5）量程漂移

采用本标准中规定的量程校正液为试样连续测试，相对于自动分析仪的测定量程，仪器指示值在一定时间内变化的大小。

（6）平均无故障连续运行时间

指自动分析仪在检验期间的总运行时间（h）与发生故障次数（次）的比值，单位为 h/次。

5.2.6.4 运行与日常维护

每日上午、下午远程检查仪器运行状态，检查数据传输系统是否正常，如发现数据有持续异常情况，应立即前往站点进行检查。

每 48 小时自动进行总有机碳（TOC）、氨氮、总磷水质自动分析仪及化学需氧量（COD_{cr}）水质在线自动监测仪、紫外（UV）吸收水质自动在线监测仪的零点和量程校正。

每周一至二次对监测系统进行现场维护，现场维护内容包括：

检查各台自动分析仪及辅助设备的运行状态和主要技术参数，判断运行是否正常。

检查自来水供应、泵取水情况，检查内部管路是否通畅，仪器自动清洗装置是否运行正常，检查各自动分析仪的进样水管和排水管是否清洁，必要时进行清洗。定期清洗水泵和过滤网。

检查站房内电路系统、通讯系统是否正常。

对于用电极法测量的仪器，检查标准溶液和电极填充液，进行电极探头的清洗。

若部分站点使用气体钢瓶，应检查载气气路系统是否密封，气压是否满足使用要求。

检查各仪器标准溶液和试剂是否在有效使用期内，按相关要求定期更换标准溶液和分析试剂。

观察数据采集传输仪运行情况，并检查连接处有无损坏，对数据进行抽样检查，对比自动分析仪、数据采集传输仪及上位机接收到的数据是否一致。

每月现场维护内容包括：

总有机碳（TOC）水质自动分析仪：检查 $TOC\text{-}COD_{cr}$ 转换系数是否适用，必要时进行修正。对 TOC 水质自动分析仪载气气路的密封性，泵、管、加热炉温度等进行一次检查，检查试剂余量（必要时添加或更换），检查卤素洗涤器、冷凝器水封容器、增湿器，必要时加蒸馏水。

pH 水质自动分析仪：pH 水质自动分析用酸液清洗一次电极，检查 pH 电极是否钝化，必要时进行更换，对采样系统进行一次维护。

化学需氧量（COD_{cr}）水质在线自动监测仪：检查内部试管是否污染，必要时进行清洗。

流量计：检查超声波流量计高度是否发生变化。

紫外（UV）吸收水质自动在线监测仪：检验 $UV\text{-}COD_{cr}$ 转换曲线是否适用。必要时进行修正。

氨氮水质自动分析仪：气敏电极表面是否清洁，仪器管路进行保养、清洁。

总磷水质自动分析仪：检查采样部分、计量单元、反应器单元、加热器单元、检测器单元的工作情况，对反应系统进行清洗。

水温：进行现场水温比对试验。

每月的现场维护内容还包括对在线监测仪器进行一次保养，对水泵和取水管路、配水和进水系统、仪器分析系统进行维护。对数据存储/控制系统工作状态进行一次检查，对自动分析仪进行一次日常校验（见5.2.4.5）。检查监测仪器接地情况，检查监测用房防雷措施。

每3个月至少对总有机碳（TOC）水质自动分析仪试样计量阀等进行一次清洗。检查化学需氧量（COD_{Cr}）水质在线自动监测仪水样导管、排水导管、活塞和密封圈，必要时进行更换，检查氨氮水质自动分析仪气敏电极膜，必要时进行更换。

根据实际情况更换化学需氧量（COD_{Cr}）水质在线自动监测仪水样导管、排水导管、活塞和密封圈，每年至少更换一次总有机碳（TOC）水质自动分析仪注射器活塞、燃烧管、CO_2 吸收器。

其他预防性维护：

保持机房、实验室、监测用房（监控箱）的清洁，保持设备的清洁，避免仪器振动，保证监测用房内的温度、湿度满足仪器正常运行的需求。

保持各仪器管路通畅，出水正常，无漏液。

对电源控制器、空调等辅助设备要进行经常性检查。

此处未提及的维护内容，按相关仪器说明书的要求进行仪器维护保养、易耗品的定期更换工作。

操作人员在对系统进行日常维护时，应作好巡检记录，巡检记录应包含该系统运行状况、系统辅助设备运行状况、系统校准工作等必检项目和记录，以及仪器使用说明书中规定的其他检查项目和校准、维护保养、维修记录。

仪器废液应送相关单位妥善处理。

5.2.6.5 校验

日常校验

每月至少进行一次实际水样比对试验和质控样试验，进行一次现场校验，可自动校准或手工校准。

实际水样比对试验、质控样试验方法和要求详见 HJ/TXX—200X 第4章。实际水样比对试验结果应满足表5-5中规定的性能指标要求，质控样测定的相对误差不大于标准值的±10%，实际水样比对试验或校验的结果不满足表1中规定的性能指标要求时，应立即重新进行第2次比对试验或校验，连续三次结果不符合要求，应采用备用仪器或手工方法监测。备用仪器在正常使用和运行之前应对仪器进行校验和比对试验。

每季进行重复性、零点漂移和量程漂移试验，试验方法见 HJ/TXX—200X 第5章。

总有机碳（TOC）水质自动分析仪、紫外（UV）吸收水质自动在线监测仪每月应进行 COD_{Cr} 转换系数的验证。当废水组分或工况发生较大变化时，应及时进行转换系数的确认。

表 5-5 性能指标要求

仪器名称		响应时间/min	零点漂移	量程漂移	重复性误差	实际水样比对试验相对误差
pH 水质自动分析仪		0.5min		±0.1pH	±0.1pH	±0.5pH
水温						±0.5℃
总有机碳（TOC）水质自动分析仪		参照仪器说明书	±5%	±5%	±5%	按 COD_{Cr} 实际水样比对试验相对误差要求考核
化学需氧量（COD_{Cr}）水质在线自动监测仪		/	±5mg/L	±10%	±10%	±10% 以接近于实际水样的低浓度质控样替代实际水样进行试验 （COD_{Cr}<30mg/L） ±30%（30mg/L≤COD_{Cr}<60mg/L） ±20%（60mg/L≤COD_{Cr}<100mg/L） ±15%（COD_{Cr}≥100mg/L）
总磷水质自动分析仪		参照仪器说明书	±5%	±10%	±10%	±15%
紫外（UV）吸收水质自动在线监测仪		参照仪器说明书	±2%	±4%	±4%	按 COD_{Cr} 实际水样比对试验相对误差要求考核
氨氮水质自动分析仪	电极法	5min 内	±5%	±5%	±5%	±15%
	光度法	参照仪器说明书	±5%	±10%	±10%	±15%

注：实际水样比对试验相对误差计算方法见 HJ/TXX—200X 第 4 章。

5.2.6.6 仪器的检修

在线监测设备需要停用、拆除或者更换的，应当事先报经环境保护有关部门批准。

运行单位发现故障或接到故障通知，应在 24 小时内赶到现场进行处理。

对于一些容易诊断的故障，如电磁阀控制失灵、膜裂损、气路堵塞、数据仪死机等，可携带工具或者备件到现场进行针对性维修，此类故障维修时间不应超过 8 小时，对不易诊断和维修的仪器故障，若 72 小时内无法排除，应安装备用仪器。

仪器经过维修后，在正常使用和运行之前应确保维修内容全部完成，性能通过检测程序，按国家有关技术规定对仪器进行校准检查。若监测仪器进行了更换，在正常使用和运行之前应对仪器进行一次校验和比对实验，校验和比对试验方法详见 HJ/T 355—2007 第 4 章、第 5 章。

若数据存储/控制仪发生故障，应在 12 小时内修复或更换，并保证已采集的数据不丢失。

第三方运行的机构，应备有足够的备品备件及备仪器用，对其使用情况进行定期清点，并根据实际需要进行增购，以不断调整和补充各种备品备件及备用仪器的存储数量。

在线监测设备因故障不能正常采集、传输数据时，应及时向环境保护有关部门报告，必要时采用人工方法进行监测，人工监测的周期不低于每两周一次，监测技术要求参照 HJ/T 91—2002 执行。

5.2.6.7　质量保证与质量控制

操作人员按国家相关规定，经培训考核合格，持证上岗。

在线监测仪器应通过检定或校验，在有效使用期内。应具备运行过程中定期自动标定和人工标定功能，以保证在线监测系统监测结果的可靠性和准确性。

建议采用有证标准样品，若考虑到运行成本采用自配标样，应用有证标准样品对自配标样进行验证，验证结果应在标准值不确定度范围内。标样浓度应与被测废水浓度相匹配。每周用国家认可的质控样（或按规定方法配制的标准溶液）对自动分析仪进行一次标样溶液核查，质控样（或标准溶液）测定的相对误差不大于标准值的±10%，若不符合，应重新绘制校准曲线，并记录结果。样品的测定值应在校准曲线的浓度范围内。

按照国家规定的监测分析方法进行实际水样比对试验，比对试验时，实验室质量控制按照有关规定执行，比对试验实验室监测分析方法详见表 5-6，比对试验相对误差值应满足表 5-5 中规定的性能指标要求。

表 5-6　比对实验规定监测分析方法

序号	项目	测　定　方　法	方法来源
1	pH 值	水质　pH 值的测定　玻璃电极法	GB 6920
2	水温	水质　水温的测定　温度计或颠倒温度计法	GB 13195
3	COD_{Cr}	化学需氧量的测定　重铬酸盐法	GB 11914
		高氯废水　化学需氧量的测定　氯气校正法	HJ/T 70
4	TP	水质　总磷的测定　钼酸铵分光光度法	GB 11893
5	NH_3-N	水质　铵的测定　纳氏试剂分光光度法	GB 7479
		水质　铵的测定　水杨酸分光光度法	GB 7481

样品采集和保存严格执行 HJ/T 91—2002 的有关规定，实施全过程质量控制和质量保证。

5.2.6.8　技术要求

（1）在线监测仪器的各项性能指标应在表 5-5 中规定的性能指标范围内。

（2）COD_{Cr}平均无故障连续运行时间≥360h/次，其余项目平均无故障连续运行时间≥720h/次。

（3）监测数据应满足 HJ/T 355—2007 第 4 章的数据质量要求。

（4）监测值的数量要求

① 连续排放。在连续排放情况下，化学需氧量（COD_{Cr}）水质在线自动监测仪、总磷水质自动分析仪、总有机碳（TOC）水质自动分析仪、紫外（UV）吸收水质自

动在线监测仪和氨氮水质自动分析仪等至少每小时获得一个监测值，每天保证有 24 个测试数据；pH 值、温度和流量至少每 10 分钟获得一个监测值。

② 间歇排放。间隙排放期间，根据厂家的实际排水时间确定应获得的监测值。

对化学需氧量（COD_{Cr}）水质在线自动监测仪、总磷水质自动分析仪、总有机碳（TOC）水质自动分析仪、紫外（UV）吸收水质自动在线监测仪和氨氮水质自动分析仪而言，监测数据数不小于污水累计排放小时数。

对 pH 值、温度和流量而言，监测数据数不小于污水累计排放小时数的 6 倍。

设备运转率应达到 90%，以保证监测数据的数量要求。设备运转率公式如下：

$$设备运转率\% = \frac{实际运行天数}{企业排放天数} \times 100\%$$

5.2.6.9　监督核查

环境保护有关部门对运行单位管理的水污染源在线监测设备定期进行抽检及校验，每年一至二次。平时对各仪器进行不定期抽查校验，校验工作由有资质的监测机构承担。

定期校验主要包括按环境监测技术规范进行现场比对试验、质控样试验，对运行数据和日常运行记录审核检查等，比对试验、质控样试验方法详见 HJ/T 355—2007 第 4 章。

环境保护有关部门监督检查运行单位管理的水污染源在线监测设备日常运行记录、日常维护记录、维修记录及仪器检定证书、校正记录和设备台账，定期审核运行单位上报的水污染源在线监测系统的监测数据。

5.2.6.10　技术档案

（1）技术档案内容

仪器的生产厂家、系统的安装单位和竣工验收记录。

监测仪器校准、零点和量程漂移、重复性、实际水样比对和质控样试验的例行记录。

监测（监控）仪器的运行调试报告、例行检查、维护保养记录。

检测机构的检定或校验记录。

仪器设备的检修、易耗品的定期更换记录。

各种仪器的操作、使用、维护规范。

（2）技术档案基本要求

档案中的表格应采用统一的标准表格。

记录应清晰、完整，现场记录应在现场及时填写，有专业维护人员的签字。

可从技术档案中查阅和了解仪器设备的使用、维修和性能检验等全部历史资料，以对运行的各台仪器设备做出正确评价。

与仪器相关的记录可放置在现场，所有记录均应妥善保存。

5.2.6.11　技术考核

技术考核从运行与日常维护、校验、检修、质量保证和质量控制、数据准确性、数据数量要求、设备运转率、仪器技术档案几个方面来考核，运行工作考核方法详见表 5-7。技术考核成绩作为评定运行单位工作质量的重要依据。

表 5-7　运行工作技术考核

考　核　内　容		考　核　要　求	备注
运行与日常维护	站房、辅助设备	保持站房清洁,保证监测用房内的温度、湿度满足仪器正常运行的需求,辅助设备工作正常	
	采水、排水及内部管路	定期维护和清洁,保证内部管路通畅,防止堵塞和泄漏	
	自动分析仪	定期清洗、定期更换试剂、定期更换易耗品、定期校准仪器	
	电路、仪器传输	保持电路、仪器传输系统正常工作	
	维护工作量	按本标准"运行与日常维护"要求定时远程监控及对自动监测仪器设备进行现场维护	
校验		按标准 5(本书 5.2.4.5)进行校验,结果满足要求	
检修		按标准 6(本书 5.2.4.6)要求,对系统进行检修,在更换新的仪器或修复后的仪器在运行之前按规定进行必要的检测和校准,各项指标达到要求	
质量保证和质量控制	操作人员	操作人员培训考核合格,持证上岗	
	标准溶液	定期对标准溶液进行核查,结果符合要求	
	实际水样比对实验	定期进行实际水样比对实验,结果符合要求	
数据准确性	仪器技术指标	仪器各项技术指标在标准 8.1[本书 5.2.4.8(1)]规定的范围内	
	平均无故障连续运行时间	平均无故障连续运行时间在标准 8.2[本书 5.2.4.8(2)]规定的范围内	
数据数量要求		满足 8.4[本书 5.2.4.8(4)]监测数据数量要求	
设备运转率		满足 8.5[本书 5.2.4.8(5)]要求	
仪器技术档案	仪器操作使用说明或维护技术要求	有仪器操作使用说明及维护规程,记录清晰、完整,符合标准 10(本书 5.2.4.10)技术档案要求	
	例行检查记录、运行调试报告、校验记录、仪器设备的检修记录、运行记录	运行维护记录、校验、检修、保养、等记录清晰、完整,符合标准 10(本书 5.2.4.10)技术档案要求	

5.2.7　污染源在线自动监控（监测）系统数据传输标准

5.2.7.1　适用范围

本标准适用于污染源在线自动监控（监测）系统自动监控设备和监控中心之间的数据交换传输。本标准规定了数据传输的过程及系统对参数命令、交互命令、数据命令和控制命令的数据格式和代码定义,本标准不限制系统扩展其他的信息内容,在扩展内容时不得与本标准中所使用或保留的控制命令相冲突。

根据通信技术的发展，本标准将适时修订。

5.2.7.2 规范性引用文件

以下标准和规范所含条文，在本标准中被引用即构成本标准的条文，与本标准同效。

GB/T 16706—1996 环境污染源类别代码

YD/T 1093—2000 900/1800MHz TDMA 数字蜂窝移动通信网通用分组无线业务（GPRS）隧道协议技术规范

YD/T 1323—2004 接入网技术要求——非对称数字用户环路（ADSL）

YD/T 1334——2004 800MHz CDMA 数字蜂窝移动通信网无线智能网（WIN）阶段 2：智能外设（IP）设备技术要求

EIA RS—232C 数据终端设备与使用串行二进制数据进行交换的数据通信设备之间的接口

5.2.7.3 术语

（1）污染源在线自动监控（监测）系统

由对污染源主要污染物排放实施在线自动监控（监测）的自动监控监测仪器设备和监控中心组成，本标准中简称系统。

（2）监控中心

安装在各级环保部门，有权限通过传输线路与自动监控设备连接，对其发出查询和控制等本标准规定指令的数据接收和数据处理系统，包括计算机信息终端设备及计算机软件等。本标准中简称上位机。

（3）自动监控设备

安装在污染源排放口现场，用于监控、监测污染源排污状况及完成与上位机的数据通讯传输的单台或多台设备及设施，包括污染物排放监控（监测）仪器、流量（速）计、污染治理设施运行记录仪和数据采集传输仪等，是污染防治设施的组成部分。本标准中简称现场机。

（4）数据采集传输仪

采集各种类型监控仪器仪表的数据、完成数据存储及与上位机数据通讯传输功能的单片机、工控机、嵌入式计算机、嵌入式可编程自动控制器（PAC）或可编程控制器等。

5.2.7.4 系统结构

污染源自动监控系统从底层逐级向上可分为现场机、传输网络和上位机三个层次。上位机通过传输网络与现场机交换数据、发起和应答指令。

自动监控设备有两种构成方式：

（1）一台（套）现场机集自动监控（监测）、存储和通讯传输功能为一体，可直接通过传输网络与上位机相互作用。

（2）现场有一套或多套监控仪器、仪表，监控仪器、仪表具有模拟或数字输出接口，连接到独立的数据采集传输仪，上位机通过数据采集传输仪实现数据交换和收发指令。

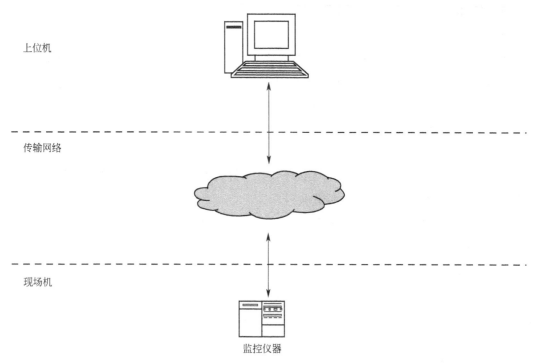

　　本标准不规定数据采集传输仪与监控仪器仪表的通讯方式，推荐采用 modbus（现场总线协议的一种，使用 RS-232C 兼容串行接口，它定义了连接口的针脚、电缆、信号位、传输波特率、奇偶校验等）标准。

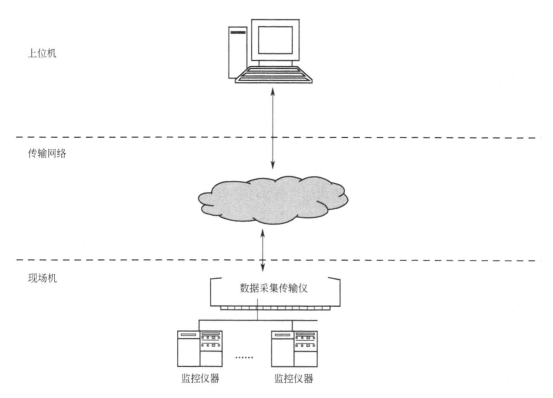

5.2.7.5　协议层次

现场机与上位机通讯接口应满足选定的传输网络的要求，本标准不作限制。

本标准规定的数据传输通讯协议对应于 ISO/OSI 定义的 7 层协议的应用层，在基于不同传输网络的现场机与上位机之间提供交互通讯。

协议结构如下图所示：

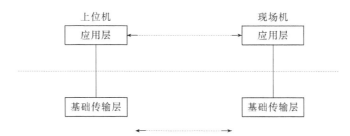

基础传输层依据不同的传输网络可有两类实现方式：

(1) 基于 TCP/IP 协议的，此方式的使用建立在 TCP/IP 基础之上。常用如：

- 通用无线分组业务（General Packet Radio Service，缩写 GPRS）
- 非对称数字用户环路（Asymmetrical Digital Subscriber Loop，缩写 ADSL）
- 码分多址（Code Division Multiple Access，缩写 CDMA）等

(2) 基于非 TCP/IP 协议的，此类方式的使用建立在相关通讯链路上。常用如：

- 公共电话交换网（Public switched telephone network，缩写 PSTN）
- 短消息数据通讯等

应用层依赖于所选用的传输网络，在选定的传输网络上进行应用层的数据通讯，在基础传输层已经建立的基础上，整个应用层的协议和具体的传输网络无关。本标准体现通讯介质无关性。

5.2.7.6　通讯协议

(1) 应答模式

完整的命令由请求方发起，响应方应答组成，具体步骤如下：

① 请求方发送请求命令给响应方

② 响应方接到请求命令后应答，请求方收到应答后认为连接建立

③ 响应方执行请求的操作

④ 响应方通知请求方请求执行完毕，没有应答按超时处理

⑤ 命令完成

(2) 超时重发机制

① 请求回应的超时

一个请求命令发出后在规定的时间内未收到回应，认为超时。

超时后重发，重发规定次数后仍未收到回应认为通讯不可用，通讯结束。

超时时间根据具体的通讯方式和任务性质可自定义。

超时重发次数根据具体的通讯方式和任务性质可自定义。

② 执行超时

请求方在收到请求回应（或一个分包）后规定时间内未收到返回数据或命令执行结果，认为超时，命令执行失败，结束。缺省超时定义表见表5-8。

表 5-8　缺省超时定义表（可扩充）

通讯类型	缺省超时定义(秒)	重发次数	通讯类型	缺省超时定义(秒)	重发次数
GPRS	10	3	ADSL	5	3
PSTN	5	3	短信	30	3
CDMA	10	3			

（3）通讯协议数据结构

所有的通讯包都是由 ACSII 码字符组成（CRC 校验码除外）。如图 5-1 所示。

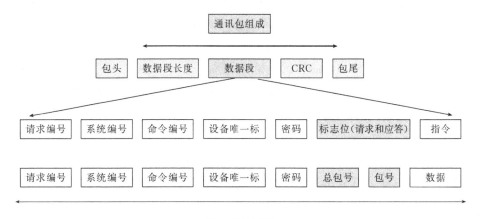

图 5-1　通讯包组成

① 通讯包结构组成

名　称	类　型	长　度	描　述
包头	字符	2	固定为＃＃
数据段长度	十进制整数	4	数据段的 ASCII 字符数 例如:数据段的字符数为 255, 则写为"0255"
数据段(见 6.3.3,本节③"数据区")	字符	$0 \leqslant n \leqslant 1024$	变长的数据（短信为 140）
CRC 校验	十六进制整数	4	数据段的校验结果,例如 4B30, 如果 CRC 错,即执行超时
包尾	字符	2	固定为＜CR＞＜LF＞(回车、 换行)

② 数据段结构组成

名　称	类　型	长　度	描　　述
请求编号 QN	字符	20	精确到毫秒的时间戳；QN＝YYYYMMDDH-HMMSSZZZ，用来唯一标识一个命令请求，用于请求命令或通知命令
总包号 PNUM	字符	4	PNUM 指示本次通讯总共包含的包数
包号 PNO	字符	4	PNO 指示当前数据包的包号
系统编号 ST	字符	5	ST＝系统编号，系统编号见 6.5（本书 5.2.5.8)中系统编码表
命令编号 CN	字符	7	CN＝命令编号，命令编号见 6.5（本书 5.2.5.8)中命令列表
访问密码 PW	字符	6	PW＝访问密码
设备唯一标识 MN	字符	14	MN＝监测点编号，这个编号下端设备需固化到相应存储器中，用作身份识别。编码规则：前 7 位是设备制造商组织机构代码的后 7 位，后 7 位是设备制造商的此类设备的唯一编码
是否拆分包及应答标志 Flag	字符	3	目前只用两个 Bit； | 0 | 0 | 0 | 0 | 0 | 0 | D | A | A：数据是否应答；Bit：1-应答，0-不应答 D：是否有数据序号；Bit：1-数据包中包含包序号和总包号两部分，0-数据包中不包含包序号和总包号两部分 如：Flag＝3 表示拆分包并且需要应答
指令参数 CP	字符	$0 \leqslant n \leqslant 960$	CP＝&& 数据区 &&，数据区定义见 6.3.3（本节③)

③ 数据区

a. 结构定义

字段与其值用"＝"连接；在数据区中，同一项目的不同分类值间用","来分隔，不同项目之间用";"来分隔。

b. 字段定义

（a）字段名

字段名要区分大小写，单词的首个字符为大写，其他部分为小写。

（b）数据类型

C4：表示最多 4 位的字符型字串，不足 4 位按实际位数。

N5：表示最多 5 位的数字型字串，不足 5 位按实际位数。

N14.2：用可变长字符串形式表达的数字型，表示 14 位整数和 2 位小数，带小数点，带符号，最大长度为 18。

YYYY：日期年，如 2005 表示 2005 年。

MM：日期月，如 09 表示 9 月。

DD：日期日，如 23 表示 23 日。

HH：时间小时。

MM：时间分钟。

SS：时间秒。

ZZZ：时间毫秒。

（c）字段对照表

其中：xxx：代表某个污染物编号，见附录 B。SBx：设备编号，例如 SB0、SB1 等

字 段 名	描　　述	字符集	宽度	取 值 及 描 述
SystemTime	系统时间	0～9	N14	取值为：YYYYMMDDHHMMSS
QN	请求编号			详见 6.3.2（本节②）
QnRtn	请求回应代码	0～9	N3	详见 6.5（本书 5.2.5.8）请求返回表
Logon	登录注册回应代码	0～9	N1	其中 1：成功，0：失败
ExeRtn	执行结果回应代码	0～9	N3	详见 6.5（本书 5.2.5.8）执行结果定义表
RtdInterval	实时采样数据上报间隔	0～9	N4	例如 30. 以秒为单位。包括实时污染数据和设备状态
xxx-Rtd	污染物实时采样数据	0～9	N14.2	例如 10.11，"xxx"是污染物代码，其中瞬时流量的代码为：水为 B01、气为 B02
xxx-Min	污染物指定时间内最小值	0～9	N14.2	例如 10.11，"xxx"是污染物代码
xxx-Avg	污染物指定时间内平均值	0～9	N14.2	例如 10.11，"xxx"是污染物代码
xxx-Max	污染物指定时间内最大值	0～9	N14.2	例如 10.11，"xxx"是污染物代码
xxx-ZsRtd	污染物实时采样折算数据	0～9	N14.2	例如 10.11，"xxx"是污染物代码
xxx-ZsMin	污染物指定时间内最小折算值	0～9	N14.2	例如 10.11，"xxx"是污染物代码
xxx-ZsAvg	污染物指定时间内平均折算值	0～9	N14.2	例如 10.11，"xxx"是污染物代码
xxx-ZsMax	污染物指定时间内最大折算值	0～9	N14.2	例如 10.11，"xxx"是污染物代码
xxx-Flag	监测污染物实时数据标记	A～Z	C1	对于污染源(P:电源故障、F:排放源停运、C:校验、M:维护、T:超测上限、D:故障、S:设定值、N:正常) 对于空气检测站(0:校准数据、1:气象参数、2:异常数据、3 正常数据)
xxx-Cou	污染物指定时间内累计值	0～9	N14.2	例如 10.11，"xxx"是污染物代码，其中累计流量的代码为：水为 B01、气为 B02

续表

字段名	描述	字符集	宽度	取值及描述
SBx-RS	设备运行状态的实时采样值	0～9	N1	其中 0:设备关,1:设备开。SBx 表示设备编号
SBx-RT	设备指定时间内的运行时间	0～9	N4.2	例如:10.11,单位为小时,且取值范围为 $0 \leqslant n \leqslant 24$。SBx 表示设备编号
xxx-Ala	污染物报警期间内采样值	0～9	N14.2	例如 10.11,"xxx"是污染物代码
xxx-UpValue	污染物报警上限值	0～9	N14.2	例如 10.11,"xxx"是污染物代码
xxx-LowValue	污染物报警下限值	0～9	N14.2	例如 10.11,"xxx"是污染物代码
xxx-Data	噪声监测历史数据	0～9	N14.2	例如 10.11,"xxx"是噪声污染物代码
xxx-DayData	噪声昼间历史数据	0～9	N14.2	例如 10.11,"xxx"是噪声污染物代码
xxx-NightData	噪声夜间历史数据	0～9	N14.2	例如 10.11,"xxx"是噪声污染物代码
xxx-Data	噪声污染物监测值	0～9	N14.2	例如 10.11,"xxx"是噪声污染物代码
AlarmTime	超标报警时间	0～9	N14	取值为:YYYYMMDDHHMMSS
AlarmType	报警事件类型	0～9	N1	其中 1:超标,0:恢复正常
ReportTarget	上位机地址标识	0～9	N20	通讯地址标识
PolId	污染物的编号	0～9	C3	见附录 B 污染因子编码表
BeginTime	开始时间	0～9	N14	取值为:YYYYMMDDHHMMSS
EndTime	截止时间	0～9	N14	取值为:YYYYMMDDHHMMSS
DataTime	数据时间信息	0～9	N14	取值为:YYYYMMDDHHMMSS
ReportTime	日数据上报时间信息	0～9	N14	例如:0100,表示 1 点整
DayStdValue	噪声白天标准限值	0～9	N14	例如 35
NightStdValue	噪声夜晚标准限值	0～9	N14	例如 35
Flag	通讯标志	0～9	N3	目前只用两个 Bit; <table><tr><td>0</td><td>0</td><td>0</td><td>0</td><td>0</td><td>0</td><td>D</td><td>A</td></tr></table> A:数据是否应答;Bit:1-应答,0-不应答　D:是否有数据序号;Bit:1-数据包中包含包序号和总包号两部分,0-数据包中不包含包序号和总包号两部分
PNO	包序号	0～9	N4	取值范围为 1～9999
PNUM	总包号	0～9	N4	取值范围为 1～9999
PW	访问密码	0～9,a～z,A～Z	C6	例如:123456
OverTime	超时时间(单位:秒)	0～9	N5	取值范围为 0～99999
ReCount	重发次数	0～9	N2	取值范围为 0～99
WarnTime	超标报警延迟时间(单位:秒)	0～9	N5	取值范围为 0～99999,指在规定时间内一直超标时才确认为报警
CTime	设备采样时间	0～9	N2	取值范围为 0～24,为整点时间

5.2.7.7　通讯流程

(1) 请求命令(四步或者三步)

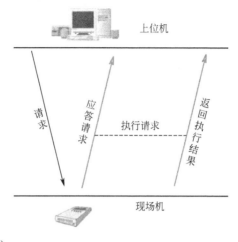

(2) 上传命令(一步)

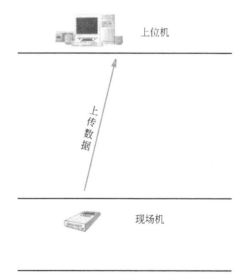

(3) 通知命令(两步)

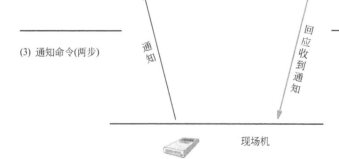

5.2.7.8　代码定义

系统编码表（可扩充）（GB/T 16706—1996）见《环境信息标准化手册》第一卷

第 236 页

系 统 名 称	系统编号	描 述
地表水监测	21	
空气质量监测	22	
区域环境噪声监测	23	
大气环境污染源	31	
地表水体环境污染源	32	
地下水体环境污染源	33	
海洋环境污染源	34	
土壤环境污染源	35	
声环境污染源	36	
振动环境污染源	37	
放射性环境污染源	38	
电磁环境污染源	41	
系统交互	91	用于现场机和上位机的交互

执行结果定义表（可扩充）

编 号	描 述	备 注
1	执行成功	
2	执行失败,但不知道原因	
100	没有数据	

请求返回表（可扩充）

编 号	描 述	备 注
1	准备执行请求	
2	请求被拒绝	
3	密码错误	

命令列表（可扩充）

命令名称	命令编号		命令类型	描 述
	上位向现场	现场向上位		
初始化命令				
设置超时时间与重发次数	1000		请求命令	

续表

命令名称	命令编号		命令类型	描　　述
	上位向现场	现场向上位		
设置持续超限报警时间	1001		请求命令	如果在规定时间内某因子一直处于超标状态,则现场机确认因子超标并发送报警通知
预留初始化命令				预留命令范围 1002～1010
参数命令				
提取现场机时间	1011		请求命令	用于同步上位机和现场机的系统时间,上位机提取现场机系统时间
上传现场机时间		1011	上传命令	用于现场机上传自己系统时间
设置现场机时间	1012		请求命令	用于同步上位机和现场机的系统时间,远程设置现场机系统时间
提取污染物报警门限值	1021		请求命令	用于提取现场机设置的污染物超标报警门限
上传污染物报警门限值		1021	上传命令	用于现场机上传自己的污染物超标报警门限
设置污染物报警门限值	1022		请求命令	用于上位机远程设置现场机的污染物超标报警门限
提取上位机地址	1031		请求命令	用于提取现场机设置的上位机地址
上传上位机地址		1031	上传命令	用于现场机上传设置的上位机地址
设置上位机地址	1032		请求命令	用于上位机远程设置现场机的上报数据地址
提取日数据上报时间	1041		请求命令	用于上位机提取现场机设置的日数据上报时间
上传日数据上报时间		1041	上传命令	用于现场机上传设置的日数据上报时间
设置日数据上报时间	1042		请求命令	用于上位机远程设置现场机的日数据上报时间
提取实时数据间隔	1061		请求命令	用于上位机提取现场机设置的实时数据间隔
上传实时数据间隔		1061	上传命令	用于现场机上传设置的实时数据间隔
设置实时数据间隔	1062		请求命令	用于上位机远程设置现场机的实时数据间隔
设置访问密码	1072		请求命令	用于上位机远程设置现场机的访问密码
预留参数命令				预留命令范围 1073～1099

续表

命令名称	命令编号		命令类型	描　述
	上位向现场	现场向上位		
数据命令				
实时污染数据				
取污染物实时数据	2011		请求命令	用于上位机告诉现场机开始按照设置的间隔发送实时数据
上传污染物实时数据		2011	上传命令	用于现场机按照设置的间隔自动上传实时数据
停止察看实时数据	2012		通知命令	用于上位机告诉现场机停止发送实时数据
实时设备状态				
取设备运行状态数据	2021		请求命令	用于上位机告诉现场机开始按照设置的间隔发送实时设备状态
上传设备运行状态数据		2021	上传命令	用于现场机按照设置的间隔自动上传实时设备状态
停止察看设备运行状态	2022		通知命令	用于上位机告诉现场机停止发送实时设备状态
历史数据				
取污染物日历史数据	2031		请求命令	用于上位机告诉现场机开始按照要求时间发送保存的日历史污染数据
上传污染物日历史数据		2031	上传命令（平时为按规定时间主动上报日统计数据）	用于现场机按照上位机的时间要求发送保存的日历史污染数据。另外，该命令平时为主动上报，上报时间为现场机设置的日数据上报时间参数，同时也可以响应上位机的采集命令2031
取设备运行时间日历史数据	2041		请求命令	用于上位机告诉现场机开始按照要求时间发送保存的日历史设备运行时间
上传设备运行时间日历史数据		2041	上传命令（平时为按规定时间主动上报日统计数据）	用于现场机按照上位机的时间要求发送保存的日历史设备运行时间。另外，该命令平时为主动上报，上报时间为现场机设置的日数据上报时间参数，主动上报上一日的日统计数据，同时也可以响应上位机的采集命令2041
分钟数据（可以自定义分钟间隔数，目前统一定为10分钟）				
取污染物分钟数据	2051		请求命令	用于上位机告诉现场机开始按照要求时间发送保存的分钟历史污染数据

命令名称	命令编号		命令类型	描　述
	上位向现场	现场向上位		
上传污染物分钟数据		2051	上传命令 （平时为按每个10分钟段主动上报该10分钟段的统计数据）	用于现场机按照上位机的时间要求发送保存的分钟历史污染数据 另外，该命令平时为主动上报，上报时间为每隔10分钟段上报一次该10分钟段的统计数据，同时也可以响应上位机的采集命令2051
小时数据				
取污染物小时数据	2061		请求命令	用于上位机告诉现场机开始按照要求时间发送保存的小时历史污染数据
上传污染物小时数据		2061	上传命令 （平时为按每个整点主动上报该小时的统计数据）	用于现场机按照上位机的时间要求发送保存的小时历史污染数据 另外，该命令平时为主动上报，上报时间为每个整点上报一次该小时的统计数据，同时也可以响应上位机的采集命令2061
报警数据				
取污染物报警记录	2071		请求命令	用于上位机提取现场机保存的报警记录
上传污染物报警记录		2071	上传命令	用于现场机按照上位机的时间要求发送保存的报警记录
上传报警事件		2072	通知命令 （为主动上报）	用于现场机采样值超过报警门限时主动向上位机发送报警信息
预留数据命令				预留命令范围2073～2099
反控命令				
校零校满	3011		请求命令	用于上位机对现场的一次仪表进行远程校准
即时采样命令	3012		请求命令	用于上位机远程通知现场的一次仪表即时开始取样分析
设备操作命令	3013			请求命令
设置设备采样时间周期	3014		请求命令	用于上位机远程设置现场一次仪表的取样分析时间
预留反控命令				预留命令范围3015～3099
交互命令				
请求应答		9011		用于现场机回应上位机的请求。例如是否执行请求
操作执行结果		9012		用于现场机回应上位机的请求的执行结果

续表

命令名称	命令编号		命令类型	描　述
	上位向现场	现场向上位		
通知应答	9013	9013		用于回应通知命令
数据应答	9014	9014		用于数据应答命令
登录注册		9021		用于现场机向上位机的登录请求
登录注册应答	9022			用于上位机对现场机的登录应答
预留交互命令				预留命令范围 9023～9099

5.3　废水排放标准

5.3.1　污水综合排放标准（GB 8978—1996）

见表 5-9，表 5-10。

表 5-9　第一类污染物最高允许排放浓度　　　　单位：mg/L

序号	污染物	最高允许排放浓度	序号	污染物	最高允许排放浓度
1	总汞	0.05	8	总镍	1.0
2	烷基汞	不得检出	9	苯并(a)芘	0.00003
3	总镉	0.1	10	总铍	0.005
4	总铬	1.5	11	总银	0.5
5	六价铬	0.5	12	总 α 放射性	1Bq/L
6	总砷	0.5	13	总 β 放射性	10Bq/L
7	总铅	1.0			

表 5-10　第二类污染物最高允许排放浓度

（1997 年 12 月 31 日之前建设的单位）　　　　单位：mg/L

序号	污染物	适用范围	一级标准	二级标准	三级标准
1	pH	一切排污单位	6～9	6～9	6～9
2	色度	染料工业	50	180	
—	（稀释倍数）	其他排污单位	50	80	—
—	—	采矿、选矿、选煤工业	100	300	
—	—	脉金选矿	100	500	
3	悬浮物（SS）	边远地区砂金选矿	100	800	
—	—	城镇二级污水处理厂	20	30	—
—	—	其他排污单位	70	200	400

续表

序号	污染物	适用范围	一级标准	二级标准	三级标准
— 4 —	五日生化需 氧量（BOD₅）	甘蔗制糖、苎麻脱胶、湿法纤维 板工业	30	100	600
		甜菜制糖、酒精、味精、皮革、化 纤浆粕工业	30	150	600
— — —		城镇二级污水处理厂 其他排污单位	20 30	30 60	— 300
5	化学需氧量 （COD）	甜菜制糖、焦化、合成脂肪酸、湿法 纤维板、染料、洗毛、有机磷农药工业	100	200	1000
		味精、酒精、医药原料药、生物制 药、苎麻脱胶、皮革、化纤浆粕工业	100	300	1000
		石油化工工业（包括石油炼制）	100	150	500
		城镇二级污水处理厂	60	120	—
		其他排污单位	100	150	500
6	石油类	一切排污单位	10	10	30
7	动植物油	一切排污单位	20	20	100
8	挥发酚	一切排污单位	0.5	0.5	2.0
9	总氰化合物	电影洗片（铁氰化合物）	0.5	5.0	5.0
		其他排污单位	0.5	0.5	1.0
10	硫化物	一切排污单位	1.0	1.0	2.0
11 — —	氨氮	医药原料药、染料、石油化工工业	15	50	—
		其他排污单位	15	25	—
12	氟化物	黄磷工业	10	20	20
		低氟地区（水体含氟量<0.5mg/L）	10	10	20
		其他排污单位	0.5	1.0	
13	磷酸盐（以P计）	一切排污单位	0.5	1.0	
14	甲醛	一切排污单位	1.0	2.0	5.0
15	苯胺类	一切排污单位	1.0	2.0	5.0
16	硝基苯类	一切排污单位	2.0	3.0	5.0
17 —	阴离子表面 活性剂（LAS）	合成洗涤剂工业	5.0	15	20
		其他排污单位	5.0	10	20
18	总铜	一切排污单位	5.0	1.0	2.0
19	总锌	一切排污单位	2.0	5.0	5.0
20	总锰	合成脂肪酸工业	2.0	5.0	5.0
		其他排污单位	2.0	2.0	5.0

续表

序号	污染物	适　用　范　围	一级标准	二级标准	三级标准
21	彩色显影剂	电影洗片	2.0	3.0	5.0
22	显影剂及氧化物总量	电影洗片	3.0	6.0	6.0
23	元素磷	一切排污单位	0.1	0.3	0.3
24	有机磷农药（以 P 计）	一切排污单位	不得检出	0.5	0.5
25	粪大肠菌群数	医院、兽医院及医疗机构含病原体污水	500 个/L	1000 个/L	5000 个/L
		传染病、结核病医院污水	100 个/L	500 个/L	1000 个/L
26	总余氯（采用氯化消毒的医院污水）	医院、兽医院及医疗机构含病原体污水	<0.5	>3(接触时间≥1h)	>2(接触时间≥1h)
—	—	传染病、结核病医院污水	<0.5	>6.5(接触时间≥1.5h)	>5(接触时间≥1.5h)

5.3.2 **煤炭工业污染物排放标准**（GB 20462—2006）

5.3.2.1 **煤炭工业废水有毒污染物排放限值**

煤炭工业（包括现有及新（扩、改）建煤矿、选煤厂）废水有毒污染物排放浓度不得超过表 5-11 规定的限值。

表 5-11　**煤炭工业废水有毒污染物排放限值**　　　单位：mg/L

序号	污染物	日最高允许排放浓度	序号	污染物	日最高允许排放浓度
1	总汞	0.05	6	总砷	0.5
2	总镉	0.1	7	总锌	2.0
3	总铬	1.5	8	氟化物	10
4	六价铬	0.5	9	总 α 放射性	1Bq/L
5	总铅	0.5	10	总 β 放射性	10Bq/L

5.3.2.2 **采煤废水排放限值**

现有采煤生产线自 2007 年 10 月 1 日起，执行表 2 规定的现有生产线排放限值；在此之前过渡期内仍执行 GB 8978—1996《污水综合排放标准》。自 2009 年 1 月 1 日起执行表 5-12 规定的新（扩、改）建生产线排放限值。

新（扩、改）建采煤生产线自本标准实施之日 2006 年 10 月 1 日起，执行表 2 规定的新（扩、改）建生产线排放限值。

表 5-12　采煤废水污染物排放限值

序号	污 染 物	日最高允许排放浓度（单位：mg/L，pH 值除外）	
		现有生产线	新建（扩、改）生产线
1	pH 值	6～9	6～9
2	总悬浮物	70	50
3	化学需氧量（CODcr）	70	50
4	石油类	10	5
5	总铁	7	6
6	总锰①	4	4

① 总锰限值仅适用于酸性采煤废水。

5.3.2.3　选煤废水排放限值

现有选煤厂自 2007 年 10 月 1 日起，执行表 3 规定的现有生产线排放限值；在此之前过渡期内仍执行 GB 8978—1996《污水综合排放标准》。自 2009 年 1 月 1 日起，应实现水路闭路循环，偶发排放应执行表 5-13 规定新（扩、改）建生产线排放限值。

新（扩、改）建选煤厂，自本标准实施之日起，应实现水路闭路循环，偶发排放应执行表 3 规定新（扩、改）建生产线排放限值。

表 5-13　选煤废水污染物排放限值

序 号	污 染 物	日最高允许排放浓度（单位：mg/L，pH 值除外）	
		现有生产线	新建（扩、改）生产线
1	pH 值	6～9	6～9
2	悬浮物	100	70
3	化学需氧量（CODcr）	100	70
4	石油类	10	5
5	总铁	7	6
6	总锰	4	4

5.3.3　医疗机构水污染物排放标准（GB 18466—2005）

（1）传染病和结核病医疗机构污水排放执行表 5-14 的规定。

（2）县级及县级以上或 20 张床位及以上的综合医疗机构和其他医疗机构污水排放执行表 5-15 的规定。直接或间接排入地表水体和海域的污水执行排放标准，排入终端已建有正常运行城镇二级污水处理厂的下水道的污水，执行预处理标准。

（3）县级以下或 20 张床位以下的综合医疗机构和其他所有医疗机构污水经消毒处理后方可排放。

（4）禁止向 GB3838 Ⅰ、Ⅱ 类水域和Ⅲ类水域的饮用水保护区和游泳区，GB 3097 一、二类海域直接排放医疗机构污水。

（5）带传染病房的综合医疗机构，应将传染病房污水与非传染病房污水分开。传染病房的污水、粪便经过消毒后方可与其他污水合并处理。

（6）采用含氯消毒剂进行消毒的医疗机构污水，若直接排入地表水体和海域，应进行脱氯处理，使总余氯小于 0.5mg/L。

表 5-14　传染病和结核病医疗机构污水排放执行表

序　号	控　制　项　目	标　准　值
1	粪大肠菌群数（MPN/L）	100
2	肠道致病菌	不得检出
3	肠道病毒	不得检出
4	结核杆菌	不得检出
5	pH	6～9
6	化学需氧量（COD） 　浓度（mg/L） 　最高允许排放负荷（g/床位）	 60 60
7	生化需氧量（BOD） 　浓度（mg/L） 　最高允许排放负荷（g/床位）	 20 20
8	悬浮物（SS） 　浓度（mg/L） 　最高允许排放负荷（g/床位）	 20 20
9	氨氮（mg/L）	15
10	动植物油（mg/L）	5
11	石油类（mg/L）	5
12	阴离子表面活性剂（mg/L）	5
13	色度（稀释倍数）	30
14	挥发酚（mg/L）	0.5
15	总氰化物（mg/L）	0.5
16	总汞（mg/L）	0.05
17	总镉（mg/L）	0.1
18	总铬（mg/L）	1.5
19	六价铬（mg/L）	0.5
20	总砷（mg/L）	0.5
21	总铅（mg/L）	1.0
22	总银（mg/L）	0.5
23	总 α 放射性	1
24	总 β 放射性	10
25	总余氯[①②]（mg/L）（直接排入水体的要求）	0.5

①采用含氯消毒剂消毒的工艺控制要求为：消毒接触池的接触时间≥1.5h，接触池出口总余氯6.5～10mg/L。

②采用其他消毒剂对总余氯不作要求。

表 5-15 综合医疗机构和其他医疗机构水污染排放限值（日均值）

序号	控　制　项　目	排放标准	预处理标准
1	粪大肠菌群数（MPN/L）	500	5000
2	肠道致病菌	不得检出	—
3	肠道病毒	不得检出	—
4	pH	6～9	6～9
5	化学需氧量（COD） 浓度（mg/L） 最高允许排放负荷（g/床位）	 60 60	 250 250
6	生化需氧量（BOD） 浓度（mg/L） 最高允许排放负荷（g/床位）	 20 20	 100 100
7	悬浮物（SS） 浓度（mg/L） 最高允许排放负荷（g/床位）	 20 20	 60 60
8	氨氮（mg/L）	15	—
9	动植物油（mg/L）	5	20
10	石油类（mg/L）	5	20
11	阴离子表面活性剂（mg/L）	5	10
12	色度（稀释倍数）	30	—
13	挥发酚（mg/L）	0.5	1.0
14	总氰化物（mg/L）	0.5	0.5
15	总汞（mg/L）	0.05	0.05
16	总镉（mg/L）	0.1	0.1
17	总铬（mg/L）	1.5	1.5
18	六价铬（mg/L）	0.5	0.5
19	总砷（mg/L）	0.5	0.5
20	总铅（mg/L）	1.0	1.0
21	总银（mg/L）	0.5	0.5
22	总 α（Bq/L）	1	1
23	总 β（Bq/L）	10	10
24	总余氯[1][2]（mg/L）	0.5	—

① 采用含氯消毒剂消毒的工艺控制要求为：

一级标准：消毒接触池接触时间≥1h，接触池出口总余氯 3～10mg/L。

二级标准：消毒接触池接触时间≥1h，接触池出口总余氯 2～8mg/L。

② 采用其他消毒剂对总余氯不作要求。

5.3.4　**啤酒工业污染物排放标准**（GB 19821—2005）

啤酒工业废水无论处理与否均不得排入《地表水环境质量标准》（GB 3838）中规定的Ⅰ、Ⅱ类水域和Ⅲ类水域的饮用水源保护区和游泳区，不得排入《海水水质标准》（GB 3097）中规定的Ⅰ类海域的海洋渔业水域、海洋自然保护区。

排入建有并投入运营的二级污水处理厂的城镇排水系统的啤酒工业废水，执行表5-16预处理标准的规定。

处理后排入自然水体的啤酒工业废水，执行表5-16排放标准的规定。

自2006年1月1日起，新建企业的废水排放执行表5-16的排放限值。

自2006年1月1日起至2008年4月30日止，现有企业的废水排放仍执行GB 8978—1996的规定，自2008年5月1日起，现有企业的废水排放执行表5-16的排放限值。

表 5-16　啤酒生产企业水污染物排放最高允许限值

项　目	单　位	工　业　类　别			
		啤　酒		麦芽企业	
		预处理标准	排放标准	预处理标准	排放标准
COD_{Cr}	浓度标准值(mg/L)	500	80	500	80
	单位产品污染物排放量*	—	0.56	—	0.1
BOD	浓度标准值(mg/L)	300	20	300	20
	单位产品污染物排放量*	—	0.14	—	0.1
SS	浓度标准值(mg/L)	400	70	400	70
	单位产品污染物排放量*	—	0.49	—	0.35
氨氮	浓度标准值(mg/L)		15		15
	单位产品污染物排放量*		0.105		0.075
总磷	浓度标准值(mg/L)		3		3
	单位产品污染物排放量*		0.021		0.015
pH		6～9	6～9	6～9	6～9

* 对于啤酒企业，单位为kg/kL啤酒；对于麦芽企业，单位为kg/t麦芽。

5.3.5　**纺织染整工业水污染物排放标准**（GB 4287—1992）

1989年1月1日之前立项的纺织染整工业建设项目及其建成后投产的企业按表5-17执行。

表 5-17

分级	最高允许排水量/(m³/百米布)	最高允许排放浓度/(mg/L)									
		生化需氧量（BOD₅）	化学需氧量（CODCr）	色度（稀释倍数）	pH值	悬浮物	氨氮	硫化物	六价铬	铜	苯胺类
Ⅰ级		60	180	80	6～9	100	25	1.0	0.5	0.5	2.0
Ⅱ级	2.5	80	240	160	6～9	150	40	2.0	0.5	1.0	3.0
Ⅲ级		300	500	—	6～9	400	—	2.0	0.5	2.0	5.0

1998 年 1 月 1 日至 1992 年 6 月 30 日之间立项的纺织染整工业建设项目及其建成后投产的企业按表 5-18 执行。

表 5-18

分级	最高允许排水量/(m³/百米布)	最高允许排放浓度/(mg/L)									
		生化需氧量（BOD₅）	化学需氧量（CODCr）	色度（稀释倍数）	pH值	悬浮物	氨氮	硫化物	六价铬	铜	苯胺类
Ⅰ级		30	100	50	6～9	70	15	1.0	0.5	0.5	1.0
Ⅱ级	2.5	60	180	100	6～9	150	25	1.0	0.5	1.0	2.0
Ⅲ级		300	500	—	6～9	400	—	2.0	0.5	2.0	5.0

1992 年 7 月 1 日起立项的纺织染整工业建设项目及其建成后投产的企业按表 5-19 执行。

表 5-19

分级	最高允许排水量/(m³/百米布)[1]		最高允许排放浓度/(mg/L)									
	缺水区	丰水区[2]	生化需氧量（BOD₅）	化学需氧量（CODCr）	色度（稀释倍数）	pH值	悬浮物	氨氮	硫化物	六价铬	铜	苯胺类	二氧化氯
Ⅰ级	—		25	100	40	6～9	70	15	1.0	0.5	0.5	1.0	0.5
Ⅱ级	2.2	2.5	40	180	80	6～9	100	25	1.0	0.5	1.0	2.0	0.5
Ⅲ级	—	—	300	500	—	6～9	400	—	2.0	0.5	2.0	5.0	0.5

1) 100 米布排水量的布幅以 914mm 计；宽幅布按比例折算。

2) 水源取自长江、黄河、珠江、湘江、松花江等大江、大河为丰水区；取用水库、地下水及国家水资源行政主管部门确定为缺水区的地区为缺水区。

5.3.6 肉类加工工业水污染物排放标准（GB 13457—92）

1989 年 1 月 1 日之前立项的建设项目及其建成后投产的企业按表 5-20 执行。

表 5-20

污染物级别标准值	悬浮物			生化需氧量（BOD$_5$）			化学需氧量（COD$_{Cr}$）			动植物油			氨氮			pH 值			大肠菌群数 个/L			排水量 m³/t（活屠量），m³/t（原料肉）		
	一级	二级	三级	一级	二级	三级	一级	二级	三级	一级	二级	三级	一级	二级	三级	一级	二级	三级	一级	二级	三级	一级	二级	三级
排放浓度/(mg/L)	100	250	400	60	80	300	120	160	500	30	40	100	25	40	—	6～9			5000	—	—	7.2		

1989 年 1 月 1 日至 1992 年 6 月 30 日之间立项的建设项目及其建成后投产的企业按表5-21 执行。

表 5-21

污染物级别标准值	悬浮物			生化需氧量（BOD$_5$）			化学需氧量（COD$_{Cr}$）			动植物油			氨氮			pH 值			大肠菌群数 个/L			排水量 m³/t（活屠量）m³/t（原料肉）		
	一级	二级	三级	一级	二级	三级	一级	二级	三级	一级	二级	三级	一级	二级	三级	一级	二级	三级	一级	二级	三级	一级	二级	三级
排放浓度/(mg/L)	70	200	400	30	60	300	100	120	500	20	20	100	15	25	—	6～9			5000	—	—	6.5		

5.3.7 磷肥工业水污染物排放标准（GB 15580—1995）

表 5-22 生产规模划分

规模类别	大型（万吨/年）	中型（万吨/年）	小型（万吨/年）
过磷酸钙	≥50	≥20	＜20
钙镁磷肥	≥50	≥20	＜20
磷铵	≥24	≥12	＜12
重过磷酸钙	≥40	≥20	＜20

注：硝酸磷肥不分规模。

表 5-23 过磷酸钙、钙镁磷肥企业水污染物最高允许排放限值

类别	规模	级别	Ⅰ时段(1998年1月1日之前) 氟化物[1](以F计)	悬浮物	pH	排水量 m³/t 产品	Ⅱ时段(1998年1月1日起) 氟化物[1](以F计)	悬浮物	pH	排水量 m³/t 产品
过磷酸钙（普钙）	大型	一级	15	100			15	80		
		二级	25	200	6～9	0.45	20	150	6～9	0.3
		三级	40	400			40	300		
	中型	一级	15	100			15	80		
		二级	25	200	6～9	0.6	20	150	6～9	0.45
		三级	40	400			40	300		
	小型	一级	15	100			15	80		
		二级	25	250	6～9	0.9	20	150	6～9	0.6
		三级	40	400			40	300		
钙镁磷肥	大型	一级	15	100			15	80		
		二级	35	200	6～9	1.0	30	150	6～9	0.4
		三级	40	400			40	300		
	中型	一级	15	100			15	80		
		二级	35	200	6～9	1.5	30	150	6～9	0.75
		三级	40	400			40	300		
	小型	一级	15	100			15	80		
		二级	35	250	6～9	2.0	30	150	6～9	1.0
		三级	40	400			40	300		

1) 氟化物指可溶性氟。

如磷肥企业非单一产品污水一并处理排放（如两种以上磷肥产品污水或硫酸、黄磷污水）或磷肥工业废水与其他污水（生活污水及非生产排水）一并排放，则污水排放口污染物最高允许排放浓度按附录 A 计算。吨产品最高允许排放水量则必须在各产品车间排放口测定。

表 5-24

类别	规模	级别	I时段(1998年1月1日之前) 氟化物(以F计)	磷酸盐(以P计)	悬浮物	pH	排水量 m³/t产品	II时段(1998年1月1日至1996年6月30日之前) 氟化物(以F计)	磷酸盐(以P计)	悬浮物	pH	排水量 m³/t产品	III时段(1997年7月1日起) 氟化物(以F计)	磷酸盐(以P计)	悬浮物	pH	排水量 m³/t产品
磷铵和重过磷酸钙	大型	一级	15	50	100			15	35	80			10	20	30		
		二级	25	70	200	6~9	1.0	20	50	100	6~9	0.5	15	35	50	6~9	0.3
		三级	40	100	400			40	70	300			30	50	200		
	中型	一级	15	50	100			15	35	80			10	20	30		
		二级	25	70	200	6~9	2.0	20	50	100	6~9	0.75	15	35	50	6~9	0.4
		三级	40	100	400			40	70	300			30	50	200		
	小型	一级	15	50	100			15	35	80			10	20	30		
		二级	30	70	200	6~9	3.0	20	50	150	6~9	1.0	15	35	50	6~9	0.6
		三级	40	100	400			40	70	300			30	50	200		
硝酸磷肥		一级	15	50	100			15	35	80			10	20	30		
		二级	25	70	200	6~9	1.0	20	50	100	6~9	1.0	15	35	50	6~9	1.0
		三级	40	100	400			40	70	300			30	50	200		

5.3.8 钢铁工业水污染物排放标准 (GB 13456—92)

1989 年 1 月 1 日之前立项的钢铁工业建设项目及其建成后投产的企业按表 5-25 执行。

表 5-25

行业类别	分级	最低允许水循环利用率	污染物最高允许排放浓度/(mg/L) pH值	悬浮物	挥发酚	氰化物	化学需氧量(COD$_{Cr}$)	油类	六价铬	总硝基化合物
冶金系统选矿	一级	大、中(75%),小(60%)	6~9	150	1.0	0.5	150	15		
	二级			400	1.0	0.5	200	20		3.0
	三级				2.0	1.0	500	30		5.0

续表

行业类别	分级	最低允许水循环利用率	污染物最高允许排放浓度/(mg/L)							
			pH值	悬浮物	挥发酚	氰化物	化学需氧量(COD$_{Cr}$)	油类	六价铬	总硝基化合物
钢铁、铁合金、钢铁联合企业(不包括选矿厂)[1]	一级	缺水区[2](85%)丰水区[2](60%)	6～9	150	1.0	0.5	150	15	0.5	
	二级			300	1.0	0.5	200	20	0.5	
	三级			400	2.0	1.0	500	30		

1) 包括以单独工艺生产并设有自己单独外排口的企业。

2) 丰水区：水源取自长江、黄河、珠江、湘江、松花江等大江、大河为丰水区；

缺水区：水源取自水库、地下水及国家水资源行政主管部门确定为缺水的地区为缺水区。

1989 年 1 月 1 日至 1992 年 6 月 30 日之间立项的钢铁工业建设项目及建成后投产的企业按表 5-26 执行。

表 5-26

行业类别[1]	分级	最低允许水循环利用率	污染物最高允许排放浓度/(mg/L)								
			pH值	悬浮物	挥发酚	氰化物	化学需氧量(COD$_{Cr}$)	油类	六价铬	锌	氨氮[2]
黑色冶金系统选矿	一级	90%	6～9	70	0.5	0.5	100	10		2.0	
	二级			300	0.5	0.5	150	10		4.0	
	三级			400	2.0	1.0	500	30		5.0	
钢铁各工艺、铁合金、钢铁联合企业(不包括选矿厂)	一级	缺水区[3](90%)丰水区[3](80%)	6～9	70	0.5	0.5	100	10	0.5	2.0	15.0
	二级			200	0.5	0.5	150	10	0.5	4.0	40.0
	三级			400	2.0	2.0	500	30		5.0	150

1) 包括以单独工艺生产并设有自己单独外排口的企业。

2) 焦化的氨氮，指标 1994 年 1 月 1 日执行。

3) 丰水区：水源取自长江、黄河、珠江、湘江、松花江等大江、大河为丰水区；

缺水区：水源取自水库、地下水及国家水资源行政主管部门确定为缺水的地区为缺水区。

1992 年 7 月 1 日起立项的钢铁工业建设项目及建成后投产的企业按表 5-27 执行。

表 5-27

生产工艺	分类	分级	排水量[1]/(m³/t产品)[2] 缺水区[3]	排水量[1]/(m³/t产品)[2] 丰水区[3]	pH值	悬浮物/(mg/L)	挥发酚/(mg/L)	氰化物/(mg/L)	化学需氧量(COD$_{Cr}$)/(mg/L)	油类/(mg/L)	六价铬/(mg/L)	氨氮/(mg/L)	锌/(mg/L)
a 选矿	重、磁选	一级	0.7	0.7	6~9	70							
a 选矿	重、磁选	二级	0.7	0.7	6~9	300							
a 选矿	重、磁选	三级	0.7	0.7	6~9	400							
b 烧结	烧结	一级	0.01	0.01	6~9	70							
b 烧结	烧结	二级	0.01	0.01	6~9	150							
b 烧结	烧结	三级	0.01	0.01	6~9	400							
b 烧结	球团	一级	0.005	0.005	6~9	70							
b 烧结	球团	二级	0.005	0.005	6~9	150							
b 烧结	球团	三级	0.005	0.005	6~9	400							
c 焦化	焦化[4]	一级	3.0 (7)	4.0 (7)	6~9	70	0.5	0.5	100	8		15	
c 焦化	焦化[4]	二级	3.0 (7)	4.0 (7)	6~9	150	0.5	0.5	150	10		25	
c 焦化	焦化[4]	三级	3.0 (7)	4.0 (7)	6~9	400	2.0	1.0	500	30		40	
d 炼铁	炼铁	一级	3.0	10.0	6~9	70							2.0
d 炼铁	炼铁	二级	3.0	10.0	6~9	150							4.0
d 炼铁	炼铁	三级	3.0	10.0	6~9	400							5.0
e 炼钢	转炉	一级	1.5	5.0	6~9	70							
e 炼钢	转炉	二级	1.5	5.0	6~9	150							
e 炼钢	转炉	三级	1.5	5.0	6~9	400							
e 炼钢	电炉	一级	1.2	5.0	6~9	70							
e 炼钢	电炉	二级	1.2	5.0	6~9	150							
e 炼钢	电炉	三级	1.2	5.0	6~9	400							
f 连铸	连铸	一级	1.0	2.0	6~9	70							
f 连铸	连铸	二级	1.0	2.0	6~9	150							
f 连铸	连铸	三级	1.0	2.0	6~9	400							

续表

生产工艺	分类	分级	排水量[1]/(m³/t 产品)[2] 缺水区[3]	丰水区[3]	pH值	悬浮物/(mg/L)	挥发酚/(mg/L)	氰化物/(mg/L)	化学需氧量(CODcr)/(mg/L)	油类/(mg/L)	六价铬/(mg/L)	氨氮/(mg/L)	锌/(mg/L)
g 轧钢	钢坯	一级				70				8			
		二级	1.5	3.0	6～9	150				10			
		三级				400				30			
	型钢	一级				70				8			
		二级	3.0	6.0	6～9	150				10			
		三级				400				30			
	线材	一级				70				8			
		二级	2.5	4.5	6～9	150				10			
		三级				400				30			
	热轧板带	一级				70				8			
		二级	4.0	8.0	6～9	150				10			
		三级				400				30			
	钢管	一级				70				8			
		二级	4.0	10.0	6～9	150				10			
		三级				400				30			
	冷轧板带	一级				70				8	0.5		
		二级	3.0	6.8	6～9	150				10	0.5		
		三级				400				30	1.0		
h 联合企业	钢铁联合企业	一级				70	0.5	0.5	100	8	0.5	10	2.0
		二级	10	20	6～9	150	0.5	0.5	150	10	0.5	25	4.0
		三级				400	2.0	1.0	500	30	1.0	40	5.0

1) 由于农业灌溉需要，允许多排放的水量，不计算在执法的指标之内。

2) 选矿为原矿、烧结为烧结矿、焦化为焦炭、炼铁为生铁、炼钢为粗钢、连铸为钢坯、轧钢为钢材、钢铁联合企业为粗钢。

3) 丰水区：水源取自长江、黄河、珠江、湘江、松花江等大江、大河为丰水区；

缺水区：水源取自水库、地下水及国家水资源行政主管部门确定为缺水的地区为缺水区。

4) 使用地下水作冷却介质，排水指标均为7m³/t产品（不采用冷冻水）。焦化的氨氮指标1994年1月1日执行（表格空白栏没有数值。）

5.3.9 城镇污水处理厂污染物排放标准（GB 18918—2002）

城镇污水处理厂水污染物排放基本控制项目，执行表 5-28 和表 5-29 的规定。
选择控制项目按表 5-30 的规定执行。

表 5-28 基本控制项目最高允许排放浓度（日均值） 单位：mg/L

序号	基本控制项目	一级标准		二级标准	三级标准
		A 标准	B 标准		
1	化学需氧量(COD)	50	60	100	120①
2	生化需氧量(BOD)	10	20	30	60①
3	悬浮物(SS)	10	20	30	50
4	动植物油	1	3	5	20
5	石油类	1	3	5	15
6	阴离子表面活性剂	0.5	1	2	5
7	总氮(以 N 计)	15	20	—	—
8	氨氮(以 N 计)②	5(8)	8(15)	25(30)	—
9	总磷(以 P 计)	1	1.5	3	5
		0.5	1	3	5
10	色度(稀释倍数)	30	30	40	50
11	pH	6～9			
12	粪大肠菌群数(个/L)	10^3	10^4	10^4	—

① 下列情况下按去除率指标执行：当进水 COD 大于 350mg/L 时，去除率应大于 60%；BOD 大于 160mg/L 时，去除率应大于 50%。

② 括号外数值为水温＞120℃时的控制指标，括号内数值为水温≤120℃时的控制指标。

表 5-29 部分一类污染物最高允许排放浓度（日均值） 单位：mg/L

序 号	项 目	标准值	序 号	项 目	标准值
1	总汞	0.001	5	六价铬	0.05
2	烷基汞	不得检出	6	总砷	0.1
3	总镉	0.01	7	总铅	0.1
4	总铬	0.1			

表 5-30 选择控制项目最高允许排放浓度（日均值） 单位：mg/L

序号	选择控制项目	标准值	序号	选择控制项目	标准值
1	总镍	0.05	5	总锌	1.0
2	总铍	0.002	6	总锰	2.0
3	总银	0.1	7	总硒	0.1
4	总铜	0.5	8	苯并(a)花	0.00003

续表

序号	选择控制项目	标准值	序号	选择控制项目	标准值
9	挥发酚	0.5	27	邻-二甲苯	0.4
10	总氰化物	0.5	28	对-二甲苯	0.4
11	硫化物	1.0	29	间-二甲苯	0.4
12	甲醛	1.0	30	乙苯	0.4
13	苯胺类	0.5	31	氯苯	0.3
14	总硝基化合物	2.0	32	1,4-二氯苯	0.4
15	有机磷农药(以 P 计)	0.5	33	1,2-二氯苯	1.0
16	马拉硫磷	1.0	34	对硝基氯苯	0.5
17	乐果	0.5	35	2,4-二硝基氯苯	0.5
18	对硫磷	0.05	36	苯酚	0.3
19	甲基对硫磷	0.2	37	间-甲酚	0.1
20	五氯酚	0.5	38	2,4-二氯酚	0.6
21	三氯甲烷	0.3	39	2,4,6-三氯酚	0.6
22	四氯化碳	0.03	40	邻苯二甲酸二丁酯	0.1
23	三氯乙烯	0.3	41	邻苯二甲酸三辛酯	0.1
24	四氯乙烯	0.1	42	丙烯腈	2.0
25	苯	0.1	43	可吸附有机卤化物(AOX 以 CL 计)	1.0
26	甲苯	0.1			

5.3.10 造纸工业水污染物排放标准（GB 3544—2001）

2001 年 1 月 1 日起，造纸工业的水污染物排放均执行表 5-31 规定的标准值。

表 5-31 造纸工业水污染物排放标准值

项目 类别		单位	排水量[3]	生化需氧量（BOD$_5$）		化学需氧量（COD$_{Cr}$）		悬浮物(SS)		可吸附有机卤化物（AOX)[4]		pH
			m³/t	kg/t	mg/L	kg/t	mg/L	kg/t	mg/L	kg/t	mg/L	
制浆、制浆造纸[1]	木浆	本色	150	10.5	70	52.5	350	15	100			6~9
		漂白	220	15.4	70	88	400	22	100	2.64	12	6~9
	非木浆	本色	100	10	100	40	400	10	100			6~9
		漂白	300	30	100	135	450	30	100	2.7	9	6~9
造纸[2]	一般机制纸、纸板		60	3.5	60	6	100	6	100			6~9

1) 制浆、制浆造纸：单纯制浆或浆纸产量平衡的生产。

2) 造纸：单纯造纸或纸产量大于浆产量的造纸生产。

3) 排水量为生产工艺参考指标。

4) AOX（可吸附有机卤化物）为参考指标。

5.3.11 合成氨工业水污染物排放标准（GB 13458—2001）

2000 年 12 月 31 日之前（包括改、扩建）的单位，水污染物的排放按表 5-32 执行。

表 5-32　合成氨工业水污染物最允许排放限值

（2000 年 12 月 31 日之前建设项（包括改、扩建）的单位）

类型	品种	级别	氨氮 mg/L	氨氮 kg/t³	化学需氧量 mg/L	化学需氧量 kg/t³	氰化物 mg/L	氰化物 kg/t³	SS mg/L	SS kg/t³	石油类 mg/L	石油类 kg/t³	挥发酚 mg/L	挥发酚 kg/t³	硫化物 mg/L	硫化物 kg/t³	排水量 m³/t³	pH
大型	尿素硝氨	一级	60	0.6	150	1.50	0.30	0.003	70	0.70	10.0	0.10	0.20	0.002	1.00	0.01	10	6~9
		二级	100	1.0														
中型	尿素硝氨碳氨	一级	60	3.6	150	9.0	1.0	0.06	100	6.00	10.0	0.60	0.20	0.012	1.00	0.06	60	
		二级	100	6.0														
小型	尿素硝氨碳氨	一级	70	3.5	150	7.50	1.0	0.05	200	10.0	10.0	0.50	0.20	0.01	1.00	0.05	50	
		二级	150	7.5	200	14.0												
	碳氨	一级	40	2.0	150	7.5	1.0	0.05	200	10.0	10.0	0.50	0.20	0.01	1.00	0.05		
		二级	60	3.0	200	10.0												

注：t 为氨氮的量。

表 5-33　合成氨工业水污染物最高允许排放限值

（2001 年 1 月 1 日之后建设项（包括改、扩建）的单位）

类型	品种	氨氮 mg/L	氨氮 kg/t³	化学需氧量 mg/L	化学需氧量 kg/t³	氰化物 mg/L	氰化物 kg/t³	SS mg/L	SS kg/t³	石油类 mg/L	石油类 kg/t³	挥发酚 mg/L	挥发酚 kg/t³	硫化物 mg/L	硫化物 kg/t³	排水量 m³/t³	pH
大型	尿素硝氨	40	0.4	100	1.0	0.2	0.002	60	0.6	5	0.05	0.1	0.001	0.50	0.005	10	6~9
中型	尿素硝氨碳氨	70	3.5	150	7.5	1.0	0.05	100	5.0	5	0.25	0.1	0.005	0.50	0.025	50	

2001 年 1 月 1 日起建设（包括改、扩建）的单位，水污染物的排放按表 5-33
执行。

5.3.12　柠檬酸工业污染物排放标准（GB 19430—2004）

2003 年 12 月 31 日之前（包括改、扩建）的柠檬酸工业企业，水污染物的排放按表
5-34 的规定执行。从 2006 年 1 月 1 日起，其水污染的排放按表 5-35 的规定执行。

2004 年 1 月 1 日之前（包括改、扩建）的企业，水污染物的排放按表 5-35 的规
定执行。

表 5-34　柠檬酸工业水污染物排放标准值

（2003 年 12 月 31 日之前的建设项目）

污染物项目	五日生化需氧量（BOD$_5$）		化学需氧量（COD$_{Cr}$）		氨氮(NH$_3$-N)		悬浮物(SS)		排水量	pH 值
	kg/t	mg/L	kg/t	mg/L	kg/t	mg/L	kg/t	mg/L	m^3/t	
标准值	10	100	30	300	1.5	15	10	100	100	6~9

注：产品指柠檬酸。

表 5-35　柠檬酸工业水污染物排放标准值

（2004 年 1 月 1 日起建设（包括改、扩建）的项目）

污染物项目	五日生化需氧量（BOD$_5$）		化学需氧量（COD$_{Cr}$）		氨氮(NH$_3$-N)		悬浮物(SS)		排水量	pH 值
	kg/t	mg/L	kg/t	mg/L	kg/t	mg/L	kg/t	mg/L	m^3/t	
标准值	6.4	80	12	150	1.2	15	6.4	80	80	6~9

5.3.13　味精工业污染物排放标准（GB 19431—2004）

2003 年 12 月 31 日之前建设的味精生产企业，从本标准实施之日起，其水污染
物的排放按表 5-35 的规定执行，从 2007 年 1 月 1 日起，其水污染物的排放按表 5-36
的规定执行。

2004 年 1 月 1 日起建设（包括改、扩建）的项目，从本标准实施之日起，水污
染物的排放按表 5-37 的规定执行。

表 5-36　味精工业水污染排放标准值

（2003 年 12 月 31 日之前的建设项目）

污染物项目	化学需氧量（COD$_{Cr}$）		五日生化需氧量（BOD$_5$）		悬浮物(SS)		氨氮(NH$_3$-N)		排水量	pH 值
	kg/t 产品	mg/L	kg/t 产品	mg/L	kg/t 产品	mg/L	kg/t 产品	mg/L	m^3/t 产品	
标准值	75	300	25	100	37.5	150	17.5	70	250	6~9

注：产品指味精。

表 5-37　味精工业水污染物排放标准值

（2004 年 1 月 1 日起建设（包括改、扩建）的项目）

污染物项目	化学需氧量（COD_Cr）		五日生化需氧量（BOD₅）		悬浮物(SS)		氨氮(NH₃-N)		排水量	pH 值
	kg/t 产品	mg/L	kg/t 产品	mg/L	kg/t 产品	mg/L	kg/t 产品	mg/L	m³/t 产品	
标准值	30	200	12	80	15	100	7.5	50	150	6～9

5.3.14　畜禽养殖业污染物排放标准（GB 18596—2001）

集约化畜禽养殖业水污染物最高允许日均排放浓度

控制项目	五日生化需氧量/(mg/L)	化学需氧量/(mg/L)	悬浮物/(mg/L)	氨氮/(mg/L)	总磷(以 P 计)/(mg/L)	粪大肠菌群数/(个/mL)	蛔虫卵/(个/L)
标准值	150	400	200	80	8.0	10000	2.0

附录

附录 A 循环冗余校验（CRC）算法

CRC 校验（Cyclic Redundancy Check）是一种数据传输错误检查方法，CRC 码两个字节，包含一 16 位的二进制值。它由传输设备计算后加入到数据包中。接收设备重新计算收到消息的 CRC，并与接收到的 CRC 域中的值比较，如果两值不同，则有误。

具体算法如下：

CRC 是先调入一值是全"1"的 16 位寄存器，然后调用一过程将消息中连续的 8 位字节各当前寄存器中的值进行处理。仅每个字符中的 8Bit 数据对 CRC 有效，起始位和停止位以及奇偶校验位均无效。

CRC 校验字节的生成步骤如下：

① 装一个 16 位寄存器，所有数位均为 1。

② 取被校验串的一个字节与 16 位寄存器的高位字节进行"异或"运算。运算结果放入这个 16 位寄存器。

③ 把这个 16 寄存器向右移一位。

④ 若向右（标记位）移出的数位是 1，则生成多项式 1010 0000 0000 0001 和这个寄存器进行"异或"运算；若向右移出的数位是 0，则返回③。

⑤ 重复③和④，直至移出 8 位。

⑥ 取被校验串的下一个字节。

⑦ 重复③～⑥，直至被校验串的所有字节均与 16 位寄存器进行"异或"运算，并移位 8 次。

⑧ 这个 16 位寄存器的内容即 2 字节 CRC 错误校验码。

校验码按照先高字节后低字节的顺序存放。

附录 B 常用部分污染物相关参数编码表

（引自《环境信息标准化手册》第三卷）

编码	名　　称	应用范围	计量单位	数据类型
B03	噪声	噪声	dB	N3.1
L10	累计百分声级 L10	噪声	dB	N3.1

续表

编码	名　　称	应用范围	计量单位	数据类型
L5	累计百分声级 L5	噪声	dB	N3.1
L50	累计百分声级 L50	噪声	dB	N3.1
L90	累计百分声计 L90	噪声	dB	N3.1
L95	累计百分声级 L95	噪声	dB	N3.1
Ld	夜间等效声级 Ld	噪声	dB	N3.1
Ldn	昼夜等效声级 Ldn	噪声	dB	N3.1
Leq	30 秒等效声级 Leq	噪声	dB	N3.1
LMn	最小的瞬时声级	噪声	dB	N3.1
LMx	最大的瞬时声级	噪声	dB	N3.1
Ln	昼间等效声级 Ln	噪声	dB	N3.1
S01	O_2 含量	废气	%	N3.1
S02	烟气流速	废气	米/秒	N5.2
S03	烟气温度	废气	℃	N3.1
S04	烟气动压	废气	MPa	N4.2
S05	烟气湿度	废气	%	N3.1
S06	制冷温度	废气	℃	N3.1
S07	烟道截面积	废气	M^2	N4.2
S08	烟气压力	废气	MPa	N4.2
B02	废气			
01	烟尘	废气	mg/m^3	N5.2
02	二氧化硫	废气	mg/m^3	N5.2
03	氮氧化物	废气	mg/m^3	N5.3
04	一氧化碳	废气	mg/m^3	N2.3
05	硫化氢	废气	mg/m^3	N3.2
06	氟化物	废气	mg/m^3	N2.3
07	氰化物(含氰化氢)	废气	mg/m^3	N3.3
08	氯化氢	废气	mg/m^3	N4.3
09	沥青烟	废气	mg/m^3	N4.3
10	氨	废气	mg/m^3	N4.3
11	氯气	废气	mg/m^3	N4.3
12	二硫化碳	废气	mg/m^3	N4.3
13	硫醇	废气	mg/m^3	N4.3

编码	名　称	应用范围	计量单位	数据类型
14	硫酸雾	废气	mg/m³	N4.3
15	铬酸雾	废气	mg/m³	N2.4
16	苯系物	废气	mg/m³	N4.2
17	甲苯	废气	mg/m³	N4.2
18	二甲苯	废气	mg/m³	N4.2
19	甲醛	废气	mg/m³	N3.3
20	苯并(a)芘	废气	mg/m³	N3.6
21	苯胺类	废气	mg/m³	N4.3
22	硝基苯类	废气	mg/m³	N3.4
23	氯苯类	废气	mg/m³	N4.3
24	光气	废气	mg/m³	N3.3
25	碳氢化合物(含非甲烷总烃)	废气	mg/m³	N5.2
26	乙醛	废气	mg/m³	N3.4
27	酚类	废气	mg/m³	N3.3
28	甲醇	废气	mg/m³	N5.2
29	氯乙烯	废气	mg/m³	N4.3
30	二氧化碳	废气	mg/m³	N4.3
31	汞及其化合物	废气	mg/m³	N4.4
32	铅及其化合物	废气	mg/m³	N2.4
33	镉及其化合物	废气	mg/m³	N3.4
34	锡及其化合物	废气	mg/m³	N4.3
35	镍及其化合物	废气	mg/m³	N3.3
36	铍及其化合物	废气	mg/m³	N4.4
37	林格曼黑度	废气		N1
99	其他气污染物	废气		
B01	污水	污水		
001	pH 值	污水		N2.1
002	色度	污水	色度单位	N5.1
003	悬浮物	污水	mg/L	N5.1
010	生化需氧量(BOD$_5$)	污水	mg/L	N5.1
011	化学需氧量(COD$_{Cr}$)	污水	mg/L	N6.1
015	总有机碳	污水	mg/L	N3.2
020	总汞	污水	mg/L	N2.3
021	烷基汞	污水	mg/L	N2.1

编码	名　称	应用范围	计量单位	数据类型
022	总镉	污水	mg/L	N2.2
023	总铬	污水	mg/L	N3.2
024	六价铬	污水	mg/L	N2.2
025	三价铬	污水	mg/L	N3.2
026	总砷	污水	mg/L	N2.2
027	总铅	污水	mg/L	N3.2
028	总镍	污水	mg/L	N3.2
029	总铜	污水	mg/L	N3.2
030	总锌	污水	mg/L	N3.2
031	总锰	污水	mg/L	N3.2
032	总铁	污水	mg/L	N3.2
033	总银	污水	mg/L	N2.2
034	总铍	污水	mg/L	N2.3
035	总硒	污水	mg/L	N2.2
036	锡	污水	mg/L	N3.6
037	硼	污水	mg/L	N3.6
038	钼	污水	mg/L	N3.6
039	钡	污水	mg/L	N3.6
040	钴	污水	mg/L	N3.6
041	铊	污水	mg/L	N3.6
060	氨氮	污水	mg/L	N2.3
061	有机氮	污水	mg/L	N3.2
065	总氮	污水	mg/L	N3.2
080	石油类	污水	mg/L	N3.2
101	总磷	污水	mg/L	N3.2

其他计量单位说明：

名　称	计量单位	数据类型	名　称	计量单位	数据类型
污水瞬时流量	升/秒	N14.2	气污染物浓度	毫克/立方米	N14.2
水污染物浓度	毫克/升	N14.2	气污染物折算浓度	毫克/立方米	N14.2
水污染物排放量	千克	N14.2	气污染物排放量	千克	N14.2
污水排放量	吨	N14.2	废气排放量	立方米	N14.2
废气瞬时流量	立方米/秒	N14.2	设备运行时间	小时	N4.2

附录C 各条指令通讯过程示例

以下的命令示例都是无需数据应答和拆分包的实例(其中6实例中,对拆分包和应答进行了具体描述)。对于上传数据 QN,PNO,PNUM 为可选项.

举例数据说明:以下例子 QN 是在 2004 年 5 月 16 日 1 点 1 分 1 秒 1 毫秒时建立连接,即 20040516010101001,ST 是 32 表示地表水污染源,设备唯一标识号是 88888880000001,表示设备制造商组织机构代码的后 7 位是 8888888,设备的序号是 0000001,验证密码是 123456。

1. 登录注册 (针对 GPRS\CDMA 协议通讯的方式)

类别	项 目		示例/说明
使用命令	现场机	登录注册	QN=20040516010101001;ST=91;CN=9021;PW=123456;MN=88888880000001;Flag=1;CP=&&&&
	上位机	登录注册应答	ST=91;CN=9022;PW=123456;MN=88888880000001;Flag=0;CP=&&QN=20040516010101001;Logon=1&&
使用字段	QN		请求编号
	Logon		登录注册结果
执行过程	现场机发送登录注册命令,上位机收到登录注册后,通过判断,回应现场机注册结果,注册执行完毕 链路维护方案: 要求现场设备每隔15min发送一次登录指令,中心机收到登录注册指令后作出回应。约定如果两次(30min)均没有收到回应,则重新复位通讯模块		

2. 设置现场机访问密码

类别	项 目		示例/说明
使用命令	上位机	设置现场机访问密码	QN=20040516010101001;ST=32;CN=1072;PW=123456;MN=88888880000001;Flag=1;CP=&&PW=654321&&
	现场机	请求应答	ST=91;CN=9011;PW=123456;MN=88888880000001;Flag=0;CP=&&QN=20040516010101001;QnRtn=1&&
	现场机	返回操作执行结果	ST=91;CN=9012;PW=123456;MN=88888880000001;CP=&&QN=20040516010101001;ExeRtn=1&&
使用字段	QN		请求编号
	QnRtn		请求返回结果
	PW		上位机要设置的现场机访问密码
	ExeRtn		请求执行结果
执行过程	上位机发送设置现场机访问密码命令后等待现场机应答,上位机收到应答后通过判断应答代码中 QnRtn 值决定是否等待执行结果,现场机执行设置密码请求后,返回执行结束命令,请求执行完毕。设置成功后下次通讯将以新的密码来校验身份合法性		

3. 提取现场机系统时间

类别	项 目		示例/说明
使用命令	上位机	提取现场机时间	QN＝20040516010101001；ST＝32；CN＝1011；PW＝123456；MN＝88888880000001；Flag＝1；CP＝&&&&
	现场机	请求应答	ST＝91；CN＝9011；PW＝123456；MN＝88888880000001；Flag＝0；CP＝&&QN＝20040516010101001；QnRtn＝1&&
	现场机	上传现场机时间	ST＝32；CN＝1011；PW＝123456；MN＝88888880000001；CP＝&&QN＝20040516010101001；SystemTime＝20040516010102&&
	现场机	返回操作执行结果	ST＝91；CN＝9012；PW＝123456；MN＝88888880000001；CP＝&&QN＝20040516010101001；ExeRtn＝1&&
使用字段	QN		请求编号
	QnRtn		请求返回结果
	SystemTime		现场机上传的系统时间
	ExeRtn		执行结果
执行过程说明	上位机发送提取现场机时间命令后等待现场机应答，收到应答后通过判断应答代码中QnRtn值决定是否等待接收现场机时间，现场机执行请求，返回执行结束命令，请求执行完毕。例子中返回现场机系统时间2004年5月16日1点1分2秒		

4. 设置现场机系统时间

类别	项 目		示例/说明
使用命令	上位机	设置现场机时间	QN＝20040516010101001；ST＝32；CN＝1012；PW＝123456；MN＝88888880000001；Flag＝1；CP＝&&SystemTime＝20040516010101&&
	现场机	请求应答	ST＝91；CN＝9011；PW＝123456；MN＝88888880000001；Flag＝0；CP＝&&QN＝20040516010101001；QnRtn＝1&&
	现场机	返回操作执行结果	ST＝91；CN＝9012；PW＝123456；MN＝88888880000001；CP＝&&QN＝20040516010101001；ExeRtn＝1&&
使用字段	QN		请求编号
	QnRtn		请求返回结果
	SystemTime		上位机要设置的系统时间
	ExeRtn		请求执行结果
执行过程	上位机发送设置现场机时间命令后等待现场机应答，上位机收到应答后通过判断应答代码中QnRtn值决定是否等待执行结果，现场机执行设置时钟请求，返回执行结束命令，请求执行完毕		

5. 实时数据采集

类别	项 目		示例/说明
使用命令	上位机	取污染物实时数据	QN＝20040516010101001；ST＝32；CN＝2011；PW＝123456；MN＝88888880000001；Flag＝1；CP＝&.&.&.
	现场机	请求应答	ST＝91；CN＝9011；PW＝123456；MN＝88888880000001；Flag＝0；CP＝&.&.QN＝20040516010101001；QnRtn＝1&.&
	现场机	上传污染物实时数据	ST＝32；CN＝2011；PW＝123456；MN＝88888880000001；CP＝&.&.DataTime＝20040516020111；B01_Rtd＝100；011-Rtd＝1.1,011-Flag＝N；101-Rtd＝2.2,101-Flag＝N...&.&
	上位机	停止察看实时数据	QN＝20040516010101001；ST＝32；CN＝2012；PW＝123456；MN＝88888880000001；CP＝&.&.&.
	现场机	通知应答	ST＝91；CN＝9013；PW＝123456；MN＝88888880000001；CP＝&.&.QN＝20040516010101001&.&
使用字段	QN		停止查看实时数据中的 QN 等于取污染物实时数据中的 QN
	101-Rtd		污染物 101 的实时采样数据。其中 B01 为水的瞬时流量，B02 为气的瞬时流量
	DataTime		数据时间，精确到秒
	QnRtn		请求返回结果
执行过程			上位机发送取污染物实时数据命令后等待现场机应答，收到应答后通过判断应答代码决定是否接收实时数据，下位机按规定的时间间隔上传实时数据，上位机接收需要的实时数据后发送停止查看实时数据通知命令，收到现场机的应答后，结束实时数据采集

注：实时数据包括：水（气）瞬时流量，每个因子的浓度、数据标识。

6. 污染治理设施运行状态

类别	项 目		示例/说明
使用命令	上位机	取设施运行状态数据	QN＝20040516010101001；ST＝32；CN＝2021；PW＝123456；MN＝88888880000001；Flag＝1；CP＝&.&.&.
	现场机	请求应答	ST＝91；CN＝9011；PW＝123456；MN＝88888880000001；Flag＝0；CP＝&.&.QN＝20040516010101001；QnRtn＝1&.&
	现场机	上传设施运行状态数据	ST＝32；CN＝2021；PW＝123456；MN＝88888880000001；CP＝&.&.DataTime＝20040516020111；SB1-RS＝1；SB2-RS＝0...&.&
使用命令	上位机	停止察看设施运行状态	QN＝20040516010101001；ST＝32；CN＝2022；PW＝123456；MN＝88888880000001；CP＝&.&.&.
	现场机	通知应答	ST＝91；CN＝9013；PW＝123456；MN＝88888880000001；CP＝&.&.QN＝20040516010101001&.&

类别	项　目		示例/说明
使用字段	QN		停止查看设施运行状态中的 QN 等于取设施运行状态中的 QN
	SB1-RS		设施 1 的状态
	DataTime		数据时间,精确到秒
	QnRtn		请求返回结果
执行过程			上位机发送取设施运行状态数据命令后等待现场机应答,收到应答后通过判断应答代码决定是否接收设施运行状态数据,下位机按规定的时间间隔上传实时设备运行状态,上位机接收需要的设施运行状态数据后发送停止查看设施运行状态数据通知命令,收到现场机的应答后,结束设施运行状态数据采集。

7. 污染物分钟数据

污染物分钟数据（无应答和拆分包）

类别	项　目		示例/说明
使用命令	上位机	取污染物分钟数据	QN = 20040516010101001; ST = 32; CN = 2051; PW = 123456; MN = 88888880000001; Flag = 1; CP = &&BeginTime = 20040506111000, EndTime = 20040506151000&&
	现场机	请求应答	ST = 91; CN = 9011; PW = 123456; MN = 88888880000001; Flag-0; CP = &&QN = 20040516010101001; QnRtn = 1&&
	现场机	上传污染物分钟数据	ST = 32; CN = 2051; PW = 123456; MN = 88888880000001; CP = &&DataTime = 20040516021000; B01_Cou = 100; 101_Cou = 1.1, 101-Min = 1.1, 101-Avg = 1.1, 101-Max = 1.1; 011_Cou = 1.1, 011-Min = 2.1, 011-Avg = 2.1, 011-Max = 2.1…&&
	现场机	返回操作执行结果	ST = 91; CN = 9012; PW = 123456; MN = 88888880000001; CP = &&QN = 20040516010101001; ExeRtn = 1&&
使用字段	QN		请求编号
	QnRtn		请求返回结果
	BeginTime		采集数据的起始时间,精确到分钟信息
	EndTime		采集数据的结束时间,精确到分钟信息
	DataTime		数据时间,时间精确到分钟,且以整分钟为单位
	101_Cou		污染物 101 分钟内的累计值,其中 B01 为水的排放量,B02 为气的排放量
	101-Min		污染物 101 分钟内的最小值
	101-Avg		污染物 101 分钟内的平均值
	101-Max		污染物 101 分钟内的最大值
	ExeRtn		请求执行结果

类别	项　目	示例/说明
执行过程		上位机发送取污染物分钟数据命令后等待现场机应答,收到应答后通过判断应答代码决定是否接收污染物分钟数据,现场机把所有污染物每间隔分钟数据作为一个数据包(即每条分钟数据发送一个数据包),直至发送完符合时间段内的所有包,发送完指定的数据后,现场机返回执行结束命令,此时此次请求执行完毕

注:1. 主动上报时直接发送中间的分钟数据包部分。

2. 小时数据和分钟数据格式一样。

3. 对于分钟数据,以 10 分钟时间段的开始时间作为上报的 datatime 的时间。

4. 对于小时数据,以小时时间段的开始时间为上报的 datatime 的时间。

5. 数据项包括:水(气)累计流量,每个因子的排放量、因子浓度最小值、平均值、最大值。如果是烟气,还包括每个因子折算浓度最小值、平均值、最大值。

污染物分钟数据(有应答、无拆分包)

类别	项　目		示例/说明
使用命令	上位机	取污染物分钟数据	QN = 20040516010101001;ST = 32;CN = 2051;PW = 123456;MN=88888880000001;Flag=1;CP=&&BeginTime=20040506111000,EndTime=20040506151000&&
	现场机	请求应答	ST=91;CN=9011;PW=123456;MN=88888880000001;Flag=1;CP=&&QN=20040516010101001;QnRtn=1&&
	现场机	上传污染物分钟数据	ST = 32;CN = 2051;QN = 20040516010101001;PW = 123456;MN = 88888880000001;CP = &&DataTime = 20040516021000;B01_Cou=100;101_Cou=2.1,101-Min=1.1,101-Avg=1.1,101-Max=1.1,011_Cou=2.1,011-Min=2.1,011-Avg=2.1,011-Max=2.1...&&
	上位机	数据应答	ST=91;CN=9014;CP=&&QN=20040516010101001;CN=2051&&
	现场机	返回操作执行结果	ST=91;CN=9012;PW=123456;MN=88888880000001;CP=&&QN=20040516010101001;ExeRtn=1&&
	上位机	结果应答	ST=91;CN=9014;CP=&&QN=20040516010101001;CN=9012&&
使用字段	QN		请求编号
	QnRtn		请求返回结果
	BeginTime		采集数据的起始时间,精确到分钟信息
	EndTime		采集数据的结束时间,精确到分钟信息
	DataTime		数据时间,时间精确到分钟,且以整分钟为单位
	101-Min		污染物 101 分钟内的最小值
	101-Avg		污染物 101 分钟内的平均值
	101-Max		污染物 101 分钟内的最大值
	ExeRtn		请求执行结果
执行过程			上位机发送取污染物分钟数据命令后等待现场机应答,收到应答后通过判断应答代码决定是否接收污染物分钟数据,现场机把所有污染物每分钟间隔数据作为一个数据包,直至发送完符合时间段内的所有包,发送完指定的数据后,现场机返回执行结束命令,此时此次请求执行完毕

污染物分钟数据（带数据应答的拆分包）

类别	项 目		示例/说明
使用命令	上位机	取污染物分钟数据	QN＝20040516010101001；ST＝32；CN＝2051；PW＝123456；MN＝88888880000001；Flag＝3；CP＝＆＆BeginTime＝20040506111000，EndTime＝20040506151000＆＆
	现场机	请求应答	ST＝91；CN＝9011；PW＝123456；MN＝88888880000001；Flag＝3；CP＝＆＆QN＝20040516010101001；QnRtn＝1＆＆
	现场机	上传污染物分钟数据	ST＝32；CN＝2051；QN＝20040516010101001；PW＝123456；MN＝88888880000001；PNO＝1；PNUM＝1；CP＝＆＆DataTime＝20040516021000；B01_Cou＝100；101_Cou＝2.1，101-Min＝1.1，101-Avg＝1.1，101-Max＝1.1；011_Cou＝2.1，011-Min＝2.1，011-Avg＝2.1，011-Max＝2.1...＆＆
	上位机	数据应答	ST＝91；CN＝9014；CP＝＆＆QN＝20040516010101001；CN＝2051；PNO＝1；PNUM＝1；＆＆
	现场机	返回操作执行结果	ST＝91；CN＝9012；PW＝123456；MN＝88888880000001；CP＝＆＆QN＝20040516010101001；ExeRtn＝1＆＆
	上位机	结果应答	ST＝91；CN＝9014；CP＝＆＆QN＝20040516010101001；CN＝9012＆＆
使用字段	QN		请求编号
	QnRtn		请求返回结果
	BeginTime		采集数据的起始时间，精确到分钟信息
	EndTime		采集数据的结束时间，精确到分钟信息
	DataTime		数据时间，时间精确到分钟，且以整分钟为单位
	101-Min		污染物101分钟内的最小值
	101-Avg		污染物101分钟内的平均值
	101-Max		污染物101分钟内的最大值
	ExeRtn		请求执行结果
执行过程			上位机发送取污染物分钟数据命令后等待现场机应答，收到应答后通过判断应答代码决定是否接收污染物分钟数据，现场机把所有污染物每分钟间隔数据作为一个数据包，直至发送完符合时间段内的所有包，发送完指定的数据后，现场机返回执行结束命令，此时此次请求执行完毕

8. 污染物日数据

类别	项　　目		示例/说明
使用命令	上位机	取污染物日数据	QN＝20040516010101001；ST＝32；CN＝2031；PW＝123456；MN＝88888880000001；Flag＝1；CP＝&&BeginTime＝20040506000000，EndTime＝20040510000000&&
	现场机	请求应答	ST＝91；CN＝9011；PW＝123456；MN＝88888880000001；Flag＝0；CP＝&&QN＝20040516010101001；QnRtn＝1&&
	现场机	上传污染物日数据	ST＝32；CN＝2031；PW＝123456；MN＝88888880000001；CP＝&&DataTime＝20040506000000；B01_Cou＝1000；101_Cou＝2.1，101-Min＝1.1，101-Avg＝1.1，101-Max＝1.1；011_Cou＝2.1，011-Min＝2.1，011-Avg＝2.1，011-Max＝2.1...&&
	现场机	返回操作执行结果	ST＝91；CN＝9012；PW＝123456；MN＝88888880000001；CP＝&&QN＝20040516010101001；ExeRtn＝1&&
使用字段	QN		请求编号
	QnRtn		请求返回结果
	BeginTime		采集数据的起始时间,精确到日信息
	EndTime		采集数据的结束时间,精确到日信息
	DataTime		数据时间,时间精确到日,且以整日为单位
	101_Cou		污染物101一日内的累计值,其中B01为水的排放量,B02为气的排放量
	101-Min		污染物101一日内的最小值
	101-Avg		污染物101一日内的平均值
	101-Max		污染物101一日内的最大值
	ExeRtn		请求执行结果
执行过程			上位机发送取污染物日数据命令后等待现场机应答,收到应答后通过判断应答代码决定是否接收污染物日数据,现场机把所有污染物每日数据作为一个数据包(即每条日数据发送一个数据包),直至发送完符合时间段内的所有包,发送完指定的数据后,现场机返回执行结束命令,此时此次请求执行完毕

注：1. 主动上报时直接发送中间的日数据包部分. 比如凌晨1点主动发送前天的日数据。

2. 对于日数据查询,包含起始日数据和结束日数据。

3. 数据项包括：水（气）累计流量, 每个因子的排放量、因子浓度最小值、平均值、最大值。如果是烟气, 还包括每个因子折算浓度最小值、平均值、最大值。

9. 污染治理设施运行时间日数据

类别	项　目		示例/说明
使用命令	上位机	取污染治理设施运行时间日数据	QN＝20040516010101001；ST＝32；CN＝2041；PW＝123456；MN＝88888880000001；Flag＝1；CP＝&&BeginTime＝20040506000000，EndTime＝20040510000000&&
	现场机	请求应答	ST＝91；CN＝9011；PW＝123456；MN＝88888880000001；Flag＝0；CP＝&&QN＝20040516010101001；QnRtn＝1&&
	现场机	上传污染治理设施运行时间日数据	ST＝32；CN＝2041；PW＝123456；MN＝88888880000001；CP＝&&DataTime＝20040506000000，SB1-RT＝1.1，SB2-RT＝2.1...&&
	现场机	返回操作执行结果	ST＝91；CN＝9012；PW＝123456；MN＝88888880000001；CP＝&&QN＝20040516010101001；ExeRtn＝1&&
使用字段	QN		请求编号
	QnRtn		请求返回结果
	BeginTime		采集数据的起始时间，精确到日信息
	EndTime		采集数据的结束时间，精确到日信息
	DataTime		数据时间，时间精确到日，且以整日为单位
	SB1-RT		污染治理设施1一日内运行时间的累计值
	ExeRtn		请求执行结果
执行过程			上位机发送取污染治理设施运行时间日数据命令后等待现场机应答，收到应答后通过判断应答代码决定是否接收污染治理设施运行时间日数据，现场机把所有污染治理设施每日运行时间数据作为一个数据包（即每条日数据发送一个数据包），直至发送完符合时间段内的所有包，发送完指定的数据后，现场机返回执行结束命令，此时此次请求执行完毕

注：1. 主动上报时直接发送中间的分钟数据包部分. 比如凌晨1点主动发送前天的日数据。

2. 对于日数据查询，包含起始时间日数据和结束时间日数据。

10. 取污染物报警记录

类别	项　目		示例/说明
使用命令	上位机	取污染物报警记录	QN＝20040516010101001；ST＝32；CN＝2071；PW＝123456；MN＝88888880000001；Flag＝1；CP＝&&BeginTime＝20040506010001，EndTime＝20040506150030&&
	现场机	请求应答	ST＝91；CN＝9011；PW＝123456；MN＝88888880000001；Flag＝0；CP＝&&QN＝20040516010101001；QnRtn＝1&&
	现场机	上传污染物报警记录	ST＝32；CN＝2071；PW＝123456；MN＝88888880000001；CP＝&&DataTime＝20040506010101；101-Ala＝1.1，AlarmType＝1&&
	现场机	返回操作执行结果	ST＝91；CN＝9012；PW＝123456；MN＝88888880000001；CP＝&&QN＝20040516010101001；ExeRtn＝1&&
使用字段	QN		请求编号
	QnRtn		请求返回结果
	BeginTime		采集数据的起始时间，精确到秒信息
	EndTime		采集数据的结束时间，精确到秒信息
	DataTime		报警时间，时间精确到秒
	AlarmType		报警类型
	101-Ala		污染物101报警时的瞬时值
	ExeRtn		请求执行结果
执行过程			上位机发送取污染物报警记录数据命令后等待现场机应答，收到应答后通过判断应答代码决定是否接收污染物报警记录数据，接收污染物报警记录数据（每条报警记录发送一个数据包），现场机接收发送完指定的数据后，返回执行结束命令，请求执行完毕

11. 超标报警

类别	项 目		示例/说明
使用命令	现场机	上传报警事件通知命令	QN＝20040516010101001;ST＝32;CN＝2072;MN＝88888880000001;CP＝&&AlarmTime＝20040506010101;101-Ala＝1.1,AlarmType＝1&&.
	上位机	通知应答	ST＝91;CN＝9013;CP＝&&QN＝20040516010101001&&.
使用字段	QN		请求编号
	AlarmTime		超标开始时间,精确到秒
	101-Ala		污染物101报警瞬时数据
	AlarmType		报警事件类型
执行过程	当现场机监测到某一污染物超标后,向上位机发送报警事件通知,上位机收到后返回通知应答,告诉现场及已收到通知,交互结束		

12. 设置污染物报警门限值

类别	项 目		示例/说明
使用命令	上位机	设置污染物报警门限值	QN＝20040516010101001;ST＝32;CN＝1022;PW＝123456;MN＝88888880000001;Flag＝1;CP＝&&101-LowValue＝1.1,101-UpValue＝9.9;011-LowValue＝1.1,011-UpValue＝9.9&&.
	现场机	请求应答	ST＝91;CN＝9011;PW＝123456;MN＝88888880000001;Flag＝0;CP＝&&QN＝20040516010101001;QnRtn＝1&&.
	现场机	返回操作执行结果	ST＝91;CN＝9012;PW＝123456;MN＝88888880000001;CP＝&&QN＝20040516010101001;ExeRtn＝1&&.
使用字段	QN		请求编号
	QnRtn		请求返回结果
	PolId		要设置的污染物编号
	101-LowValue		污染物101报警门限下限
	101-UpValue		污染物101报警门限上限
	ExeRtn		请求执行结果
执行过程	上位机发送设置污染物报警门限值命令后等待现场机应答,收到应答后通过判断应答代码决定是否等待执行结果,现场机执行设置请求,返回执行结束命令,请求执行完毕		

13. 提取污染物报警门限值

类别	项 目		示例/说明
使用命令	上位机	提取污染物报警门限值	QN＝20040516010101001;ST＝32;CN＝1021;PW＝123456;MN＝88888880000001;Flag＝1;CP＝&&PolId＝101;PolId＝011&&.
	现场机	请求应答	ST＝91;CN＝9011;PW＝123456;MN＝88888880000001;Flag＝0;CP＝&&QN＝20040516010101001;QnRtn＝1&&.
	现场机	上传污染物报警门限值	ST＝32;CN＝1021;PW＝123456;MN＝88888880000001;CP＝&&QN＝20040516010101001;101-LowValue＝1.1,101-UpValue＝9.9;011-LowValue＝1.1,011-UpValue＝9.9&&.
	现场机	返回操作执行结果	ST＝91;CN＝9012;PW＝123456;MN＝88888880000001;CP＝&&QN＝20040516010101001;ExeRtn＝1&&.

类别	项　目	示例/说明
使用字段	QN	请求编号
	QnRtn	请求返回结果
	PolId	污染物编号
	101-LowValue	污染物 101 报警门限下限
	101-UpValue	污染物 101 报警门限上限
	ExeRtn	请求执行结果
执行过程	上位机发送提取污染物报警门限值命令后等待现场机应答,收到应答后通过判断应答代码决定是否接收报警门限设定,现场机执行请求,返回执行结束命令,请求执行完毕	

14. 设置上位机地址

类别	项　目		示例/说明
使用命令	上位机	设置上位机地址	QN = 20040516010101001;ST = 32;CN = 1032;PW = 123456;MN = 88888880000001;Flag=1;CP=&&.ReportTarget=3882566&&.
	现场机	请求应答	ST=91;CN=9011;PW=123456;MN=88888880000001;Flag=0;CP=&&.QN=20040516010101001;QnRtn=1&&.
	现场机	返回操作执行结果	ST=91;CN=9012;PW=123456;MN=88888880000001;CP=&&.QN=20040516010101001;ExeRtn=1&&.
使用字段	QN		请求编号
	QnRtn		请求返回结果
	ReportTarget		上报地址标识
	ExeRtn		请求执行结果
执行过程	上位机发送设置上位机地址命令后等待现场机应答,收到应答后通过判断应答代码决定是否等待执行结果,现场机执行设置请求,返回执行结束命令,请求执行完毕。当命令设置过程执行完成后,现场机将和新的地址进行发送数据和命令交互		

15. 提取上位机地址

类别	项　目		示例/说明
使用命令	上位机	提取上位机地址	QN = 20040516010101001;ST = 32;CN = 1031;PW = 123456;MN = 88888880000001;Flag=1;CP=&&.&&.
	现场机	请求应答	ST=91;CN=9011;PW=123456;MN=88888880000001;Flag=0;CP=&&.QN=20040516010101001;QnRtn=1&&.
	现场机	上传上位机地址	ST=32;CN=1031;PW=123456;MN=88888880000001;CP=&&.QN=20040516010101001;ReportTarget=3882566&&.
	现场机	返回操作执行结果	ST=91;CN=9012;PW=123456;MN=88888880000001;CP=&&.QN=20040516010101001;ExeRtn=1&&.
使用字段	QN		请求编号
	QnRtn		请求返回结果
	ReportTarget		上报地址标识
	ExeRtn		请求执行结果
执行过程	上位机发送提取上位机地址命令后等待现场机应答,收到应答后通过判断应答代码决定是否接上位机地址,现场机执行请求,返回执行结束命令,请求执行完毕		

16. 设置日数据上报时间

类别		项 目	示例/说明
使用命令	上位机	设置日数据上报时间	QN = 20040516010101001；ST = 32；CN = 1042；PW = 123456；MN = 88888880000001；Flag=1；CP=&&ReportTime=0101&&
	现场机	请求应答	ST=91；CN=9011；PW=123456；MN=88888880000001；Flag=0；CP= &&QN=20040516010101001；QnRtn=1&&
	现场机	返回操作执行结果	ST=91；CN=9012；PW=123456；MN=88888880000001；CP=&&QN= 20040516010101001；ExeRtn=1&&
使用字段	QN		请求编号
	QnRtn		请求返回结果
	ReportTime		日数据上报时间，前两位标识小时，后两位标识分钟
	ExeRtn		请求执行结果
执行过程			上位机发送设置日数据上报时间命令后等待现场机应答，收到应答后通过判断应答代码决定是否等待执行结果，现场机执行设置请求，返回执行结束命令，请求执行完毕 设置成功后，现场机将按照规定的时间主动上报日数据

17. 提取日数据上报时间

类别		项 目	示例/说明
使用命令	上位机	提取日数据上报时间	QN = 20040516010101001；ST = 32；CN = 1041；PW = 123456；MN = 88888880000001；Flag=1；CP=&&&&
	现场机	请求应答	ST=91；CN=9011；PW=123456；MN=88888880000001；Flag=0；CP= &&QN=20040516010101001；QnRtn=1&&
	现场机	上传日数据上报时间	ST=32；CN=1041；PW=123456；MN=88888880000001；CP=&&QN= 20040516010101001；ReportTime=0101&&
	现场机	返回操作执行结果	ST=91；CN=9012；PW=123456；MN=88888880000001；CP=&&QN= 20040516010101001；ExeRtn=1&&
使用字段	QN		请求编号
	QnRtn		请求返回结果
	ReportTime		日数据上报时间，前两位标识小时，后两位标识分钟
	ExeRtn		请求执行结果
执行过程			上位机发送提取日数据上报时间命令后等待现场机应答，收到应答后通过判断应答代码决定是否接上位机地址，现场机执行请求，返回执行结束命令，请求执行完毕

18. 下端监测设备校零校满

类别		项 目	示例/说明
使用命令	上位机	校零校满	QN = 20040516010101001；ST = 32；CN = 3011；PW = 123456；MN = 88888880000001；Flag=1；CP=&&&&
	现场机	请求应答	ST=91；CN=9011；PW=123456；MN=88888880000001；Flag=0；CP= &&QN=20040516010101001；QnRtn=1&&
	现场机	返回操作执行结果	ST=91；CN=9012；PW=123456；MN=88888880000001；CP=&&QN= 20040516010101001；ExeRtn=1&&
使用字段	QN		请求编号
	QnRtn		请求返回结果
执行过程			上位机发送校零校满命令后等待现场机接收到应答，收到应答后通过判断应答代码决定是否等待现场机的执行结果，现场机执行请求的动作，返回执行结束命令，此次请求执行完毕

19. 设置实时采样数据上报间隔

类别	项目		示例/说明
使用命令	上位机	设置实时采样数据上报间隔	QN = 20040516010101001；ST = 32；CN = 1062；PW = 123456；MN = 88888880000001；Flag=1；CP=&&RtdInterval=30&&
	现场机	请求应答	ST=91；CN=9011；PW=123456；MN=88888880000001；Flag=0；CP=&&QN=20040516010101001；QnRtn=1&&
	现场机	返回操作执行结果	ST=91；CN=9012；PW=123456；MN=88888880000001；CP=&&QN=20040516010101001；ExeRtn=1&&
使用字段	QN		请求编号
	QnRtn		请求返回结果
	RtdInterval		实时采样数据上报间隔
	ExeRtn		请求执行结果
执行过程	上位机发送设置实时采样数据上报间隔命令后等待现场机应答，收到应答后通过判断应答代码决定是否等待执行结果，现场机执行设置请求，返回执行结束命令，请求执行完毕		

20. 提取实时采样数据上报间隔

类别	项目		示例/说明
使用命令	上位机	提取实时采样数据上报间隔	QN = 20040516010101001；ST = 32；CN = 1061；PW = 123456；MN = 88888880000001；Flag=1；CP=&&&&
	现场机	请求应答	ST=91；CN=9011，PW=123456；MN=88888880000001；Flag=0；CP=&&QN=20040516010101001；QnRtn=1&&
	现场机	上传实时采样数据上报间隔	ST=32；CN=1061；PW=123456；MN=88888880000001；CP=&&QN=20040516010101001；RtdInterval=30&&
	现场机	返回操作执行结果	ST=91；CN=9012；PW=123456；MN=88888880000001；CP=&&QN=20040516010101001；ExeRtn=1&&
使用字段	QN		请求编号
	QnRtn		请求返回结果
	RtdInterval		实时采样数据上报间隔
	ExeRtn		请求执行结果
执行过程	上位机发送提取实时采样数据上报间隔命令后等待现场机应答，收到应答后通过判断应答代码决定是否接实时采样数据上报间隔，现场机执行请求，返回执行结束命令，请求执行完毕。命令执行成功后，现场机在下次发送实时数据时将以设置的上报间隔发送数据		

21. 初始化超时时间和重发次数

类别	项目		示例/说明
使用命令	上位机	设置现场机超时时间和重发次数	QN = 20040516010101001；ST = 32；CN = 1000；PW = 123456；MN = 88888880000001；Flag=1；CP=&&OverTime=5；ReCount=3&&
	现场机	请求应答	ST=91；CN=9011；PW=123456；MN=88888880000001；Flag=0；CP=&&QN=20040516010101001；QnRtn=1&&
	现场机	返回操作执行结果	ST=91；CN=9012；PW=123456；MN=88888880000001；CP=&&QN=20040516010101001；ExeRtn=1&&
使用字段	QN		请求编号
	QnRtn		请求返回结果
	Overtime		超时时间
	ReCount		重发次数
	ExeRtn		请求执行结果
执行过程	上位机发送设置现场机超时时间和重发次数命令后等待现场机应答，上位机收到应答后通过判断应答代码中QnRtn值决定是否等待执行结果，现场机执行设置时钟请求，返回执行结束命令，请求执行完毕		

22. 初始化超限报警时间

类别	项 目		示例/说明
使用命令	上位机	设置现场机超限报警时间	QN＝20040516010101001；ST＝32；CN＝1001；PW＝123456；MN＝88888880000001；Flag＝1；CP＝&&WarnTime＝5&&
	现场机	请求应答	ST＝91；CN＝9011；PW＝123456；MN＝88888880000001；Flag＝0；CP＝&&QN＝20040516010101001；QnRtn＝1&&
	现场机	返回操作执行结果	ST＝91；CN＝9012；PW＝123456；MN＝88888880000001；CP＝&&QN＝20040516010101001；ExeRtn＝1&&
使用字段	QN		请求编号
	QnRtn		请求返回结果
	WarnTime		报警时间
	ExeRtn		请求执行结果
执行过程	上位机发送设置现场机超限报警时间命令后等待现场机应答，上位机收到应答后通过判断应答代码中QnRtn值决定是否等待执行结果，现场机执行设置时钟请求，返回执行结束命令，请求执行完毕		

23. 下端监测设备即时采样

类别	项 目		示例/说明
使用命令	上位机	即时采样	QN＝20040516010101001；ST＝32；CN＝3012；PW＝123456；MN＝88888880000001；Flag＝1；CP＝&&PolID＝101&&
	现场机	请求应答	ST＝91；CN＝9011；PW＝123456；MN＝88888880000001；Flag＝0；CP＝&&QN＝20040516010101001；QnRtn＝1&&
	现场机	返回操作执行结果	ST＝91；CN＝9012；PW＝123456；MN＝88888880000001；CP＝&&QN＝20040516010101001；ExeRtn＝1&&
使用字段	QN		请求编号
	QnRtn		请求返回结果
	PolID		污染物编号
执行过程	上位机发送即时采样命令后等待现场机接收到应答，收到应答后通过判断应答代码决定是否等待现场机的执行结果，现场机执行请求的动作，返回执行结束命令，此次请求执行完毕		

24. 设置设备采样时间周期

类别	项 目		示例/说明
使用命令	上位机	设置设备采样时间	QN＝20040516010101001；ST＝32；CN＝3014；PW＝123456；MN＝88888880000001；Flag＝1；CP＝&&PolID＝101，CTime＝04，CTime＝10，CTime＝14，CTime＝16&&
	现场机	请求应答	ST＝91；CN＝9011；PW＝123456；MN＝88888880000001；Flag＝0；CP＝&&QN＝20040516010101001；QnRtn＝1&&
	现场机	返回操作执行结果	ST＝91；CN＝9012；PW＝123456；MN＝88888880000001；CP＝&&QN＝20040516010101001；ExeRtn＝1&&
使用字段	QN		请求编号
	QnRtn		请求返回结果
	CTime		设备采样时间
执行过程	上位机发送设置采样时间命令后等待下位机接收到应答，收到应答后通过判断应答代码决定是否等待下位机的执行结果，下位机执行请求的动作，返回执行结束命令，此次请求执行完毕		

注：CTime＝04表示4点钟开始采样。